U0805654

可靠性工程与试验技术

白丽丽　盖京波　姜封国　何　建　编著

科学出版社

北　京

内 容 简 介

本书系统介绍了结构、系统可靠性设计与试验的基本概念、理论和方法，反映了相关可靠性研究成果在工程上的应用。全书共七章，主要包括绪论，可靠性分析中常用的概率论和寿命分布，结构可靠性及其计算方法，典型系统故障模式影响及危害度分析，可靠性模型、预计与分配，可靠性试验，以可靠性为中心的维修性分析。

本书可作为飞行器设计、飞行器动力工程、飞行器质量与可靠性等相关专业的本科生教材和研究生参考书，还可供航空宇航、机械电子、船舶等领域的工程技术人员参考使用。

图书在版编目（CIP）数据

可靠性工程与试验技术 / 白丽丽等编著. -- 北京 : 科学出版社, 2024.10
ISBN 978-7-03-074692-4

Ⅰ. ①可… Ⅱ. ①白… Ⅲ. ①可靠性工程－试验 Ⅳ. ①TB114.3

中国国家版本馆 CIP 数据核字（2023）第 018632 号

责任编辑：张　庆　孟宸羽 / 责任校对：何艳萍
责任印制：徐晓晨 / 封面设计：无极书装

科学出版社 出版
北京东黄城根北街 16 号
邮政编码：100717
http://www.sciencep.com
北京中石油彩色印刷有限责任公司印刷
科学出版社发行　各地新华书店经销
*
2024 年 10 月第　一　版　开本：720×1000　1/16
2024 年 10 月第一次印刷　印张：14 1/2
字数 300 000

定价：79.00 元
（如有印装质量问题，我社负责调换）

前　　言

可靠性是产品的重要指标之一，在产品设计、生产、使用阶段都需要对该指标进行考核。这就要求在产品设计和研制过程中进行一系列有关可靠性的设计和分析并加强可靠性管理，即在制定产品标准时就将可靠性要求列入其中，并以此作为考核、鉴定产品性能和质量的重要依据。目前，我们需要解决的是提出合理的可靠性设计与分析的方法来满足产品的适用性。同时，产品结构和系统划分的不同使可靠性设计采取的方法也不同；另外，也需要在产品的全寿命周期（论证、设计、研制、生产、储运、维护和使用）中开展一系列试验，并通过试验来分析与评估检验产品技术方案是否合理、设计是否正确，以及产品能否达到并保持预定的可靠性指标。为满足国家建设对可靠性专业人才的需求、满足高等学校强化培养学生工程能力和创新能力的需要，我们结合《装备可靠性工作通用要求》（GJB 450B—2021）并参考国内外相关文献编写了本书。

全书共七章。第 1 章介绍了可靠性和可靠性试验的基本概念及参数体系；第 2 章介绍了可靠性分析中常用的概率论和寿命分布；第 3 章从结构可靠性的角度出发，给出了结构可靠性及其计算方法；第 4 章介绍了典型系统故障模式影响及危害度分析；第 5 章介绍了可靠性模型的建立、可靠性预计与分配的方法；第 6 章结合中华人民共和国国家军用标准和可靠性工程的需要对可靠性试验进行了全面介绍；第 7 章分别以结构和系统来说明以可靠性为中心的维修性分析。在编写过程中，我们力求做到以下几点：将理论方法、可靠性工程实际案例与国家标准和国家军用标准结合在一起；强调基本概念和科学分析的逻辑，培养学生思维能力；强调可靠性试验对理论形成的重要性。

编者参考了国内外同行的论文和著作，具体文献列于书后，在此向各位作者表示衷心感谢！

由于编者水平有限，书中内容或有不足之处，敬请广大读者批评指正。

白丽丽

2023 年 7 月

目　录

第1章 绪　论

1.1 结构分析中的不确定性

传统的工程结构分析通常采用确定性的力学模型。在这类模型中，所采用的有关计算结构元件相应的力学参数是一些确定的量。换句话说，这类模型忽略了实际结构系统内部的变异性，具体的分析与计算过程本质上是用某种意义上的均值参数系统代替实际结构系统。现有研究表明，只有在实际系统关于这类模型系统的变异性较小或各部分变异比较均匀时，上述分析才能给出较为符合真实情况的结果。因此可知，充分考虑实际结构系统中的各种不确定因素，对其进行随机力学分析显然十分必要。

从数学角度分类，结构中的不确定性因素可分为三类：随机性、模糊性及未确知性。前两类不确定性因素早已为人们所认识，而未确知性是指信息、数据的不完全、不完整导致的不确定性。目前工程中应用较多、研究比较成熟的是随机性。

随机性可分为随机变量、随机过程和随机场，随机场是随机变量的空间变化。

从工程角度分类，不确定性可分为物理不确定性、统计不确定性和模型不确定性。

物理不确定性包括载荷的不确定性、材料参数的不确定性、几何尺寸的不确定性和初始条件及边界条件的不确定性。

材料参数的不确定性主要体现在材料的屈服强度、极限强度和弹性模量等的变异性。例如，铝合金、合金钢等材料参数的变异性较小，而复合材料参数的变异性相对较大。

在相同的条件下，具有不同几何尺寸的结构及结构的响应（诸如应力、位移等）也不相同。由于加工精度和装配误差等原因，结构几何尺寸的变异性是客观存在的。在结构的敏感部位，几何尺寸的微小变异都会对结构响应带来显著影响。但几何尺寸的不确定性问题在有限元计算中很复杂，因此在结构可靠性分析中，有时忽略这种几何尺寸的不确定性，将其作为确定性量处理。

结构系统的计算都应考虑初始条件和边界条件的影响。在实际计算中，边界条件往往需要一定程度的简化。边界条件的不确定性来源于实际问题的复杂性、边界条件变化的不可预知性、人类认识的局限性，以及对结构边界处理的简化等。

确定结构计算中某些物理量的取值，必须通过试验或其他方法搜集该物理量的一组数据，这组数据称为观察值，根据观察值确定其服从的分布，再利用数理统计中参数估计的方法，得出分布参数的估计值和这一物理量在结构计算中所需的值。理论上，当样本量无穷大时，通过估计得出的值是精确值，而在实际应用统计方法时，所取得的样本量是有限的，因此对所估计的量除了给出其点的估计值外，往往给出该量的区间估计值。计算中，由于某些原因，可能取估计值的上限、下限，由此带来的不确定性称为统计不确定性，这种不确定性是由信息缺乏而产生的，是不可避免的。

模型不确定性分为材料模型的不确定性和结构设计与分析计算模型的不确定性。针对不同的材料，人们已提出了许多本构模型和强度准则，不同的模型反映的侧重点各不相同。使用不同的准则得出的计算结果也可能差别很大，如复合材料的蔡-希尔失效判据、蔡-吴失效准则及改进的蔡-吴失效准则等。事实上，不论采用何种本构模型和强度准则，都不能绝对准确地反映材料的本构关系和破坏特性，因为它们都是对材料做了某些假设或进行了某些简化得出的，故都只是相对近似地反映了材料特性。关于结构分析计算中所用的数学模型，也存在同样的情况。

因此，把物理不确定性称为客观不确定性，把模型不确定性称为主观不确定性，把变量视为随机性量比力学中把各量视为确定性量更为合理。

1.2　结构系统可靠性的基本概念

国家标准《装备通用质量特性术语》（GJB 451B—2021）对可靠性的定义为“产品在规定的条件下和规定的时间内，完成规定功能的能力”。定义中“产品”是指作为单独研究和分别试验对象的任何元件、器件、零部件、组件、设备和系统。产品可靠性定义的要素是三个规定：规定条件、规定时间、规定功能。

1. 规定条件

规定条件包括使用时的工作条件和环境条件。

工作条件是指进入产品（材料）内部起作用的应力条件，如热状态、化学状态、电磁状态、流体状态、构造状态和疲劳状态等。

环境条件是指那些只在产品（材料）外部起作用的应力条件，如温度、湿度、气压、冲击、日照和高能粒子辐射场等。

2. 规定时间

产品可靠性是时间的函数，显然，规定的时间越短，产品完成规定功能的可能性越大；规定的时间越长，产品完成规定功能的可能性越小。

3. 规定功能

规定功能通常用产品的各种性能指标来表示。通过试验，产品各项规定的性能指标都已达到，则称该产品完成规定功能。产品丧失规定功能的状态叫作故障或失效，相应的各项性能指标就称为故障判据或失效判据。

1.2.1 可靠性基本概念及参数体系

数学的观点：可靠性表示一种概率，借助于数理统计的方法加以估计。数学特征量：产品的主要可靠性数学特征量有：可靠度、累积失效概率、失效概率密度、失效率、平均寿命、平均无故障工作时间、寿命方差、寿命标准差、可靠寿命、中位寿命、特征寿命等。

1. 可靠度

可靠度是产品在规定条件下和规定时间内完成规定功能的概率。可靠度是时间 t 的函数，故也称为可靠度函数[1]，记作 $R(t)$。

$$R(t)=P(T>t),\quad 0<R(t)<1 \tag{1-1}$$

$R(t)$ 是一种递减函数，体现了产品在时间 t 内完成规定的功能；产品在时间 t 内无故障，则产品寿命 $T\geqslant t$。可靠度与时间的关系如图 1-1 所示。

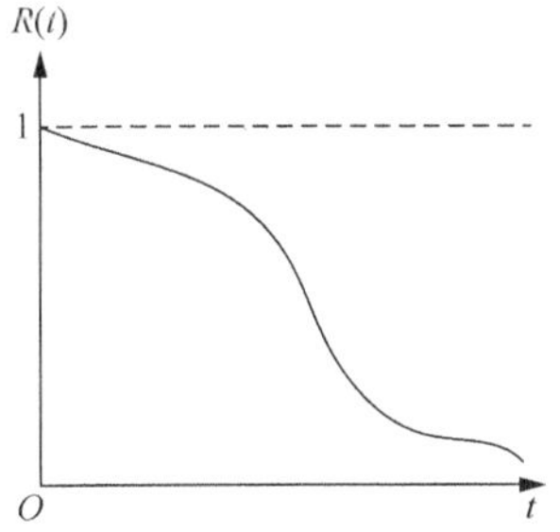

图 1-1 可靠度与时间的关系

假如在 $t=0$ 时有 N 件产品开始工作，而到 t 时刻有 $n(t)$ 件产品失效，仍有

$N-n(t)$件产品继续工作，当产品的可靠度可以用工作的产品数表示时，则可靠度$R(t)$的估计值为

$$\hat{R}(t)=\frac{\text{到}t\text{时刻仍在正常工作的产品总数}}{\text{试验产品总数}}=\frac{N-n(t)}{N} \tag{1-2}$$

2. 累积失效概率和失效概率密度

（1）累积失效概率也称为不可靠度，记作$F(t)$。它是产品在规定条件下和规定时间内失效的概率，通常表示为

$$\begin{cases}F(t)=1-R(t)\\F(0)=0,\quad F(+\infty)=1\end{cases} \tag{1-3}$$

注意：累积失效概率$F(t)$与可靠度$R(t)$的关系满足：$R(t)+F(t)=1$。

（2）失效概率密度是产品在包含t的单位时间内发生失效的概率，是累积失效概率对时间t的导数，记作$f(t)$。可用下式表示：

$$f(t)=\frac{\mathrm{d}F(t)}{\mathrm{d}t}=F'(t) \tag{1-4}$$

$$F(t)=\int_0^t f(x)\mathrm{d}x \tag{1-5}$$

假设$n(t)$表示t时刻失效的产品数，$\Delta n(t)$表示在$(t,t+\Delta t)$时间内失效的产品数，则累积失效概率为

$$\hat{F}(t)=\frac{t\text{时刻失效的产品数}}{\text{试验产品总数}}=\frac{n(t)}{N} \tag{1-6}$$

失效概率密度为

$$\begin{aligned}f(t)&=\frac{F(t+\Delta t)}{\Delta t}=\frac{\text{在}(t,t+\Delta t)\text{时间内每单位时间失效的产品数}}{\text{试验产品总数}}\\&=\frac{n(t+\Delta t)-n(t)}{N\Delta t}=\frac{\Delta n(t)}{N\Delta t}\end{aligned} \tag{1-7}$$

3. 失效率

失效率（瞬时失效率）是工作到t时刻尚未失效的产品，在该t时刻后的单位时间内失效的概率。因为失效率是时间 t 的函数，故又称其为失效率函数，有时

也称为故障率函数或风险函数，记为$\lambda(t)$。由失效率的定义可知，在t时刻正常工作的产品，在$(t,t+\Delta t)$时间内失效的概率为

$$\lambda(t)=P(t<T<t+\Delta t\,|\,T>t) \tag{1-8}$$

上式表示在B事件$(T>t)$发生的条件下，A事件$(t<T<t+\Delta t)$发生的概率，表示为$P(A\,|\,B)$。

设$t=0$时有N个产品正常工作，在t时刻有$N-n(t)$个产品正常工作，在$t+\Delta t$时刻，有$N-n(t+\Delta t)$个产品正常工作，$\lambda(t)$的估计值为

$$\hat{\lambda}(t)=\frac{\text{在}(t,t+\Delta t)\text{时间内每单位时间失效的产品数}}{\text{在}t\text{时刻仍能正常工作的产品数}}=\frac{\Delta n(t)}{(N-n(t))\Delta t} \tag{1-9}$$

失效率与失效概率密度$f(t)$的关系为

$$\lambda(t)=\frac{F'(t)}{R(t)} \tag{1-10}$$

其推导过程为

$$\begin{aligned}\lambda(t)&=\lim_{\Delta t\to 0}\lambda(t,\Delta t)=\lim_{\Delta t\to 0}\frac{P(t<T\leqslant t+\Delta T\,|\,T>t)}{\Delta t}\\&=\lim_{\Delta t\to 0}\frac{P(t<T\leqslant t+\Delta T\cap T>t)}{P(T>t)\Delta t}=\lim_{\Delta t\to 0}\frac{P(t<T\leqslant t+\Delta T)}{P(T>t)\Delta t}\\&=\lim_{\Delta t\to 0}\frac{F(t+\Delta T)-F(t)}{R(t)\Delta t}=\frac{F'(t)}{R(t)}\end{aligned} \tag{1-11}$$

失效率$\lambda(t)$是一个非常重要的特征量，它的单位通常用时间的倒数表示。但对于目前具有高可靠性的产品来说，需要采用更小的单位来作为失效率的基本单位，因此失效率的基本单位用非特（FIT）来定义，$1\text{FIT}=10^{-9}\text{h}^{-1}=10^{-6}/(1000\text{h})$，它的意义是每1000个产品工作$10^6\text{h}$，只有一个产品失效。

失效曲线（浴盆曲线）：产品的可靠性取决于产品的失效率，根据长期以来的理论研究和数据统计发现，由许多零件构成的机器或系统，其失效曲线的典型形态如图1-2所示[2]，由于它的形状与浴盆的剖面相似，所以称为浴盆曲线（bathtub-curve）。它明显地分为三段，分别对应元件的三个不同阶段或时期。

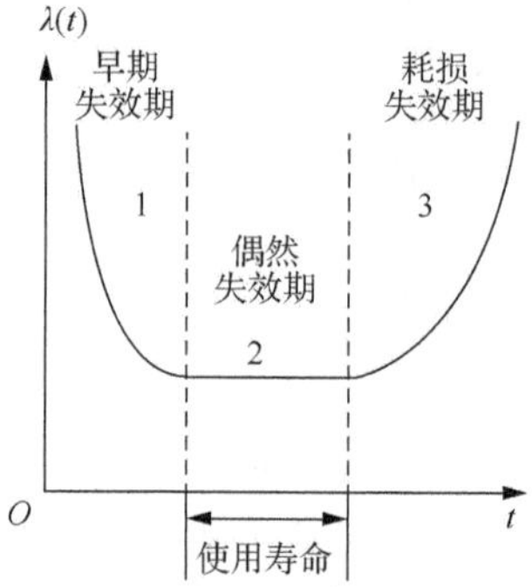

图 1-2　失效曲线

4. 平均寿命和平均无故障工作时间

平均寿命：不可修产品的平均寿命是指产品的失效前平均工作时间，记为 MTTF（mean time to failure）；可修产品的平均寿命是指相邻两次故障间的平均工作时间，称为平均无故障工作时间或平均故障间隔时间，记作 MTBF（mean time between failures）。

如果仅考虑首次失效前的一段工作时间，那么可将不可修和可修产品的平均寿命记作 θ。若产品累积失效概率 $F(t)$ 已知，由概率论中数学期望的定义，有

$$\begin{aligned}\theta &= \int_0^{+\infty} tf(t)\mathrm{d}t = \int_0^{+\infty} t\mathrm{d}F(t) = -\int_0^{+\infty} t\mathrm{d}R(t) \\ &= -tR(t)\big|_0^{+\infty} + \int_0^{+\infty} R(t)\mathrm{d}t = \int_0^{+\infty} R(t)\mathrm{d}t\end{aligned} \tag{1-12}$$

不可修产品的平均寿命 MTTF 的估计值为

$$\mathrm{M\hat{T}TF} = \frac{1}{N_0}\sum_{i=1}^{N_0} t_i \tag{1-13}$$

式中，N_0 为测试产品的总数；t_i 为第 i 个测试产品失效前的工作时间。

可修产品的平均寿命 MTBF 的估计值为

$$\mathrm{M\hat{T}BF} = \frac{1}{N}\sum_{i=1}^{n_i}\sum_{j=1}^{n_j} t_{ij} \tag{1-14}$$

式中，N 为测试产品所有的故障数；n_i 为第 i 个测试产品的故障数；n_j 为故障间隔数；t_{ij} 为第 i 个测试产品第 $j-1$ 次故障到第 j 次故障的工作时间，单位为h 。

5. 寿命方差和寿命标准差

平均寿命能够说明一批产品寿命的平均水平，而寿命方差和寿命标准差则能够反映产品寿命的离散程度。产品寿命方差的定义为

$$\sigma^2=\int_0^{+\infty}(t-\theta)^2 f(t)\mathrm{d}t=\int_0^{+\infty}t^2 f(t)\mathrm{d}t-\theta^2 \tag{1-15}$$

式中，θ 为产品的寿命。

寿命标准差为寿命方差的开平方，即

$$\sigma=\sqrt{\frac{1}{n}\sum_{i=1}^{n}(t_i-\theta)^2} \tag{1-16}$$

6. 可靠寿命、中位寿命和特征寿命

当 $R(t)$ 为已知时，就可以求任意时刻 t 的可靠度。反之，若确定了可靠度，也可以求出相应的工作寿命（时间）。可靠寿命（可靠度寿命）就是指可靠度为给定值 R 时的工作寿命，用 t_R 表示。

可靠度 $R=50\%$ 的可靠寿命称为中位寿命，用 $t_{0.5}$ 表示。当产品工作到中位寿命 $t_{0.5}$ 时，产品中有半数失效，即可靠度与累积失效概率均等于 0.5。

可靠度 $R=\mathrm{e}^{-1}$ 的可靠寿命称为特征寿命，用 $t_{\mathrm{e}^{-1}}$ 表示。

例 1-1 若已知某产品的失效率为常数，$\lambda(t)=\lambda=0.25\times10^{-4}\mathrm{h}^{-1}$，可靠度函数 $R(t)=\mathrm{e}^{-\lambda t}$，试求可靠度 $R=99\%$ 的相应可靠寿命 $t_{0.99}$、中位寿命 $t_{0.5}$ 和特征寿命 $t_{\mathrm{e}^{-1}}$。

解： 因为 $R(t)=\mathrm{e}^{-\lambda t}$，故有 $R(t_R)=\mathrm{e}^{-\lambda t_R}$ 两边取对数，即

$$\ln R(t_R)=\lambda t_R$$

可靠寿命：

$$t_R=-\frac{\ln R(t_R)}{\lambda}=-\frac{\ln 0.99}{0.25\times10^{-4}}=402\mathrm{h}$$

中位寿命：

$$t_{0.5}=-\frac{\ln R(t_{0.5})}{\lambda}=-\frac{\ln 0.5}{0.25\times10^{-4}}=27725.9\mathrm{h}$$

特征寿命：

$$t_{\mathrm{e}^{-1}}=-\frac{\ln \mathrm{e}^{-1}}{\lambda}=-\frac{\ln 0.3679}{0.25\times10^{-4}}=39997.8\mathrm{h}$$

特征寿命、平均无故障工作时间等可靠性特征的数学表达式及其关系如表 1-1 所示。

表 1-1　可靠性特征数学表达式及其关系表

特征量名称	数学表达式	估计值	相互关系
可靠度 $R(t)$	$R(t)=P(T>t)$	$\hat{R}(t)=\frac{N-n(t)}{N}$	$R(t)=1-F(t)$ $R(t)=\exp(-\int_0^t \lambda(t)\mathrm{d}t)$
累积失效概率（不可靠度）$F(t)$	$F(t)=P(T\leqslant t)$	$\hat{F}(t)=\frac{n(t)}{N}$	$F(t)=\int_0^t f(x)\mathrm{d}x$ $F(t)=1-R(t)$
失效概率密度 $f(t)$	$f(t)=F'(t)$	$\hat{f}(t)=\frac{\Delta n(t)}{N\Delta t}$	$f(t)=-R'(t)$ $f(t)=F'(t)$ $f(t)=\lambda(t)\exp(-\int_0^t \lambda(t)\mathrm{d}t)$
失效率 $\lambda(t)$	$\lambda(t)=\lim\limits_{\Delta t\to 0}\frac{P(t<T\leqslant t+\Delta t \mid T>t)}{\Delta t}$	$\hat{\lambda}(t)=\frac{\Delta n(t)}{(N-n(t))\Delta t}$	$\lambda(t)=\frac{f(t)}{R(t)}$ $\lambda(t)=-\frac{R'(t)}{R(t)}$ $\lambda(t)=\frac{F'(t)}{1-F(t)}$
平均寿命 θ	$\theta=\int_0^{+\infty} tf(t)\mathrm{d}t$	$\hat{\theta}=\bar{t}=\frac{1}{n}\sum_{i=1}^{n} t_i$	$\theta=\int_0^{+\infty} R(t)\mathrm{d}t$
可靠寿命 t_r	$t_R=R^{-1}(R)$	—	$R(t_R)=r$
中位寿命 $t_{0.5}$	$t_{0.5}=R^{-1}(0.5)$	—	$R(t_{0.5})=0.5$
特征寿命 $t_{e^{-1}}$	$t_{e^{-1}}=R^{-1}(e^{-1})$	—	$R(t_{e^{-1}})=e^{-1}$

1.2.2　可靠性要求制定与可靠性工程

1. 可靠性要求概念

可靠性要求是指产品使用方向承制方（或生产方）从可靠性角度提出的研制目标，是进行可靠性设计、分析、制造、试验和验收的依据。承制方（或生产方）只有在透彻地了解这些要求后，才能使设计、生产的产品满足可靠性，并按要求有计划地实施有关的组织、监督、控制及验证工作。可靠性要求可分为可靠性定性要求与可靠性定量要求。

2. 可靠性定性要求

可靠性定性要求是指用一种非量化的形式设计、评价和保证产品的可靠性。可靠性定性要求的内容往往与产品的使用特点和结构特征密切相关，在定量化设计分析缺乏大量数据支持的情况下，提出定性设计分析要求并加以实现则显得更为重要。

工程实践中一般将可靠性定性要求分为定性设计要求与定性分析要求。

1）定性设计要求

定性设计要求一般是在产品研制过程中要求采取的可靠性设计措施，以保证和提高产品可靠性。这些要求都是概要性的设计措施，在具体实施时，需要根据产品的实际情况细化。

定性设计要求主要有以下几点。

（1）制定和贯彻可靠性设计准则。将可靠性要求及使用中的约束条件转化为设计边界条件，给设计人员规定专门的技术要求和设计原则，以提高产品可靠性。

（2）简化设计。减少产品复杂性，提高基本可靠性。

（3）余度设计。用多于一种的途径来完成规定功能，以提高产品的任务可靠性。

（4）降额设计。降低元器件的故障率，以提高产品基本任务的可靠性和安全性。

（5）制定和实施产品可靠性大纲。应对电子元器件、机械零部件进行控制和管理，提高可靠性、降低保障费用。

2）定性分析要求

定性分析要求一般是在产品研制过程中要求采取的可靠性分析工作，以保证与提高产品可靠性。这些可靠性分析工作需要在产品研制的各个阶段根据产品的实际情况和分析方法的特点，具体组织实施。

定性分析要求主要有以下几点。

（1）功能危险分析（functional hazard assessment，FHA）。主要为检查系统功能故障，确定设计方案的可行性，发现设计中潜在的问题，提出改进措施。

（2）故障模式和影响分析（failurc mode and effect analysis，FMEA）。主要为评价每个零部件或设备的故障模式对装备或系统产生的影响，确定其严酷度，发现设计中的薄弱环节，提出改进措施。

（3）故障树分析（fault tree analysis，FTA）。主要为分析造成产品故障状态的各种原因和条件，以确定各种原因或原因的组合，发现设计中的薄弱环节，提出改进措施。

（4）区域安全性分析（zonal safety analysis，ZSA）。主要为判断是否会由系统、设备安装不当而产生不可接受的风险，或是否会由该区域中某系统的设备故障而引起另一系统的故障。

3. 可靠性定量要求

可靠性定量要求是指确定产品的可靠性参数、指标以及验证时机和验证方法，以便在设计、生产、试验验证、使用过程中用量化的方法评价或验证装备的可靠性水平。可靠性定量要求可分为基本可靠性要求和任务可靠性要求：基本可靠性反映了产品对维修人力费用和后勤保障资源的需求，确定基本可靠性指标时应统计产品的所有寿命单位和所有的故障；任务可靠性是指产品在规定的任务剖面中完成规定功能的能力。确定任务可靠性指标时仅考虑在任务期间影响任务完成的故障（即致命性故障）。

4. 可靠性定性要求的制定

可靠性定性要求一般在产品技术指标论证和方案论证两个阶段制定，根据产品使用需求及经费、进度的实际情况由使用方提出产品研制中应开展的可靠性设计与分析工作要求。在方案论证和工程研制阶段，由承制方制定具体细致的可靠性定性要求，并且在产品研制各阶段组织实施。

5. 可靠性定量要求的制定

可靠性定量要求的制定，即对定量描述产品可靠性参数的选择及其指标的确定。要正确选择可靠性参数并确定其指标，必须了解参数选择和指标确定的基本依据和基本要求与方法。

1）可靠性参数选择和指标确定的基本依据

参数选择的依据：①装备类型，譬如，坦克选择平均故障间隔里程，飞机可选用平均故障间隔飞行小时，可修设备则选取平均故障间隔时间；②装备使用要求，如对于连续运转使用的装备，常常用可用度作为主要参数，而对于一次性使用的系统和装备（如导弹、弹药等），一般应提出成功率、储存期等参数；③预期的维修方案；它是对维修和约束条件的考虑，包括维修级别、维修工作要求、维修资源要求；④装备可靠性的验证方法，厂内试验验证一般选用合同参数，现场使用验证则选用使用参数；⑤要了解相似产品的数据和经验，了解国内外相似产品可靠性的数据和资料，供参数选定时借鉴，着重分析相似产品可靠性方面的优缺点，特别是针对存在的缺陷和问题提出改进措施。

指标确定则应综合权衡“需要”与“可能”。所谓“需要”是指考虑使用方的需求、装备的重要程度。所谓“可能”是指考虑国内外类似装备实际达到的可靠性水平，当前研制中所采取的技术对可靠性的影响，国内的技术基础和生产水平以及研制装备的费用、进度、预期的使用和保障等约束条件。

2）可靠性参数选择及指标确定的基本要求

参数选择要求：①可靠性使用参数的选择应反映战备完好性、任务成功性、维修人力费用和保障资源费用等四个方面的要求；②应根据装备的类型，选择合适的参数；③可靠性合同参数应根据使用参数确定；④使用参数一般不应直接用于合同中，但如果参数的所有限定条件明确，也可用于合同中。

指标确定要求：可靠性指标应根据装备的类型在论证时提出目标值和门限值，在制订合同和研制任务书时应提出规定值和最低可接受值，也可以只提出门限值和最低可接受值。对于相互关联的可靠性参数，所确定的指标应相互协调。可靠性指标与维修性、安全性、保障性等有关指标也应相互协调。装备中系统或设备的可靠性指标可单独提出，但必须与装备总体的指标相协调。合同指标根据使用指标确定，同时还应：①明确给出装备的任务剖面和寿命剖面，指出该项指标适于哪个任务剖面；②明确故障判别准则，哪些算故障应当统计，哪些不算故障可不统计；③给出验证方法；若在研制和生产阶段验证，必须明确试验方案和验证与评定的标准以及有关参数；④为了适应可靠性增长的需要，应当明确在何时或在何阶段要达到的指标；⑤其他假设和约束条件。

3）可靠性参数及指标制定的程序

在战术技术指标论证阶段，首先对研制装备进行任务要求、使用条件分析，接着对相似现役装备的可靠性现状进行分析。初步确定新装备的寿命剖面、任务剖面及使用保障等方面的约束条件，经综合权衡后，选择可靠性使用参数，提出成熟期的使用指标，最后评审并纳入战术技术要求文件。

在方案论证及确认阶段，先根据使用指标，进行可靠性方案设计与分析。再按照成熟期的使用指标，确定工程研制、生产阶段的使用指标，并将它们转化为合同指标，评审并纳入研制任务书或合同中，最后根据装备可靠性指标分配结果，确定承制产品的合同指标。

在工程研制阶段（含设计定型），当使用、维修、保障方案变动时，应修订可靠性指标并严格履行有关审批手续。

6. 可靠性工程

1）可靠性工程的内涵

可靠性工程是指为了确定和达到产品可靠性要求所进行的一系列技术与管理活动。可靠性是一门交叉学科，其理论基础有系统学、概率论、统计学、材料学、力学等。应用理论主要有系统工程、可靠性设计分析技术、可靠性试验技术、可靠性评估技术、可靠性信息管理等。

可靠性工程范畴包括系统/产品的可靠性要求或目标、可靠性的设计分析（建模、预计、FMEA、FTA 风险分析等）、可靠性试验与评价（环境应力筛选、可靠性增长试验、可靠性验证试验等）、可靠性信息、可靠性管理等。

2）可靠性工程的发展

可靠性工程的发展历史大致可分为以下几个阶段。

（1）萌芽期。20 世纪 40 年代是可靠性工程发展的萌芽期，1943 年美国成立了电子管研究委员会专门研究电子管的可靠性问题。这是有组织地研究电子管可靠性的开始。1949 年，美国无线电工程师协会成立了可靠性技术组，这是第一个可靠性专业学术组织。

（2）形成期。1951 年开始了最早可靠性改进计划；1952 年美国国防部成立了电子设备可靠性咨询组（Advisory Group on Reliability of Electronic Equipment，AGREE）；1955 年 AGREE 开始实施从设计、试验、生产到交付、储存和使用的全面的可靠性发展计划，并于 1957 年发表了《军用电子设备可靠性》研究报告，从 9 个方面阐述了可靠性设计、试验及管理的程序及方法，确定了美国可靠性工程的发展方向，成为可靠性发展的奠基性文件，标志着可靠性已经成为一门独立的学科，是可靠性工程发展的重要里程碑。

（3）成熟与综合发展。20 世纪 60～70 年代，是可靠性工程全面发展和步入成熟的阶段。美国在许多武器装备中推行可靠性工程，美国军方形成了一系列较完善的标准。20 世纪 80 年代以来，可靠性向更广泛和更深入的方向发展，并以武器装备的效能为目标，将可靠性、维修性和保障性有机地综合在一起，形成可靠性系统工程。我国从 20 世纪 80 年代才真正在武器装备中开展可靠性工程，直到 21 世纪初才全面深入研究与应用可靠性工程。

3）可靠性工程的工作项目

可靠性工程的工作项目很多，其基本任务概括起来如下。

（1）确定可靠性及其工作项目要求。根据产品特点选择可靠性工程的工作项目，确定可靠性的定性、定量要求。

（2）可靠性管理。制订可靠性计划（甲方）、制订可靠性工作计划（承制方）、评审可靠性、建立故障报告、分析和纠正措施系统、建立故障审查组织、可靠性增长管理。

（3）可靠性设计分析。建立可靠性模型、可靠性分配、可靠性预计故障模式、影响及危害性分析、故障树分析、制定可靠性设计准则。

（4）可靠性试验与评价。环境应力筛选、可靠性研制试验、可靠性增长试验、可靠性鉴定试验、可靠性验收试验、可靠性分析评价、寿命试验。

（5）使用可靠性评估与改进。使用可靠性信息收集、使用可靠性评估、使用可靠性改进。

1.3　结构系统可靠性分析基础与试验的概述

1.3.1　结构系统可靠性分析的理想化

结构可靠性分析的基本原理都是针对由一个极限状态函数定义的单个(一元)失效模式。但是，实际工程结构是非常复杂的，是由许多构件组成的，而每个构件又有许多截面。因此，它同时存在着可能导致系统失效的彼此有联系的多层次的多个失效模式，对于一种失效模式又可能存在多种失效形式，而一种失效形式下又会有各种失效路径。显然，简单地应用结构可靠性给出的方法解决结构系统可靠性评价问题是不行的。严格地讲，那些方法只能解决构件的可靠性评价问题。因此，研究结构系统可靠性的评价问题是非常重要的，也是最具有实际意义的。

结构系统可靠性分析的理想化处理：真正的结构系统是非常复杂的，要想精确计算其可靠度或失效概率，在目前的科学技术水平下，几乎是不可能的。因此，目前在结构系统的可靠性分析中，采取了一系列理想化处理措施，使结构系统可靠性分析成为可能[3]。

把复杂的结构系统模型化为容易进行可靠性分析的基本结构系统，如果一个结构系统的所有构件都随机独立，其中任一构件失效都会导致结构系统失效，则该系统就可模型化为串联结构系统。当一个结构系统只有在所有构件（或子系统）都失效时系统才失效，则该系统就可模型化为并联结构系统。更复杂的结构系统可模型化为串并联组合结构系统。

根据模型化后的基本结构系统，就可对系统进行可靠性分析。但要注意，所求得的失效概率是对应于理想化系统（模型）的，而不是直接对应于实际结构系统的。因此，模型选择必须谨慎，应使结构系统的主要失效形式都能够反映在模型中，建立合理的系统模型，是结构系统可靠性分析的关键性工作[4]。

1.3.2　可靠性试验概述

可靠性试验是对产品的可靠性进行调查、分析和评价的一种手段。其目的是：①发现产品在设计、材料和工艺方面的各种缺陷；②为改善产品的使用准备完好率、提高任务成功性、减少维修费用及保障费用提供信息；③确认是否符合可靠性定量要求。

因此，不要认为可靠性试验只是为了对产品做出接收、拒收或合格、不合格的结论，另一个重要的作用是通过可靠性试验发现产品的可靠性问题，采取有效的措施予以纠正，从而提高产品的可靠性。

当设备刚生产出来时，在理想情况下，它应该满足合同或任务书对它的可靠性要求，但实际情况远非如此。对于复杂系统来说，可靠性问题是很突出的。例如，美国一个总结报告指出："大型的电子机械系统的首台样机，初期的平均故障间隔时间只有要求的十分之一左右。必须经过一系列的可靠性试验，发现并判明存在的缺陷[5]。据统计，元器件、零部件的缺陷，工艺缺陷，设计缺陷大体上各占三分之一。纠正这些缺陷，使产品的可靠性逐步增长到要求值，所用的可靠性试验时间大体上是要求的 MTBF 值的 5～25 倍。"由于国情不同，我国的情况不完全与美国相同，但总的规律是相似的。

产品存在可靠性缺陷是坏事，但这又是不能完全避免的。因此，通过一系列的可靠性试验，将缺陷尽可能多地诱发出来，予以发现、纠正，使坏事变成好事。这也是提高产品可靠性，使之符合要求的重要工作。

一般来说，可靠性试验的费用较高。但如上所述，有效的可靠性试验可成十倍地提高初始样机的可靠性。因此从费效比来权衡，还是值得的。当然，这并不排斥要充分利用其他试验的信息，或与其他试验结合起来节省费用。

第2章　可靠性分析中常用的概率论和寿命分布

2.1　条件概率、全概率公式与贝叶斯公式

2.1.1　概率统计概要

在一定条件下必然发生的事件，叫作必然事件；在一定条件下不可能发生的事件，叫作不可能事件；在一定条件下可能发生也可能不发生的事件，叫作随机事件。随机事件（简称事件）是随机现象（偶然现象）的某种可能结果，这一结果可以用数值来表示或者说一种结果或事件可以通过一个函数来鉴别，这一函数就是一随机变量。一个随机变量的值代表一个独特的事件。如以X的值代表洪水超出平均水位的概率，则X＞10m 就表示出现了高于 10m 的洪水。随机变量取什么值，事前不能肯定，但取某个值或在某一个区间内取值的可能性大小（概率）则是完全确定的。

在一个随机现象中，用来表示任一随机事件A发生可能性大小的实数称为该事件的概率，记为$P(A)$，并有如下性质。

性质 2-1　$0 \leqslant P(A) \leqslant 1$。

性质 2-2　不可能事件：$P(\varnothing)=0$。

　　　　　必然事件：$P(\Omega)=1$。

性质 2-3　加法公式：$P(A \cup B)=P(A)+P(B)-P(AB)$。

　　　　　若A与B互斥，则$P(A \cup B)=P(A)+P(B)$。

性质 2-4　事件A与B相互独立，则$P(AB)=P(A)P(B)$。

　　　　　无限情形：$P(A_1A_2\cdots A_n)=P(A_1)P(A_2)\cdots P(A_n)$。

性质 2-5　对任一事件A，都有$P(A)=1-P(\overline{A})$。

例 2-1　甲、乙两个人同时向同一目标射击，两人击中目标的概率依次为 0.8 和 0.9，求事件“击中目标”的概率。

解： 设A=“甲击中目标”，B=“乙击中目标”，C=“击中目标”，则$C=A \cup B$，于是有$P(A \cup B)=P(A)+P(B)-P(AB)=0.98$，因此事件“击中目标”的概率为 0.98。

例 2-2　某种设备的一个电控系统，使用老式元件需 126 个，改用新式元件

后，只要用 12 个。如果两种元件的可靠性都是 0.996，试求出上述两种情况下，这个电控系统的可靠性是多少。

解：设 A_i = “第 i 个元件正常工作”，$i = 1,2,\cdots,126$，A = “系统正常工作”，则用老式元件时，有 $A = A_1A_2\cdots A_{126}$ 而各元件是否正常工作是相互独立的，于是

$$P(A) = P(A_1)P(A_2)\cdots P(A_{126}) = (0.996)^{126} \approx 0.603$$

同样可求出使用新元件的情形，即

$$P(A) = P(A_1)P(A_2)\cdots P(A_{12}) = (0.996)^{12} \approx 0.953$$

可见，由于元件的减少，该系统的可靠性大大提高了。

1. 条件概率

条件概率的定义：在一个随机事件已经发生的条件下另一个随机事件发生的概率。

设 A 与 B 是两个随机事件，且 $P(B) > 0$，则在事件 B 已发生的条件下事件 A 发生的条件概率定义为

$$P(A \mid B) = \frac{P(AB)}{P(B)} \tag{2-1}$$

条件概率的性质：条件概率具有概率的一切性质，此外它还具有一些特殊性质，这些性质可帮助我们计算更复杂事件的概率和研究更复杂的随机现象，具体如下。

（1）乘法公式：

$$P(AB) = \begin{cases} P(A \mid B)P(B), & P(B) > 0 \\ P(B \mid A)P(A), & P(A) > 0 \end{cases} \tag{2-2}$$

（2）事件 A 与事件 B 独立（$P(B) > 0$）的充要条件是 $P(A \mid B) = P(A)$。

（3）三个事件的乘法公式：

$$P(A_1A_2A_3) = P(A_1)P(A_2 \mid A_1)P(A_3 \mid A_1A_2) \tag{2-3}$$

其中要求 $P(A_1A_2) > 0$，这个性质可推广到四个或更多个事件的交事件。

设 $A_1, A_2, \cdots, A_n$ 是任意的 n 个随机事件，并且 $P(A_1A_2\cdots A_n) > 0$，则有

$$\begin{aligned} P(A_1A_2\cdots A_n) = {} & P(A_1) \times P(A_2 \mid A_1) \times P(A_3 \mid A_1A_2) \times \cdots \\ & \times P(A_{n-1} \mid A_1A_2\cdots A_{n-2}) \times P(A_n \mid A_1A_2\cdots A_{n-1}) \end{aligned} \tag{2-4}$$

例 2-3　假定盒中装有 3 个黑球和 2 个白球，无放回接连取 2 个小球，已经知道第一次取出的是黑球，问第二次也取出黑球的概率是多少？

解： 分别用 A、B 表示两个随机事件，A =“第一次取出的是黑球”，

B =“第二次取出的是黑球”。

问题转化为计算条件概率 $P(B \mid A)$，根据定义，需要求出概率 $P(AB)$ 与 $P(A)$。

（1）事件 AB 含义是“从 3 个黑球和 2 个白球中无放回地接连取出 2 个，取到的都是黑球”，因此 $P(AB) = C_3^2 / C_5^2 = 0.3$。

（2）以第一次抽样的结果来构造样本空间，从 5 个小球（包含了 3 个黑球）中随机取出一个，因此 $P(A) = 3/5 = 0.6$。

最后，根据条件概率的定义，有

$$P(B \mid A) = 0.3/0.6 = 0.5$$

例 2-4　有一批产品 100 件，其中 5 件次品，现在对它进行无放回地抽样检查，若在 5 次抽样中至少有 1 件废品，则该批产品就会被拒收，求该批产品被拒收的概率。

解： A_i={第 i 次抽到次品}，$i=1,2,3,4,5$，B={该批产品被拒收}，显然

$$\begin{aligned} B &= A_1 \cup A_2 \cup A_3 \cup A_4 \cup A_5 \\ &= 1 - P(\overline{A_1})P(\overline{A_2} \mid \overline{A_1})P(\overline{A_3} \mid \overline{A_1}\,\overline{A_2}) \cdots P(\overline{A_5} \mid \overline{A_1}\,\overline{A_2}\,\overline{A_3}\,\overline{A_4}) \end{aligned}$$

例 2-5　假定盒中有 1 个黑球与 $n-1$ 个白球，n 个人依次各取一个小球，问第 $k(1 \leqslant k \leqslant n)$ 个人取到黑球的概率是多少？

解： P(第一个人取到黑球)$=1/n$；

P(第二个人取到黑球)= P {(第一个人取到白球)∩(第二个人取到黑球)}

= P(第一个人取到白球)× P {(第二个人取到黑球)|(第一个人取到白球)}

$$= \frac{n-1}{n} \times \frac{1}{n-1} = \frac{1}{n}$$

同理，第三个人取到黑球的概率为

$$\frac{n-1}{n} \times \frac{n-2}{n-1} \times \frac{1}{n-2} = \frac{1}{n}$$

对于任意第 k 个人的情况，利用若干个随机事件交事件的乘法公式，他取到黑球的概率仍然为

$$\frac{n-1}{n} \times \frac{n-2}{n-1} \times \cdots \times \frac{n-k+1}{n-k+2} \times \frac{1}{n-k+1} = \frac{1}{n}$$

实际上，如果有 m 个黑球、$n-m$ 个白球，n 个人依次无放回各取走 1 个小球。任意的第 k 个人取到黑球的概率都是 m/n，与 k 无关。

2. 全概率公式与贝叶斯公式（Bayes formula）

定义：如果随机事件 $A_1, A_2, \cdots, A_n$ 满足 $A_i \cap A_j = \varnothing$，对所有的 $i \neq j$；$A_1 \cup A_2 \cup \cdots \cup A_n = \Omega$，则称 $A_1, A_2, \cdots, A_n$ 是样本空间 Ω 的一个划分，样本空间可以划分为无穷多个随机事件的和。

假定随机事件组 $A_1, A_2, \cdots, A_n$ 是样本空间 Ω 的一个划分，B 是任意的一个随机事件，则全概率公式为 $P(B) = \sum_{k=1}^{n} P(A_k)P(B \mid A_k)$。

贝叶斯公式对任意的 $i \geqslant 1$，有

$$P(A_i \mid B) = \frac{P(A_i)P(B \mid A_i)}{\sum_{k=1}^{n} P(A_k)P(B \mid A_k)} \tag{2-5}$$

贝叶斯公式给出了“结果”事件 B 已发生的条件下，“原因”事件的条件概率。

例 2-6　产品使用的元件由三个工厂提供，数据见表 2-1。

表 2-1　产品数据表

厂家	次品率	所占份额
甲	0.02	0.15
乙	0.01	0.80
丙	0.03	0.05

（1）随机从仓库取一件，求取到次品的概率。

（2）如果取到次品，最可能是来自哪个工厂的产品？最不可能的又是哪个工厂的?

解：以 A、B、C 分别表示取到的这个元件来自工厂甲、乙、丙，D 表示这个元件是次品。已知

$$P(A) = 0.15, P(B) = 0.8, P(C) = 0.05$$

$$P(D \mid A) = 0.02, P(D \mid B) = 0.01, P(D \mid C) = 0.03$$

需要求出 $P(D)$，以及比较三个条件概率 $P(A \mid D)$、$P(B \mid D)$、$P(C \mid D)$ 的大小。

根据全概率公式得

$$
\begin{aligned}
P(D) &= P(A)P(D \mid A) + P(B)P(D \mid B) + P(C)P(D \mid C) \\
&= 0.15 \times 0.02 + 0.8 \times 0.01 + 0.05 \times 0.03 = 0.0125
\end{aligned}
$$

根据贝叶斯公式得

$$
P(A \mid D) = \frac{P(A)P(D \mid A)}{P(D)} = \frac{0.15 \times 0.02}{0.0125} = 0.24
$$

同理，$P(B \mid D) = 0.64, P(C \mid D) = 0.12$，所以这个次品最有可能是乙厂，最不可能是丙厂的。

2.1.2　随机变量及其分布函数

1. 随机变量

在可靠性理论中，另一个重要概念就是随机变量。随机事件不论与数量是否直接有关，都可以数量化使得随机事件及其概率能用随机变量及其分布函数来表示。这样就可以用微积分作为工具来研究随机现象。在实际问题中，随机试验的结果也可以用数量来表示，即此数量是随着随机试验结果的变化而变化的。当随机试验的结果确定之后，其值也就相应确定了。譬如掷一颗骰子出现的点数、某地区 12 月的最低温度、灯泡的使用寿命等。

定义：设随机试验 E 的样本空间 $\Omega=\{\omega\}$，若对应每一个可能的试验结果（样本点），都唯一存在一个实数 $X(\omega)$与之对应，则称 $X(\omega)$为随机变量。

随机变量具有两个特点：①它是一个变量——其随着试验结果的不同而取不同的值；②它具有随机性——因为试验结果的出现是随机的。

可见，随机变量是建立在随机试验基础上的一个概念，引入后，事件可用随机变量来表示。由概率论可知，随机变量可分为离散型随机变量和连续型随机变量两种。离散型随机变量的取值是有限个或可数个，可用概率质量函数来刻画它的概率分布（简称分布列）。连续型随机变量的取值充满一个区间，用概率密度函数来刻画其概率分布。本书后面经常用到的结构抗力 R 和荷载效应 S 属于连续型随机变量，因为它们在一定区间内是可以取任何值的。

（1）离散型随机变量。随机变量的取值是有限个或可列无限多个，如袋中有 4 个合格品、2 个次品，进行有放回地随机抽取两个，取出的次品数为 $X=0, X=1, X=2$。

（2）连续型随机变量。随机变量的全部可能取值不仅无穷多，而且还不能一一列举，如一批灯泡中，任取一只测其寿命 X，若事件寿命小于 5h，可表示为 $\{X<5\}$。

2. 分布函数

定义：设 X 是一个随机变量，x 是任意实数，函数 $F(x)=P(X\leqslant x)$ 称为 X 的分布函数，分布函数 $F(x)$ 的值等于 X 落于区间 $(-\infty,x]$ 上的概率值。

注意：$F(x)$ 的值不是 X 取值为 x 时的概率，而是在整个区间 $(-\infty,x]$ 上 X 取值的“累积概率”的值。

对于任意的实数 $x_1,x_2(x_1<x_2)$，有

$$P\{x_1<X\leqslant x_2\}=P\{X\leqslant x_2\}-P\{X\leqslant x_1\}=F(x_2)-F(x_1) \tag{2-6}$$

分布函数的基本性质：① $F(x)$ 是非降函数；② $F(-\infty)=\lim\limits_{x\to-\infty}F(x)=0$，$F(+\infty)=\lim\limits_{x\to+\infty}F(x)=1$；③ $F(x)$ 是右连续函数，即 $F(x)=F(x+0)$。

离散型随机变量的分布函数：

$$F_X(x)=\sum_{x_i<x}p_X(x) \tag{2-7}$$

连续型随机变量的分布函数：

对于连续型随机变量 X，存在密度函数 $f(x)$，$x\in(-\infty,+\infty)$，使对任意实数 x，都有

$$F(x)=P(X\leqslant x)=\int_{-\infty}^{x}p(t)\mathrm{d}t \tag{2-8}$$

则称 $F(x)$ 为连续型随机变量 X 的分布函数。式中，$F_X(x)$ 为随机变量 X 的分布函数，其中 x 为 X 的取值，也即积分上限；P 为概率，$P(X\leqslant x)$ 为 $X\leqslant x$ 这一事件的概率；$P_X(x)$ 为概率质量函数；$f_X(x)$ 为概率密度函数。

必须指出，$f_X(x)$ 在任一点 x_0 处的函数值 $f_X(x_0)$ 并非一个概率，而 $f_x(x)\mathrm{d}x=P(x<X<x+\mathrm{d}x)$ 是 X 位于区间 $(x,x+\mathrm{d}x)$ 的概率。因此，要求出随机变量 X 位于一个小区间 $(x_0,x_0+\Delta x)$ 的概率，可近似地按下式计算：

$$P(x_0<X<x_0+\Delta x)\approx f_X(x_0)\Delta x \tag{2-9}$$

如 X 在区间 (a,b) 取值，则 $F_X(a<x<b)=\int_a^b f_X(x)\mathrm{d}x$。

如 X 在区间 (a,b) 取值一点 C，则

$$F_X(x=C)=\int_0^c f_X(x)\mathrm{d}x \tag{2-10}$$

这说明，不可能事件的概率为零，但概率为零的事件不一定是不可能事件，因为 $X=C$ 是一个随机事件，它是可能发生的。

连续型随机变量取值一点的概率为零的这一性质，使计算概率时可在其取值区间内任意加或减一点，其结果不变：

$$P(x_1 < X < x_2) = P(x_1 \geqslant X < x_2) = P(x_1 < X \leqslant x_2) = P(x_1 \leqslant X \leqslant x_2) \tag{2-11}$$

连续型随机变量的性质如下。

（1）$F(x)$是连续的单调增函数$0 \leqslant F(x) \leqslant 1, x \in (-\infty, +\infty)$。

（2）若$f(x)$在点x处连续，则有$F'(x) = f(x)$，

$$f(x) = \lim_{\Delta x \to 0^+} \frac{F(x+\Delta x) - F(x)}{\Delta x} = \lim_{\Delta x \to 0^+} \frac{P(x < X \leqslant x + \Delta x)}{\Delta x}$$

（3）（1）中给出了$F(x)$的取值范围，则

$$F(-\infty) = \lim_{x \to -\infty} F(x) = 0$$

$$F(+\infty) = \lim_{x \to +\infty} F(x) = \int_{-\infty}^{+\infty} f(x)\,\mathrm{d}x = 1 \tag{2-12}$$

这里给出说明，计算一随机事件的概率必须对随机变量的随机含义弄清楚，否则同一问题将得出不同的计算结果，现举一个例子说明。

计算钢结构轴心受压杆件的可靠度时，压杆稳定性的临界应力σ_c是一随机变量，如按欧拉公式计算σ_c，则

$$\sigma_c = \frac{\pi^2 E}{\lambda^2} = \frac{\pi^2 E}{(l_0/i)^2} \tag{2-13}$$

即σ_c为弹性模量E和回转半径 i（杆件的计算长度l_0作为定值）的函数。但实际上，压杆的临界应力是通过试验来确定的。由于试验点往往比较分散，常用试验数据的相对值代替绝对值。例如按我国钢结构设计规范规定，则

$$\sigma_c = \phi \sigma_s \tag{2-14}$$

式中，$\phi = \dfrac{\sigma_c}{\sigma_s}$，$\sigma_s$为钢的屈服点，即$\sigma_c$为$E$、$i$和$\sigma_s$的函数。这里比式（2-13）计算方法增加了一个随机变量σ_s。分别按这两种方法计算临界应力不确定性的结果当然会不同。如前所述，在结构可靠度的计算中，R和S都是随机变量。但严格说来，这两者均与时间有关系，应该说是随机过程。如果认为抗力与时间的关系不大，但载荷与时间的关系却非常显著，则为了简化计算，除将抗力作为随机变量外，还应将载荷的随机过程概型转化为设计基准期荷载效应最大值这一随机变量的概型。这样一来，R和S都成为随机变量了。

3. 概率密度函数

离散型随机变量的可能值可以一一列举出来，但连续型随机变量的可能取值不只有限个或可列无限多个，其取值是某一个区间，即不能用分布列表示 X 的取值及其概率。因此可通过概率密度来描述连续型随机变量的统计规律性。

对于随机变量 X，若存在非负函数 $f(x)$, $x\in(-\infty,+\infty)$，使对任意实数 x，都有

$$P(X\leqslant x)=\int_{-\infty}^{x}f(t)\mathrm{d}t \tag{2-15}$$

其中，$f(x)$ 为 X 的概率密度函数，简称密度函数或密度。所以若已知密度函数，该连续型随机变量的概率分布规律就得到了全面描述。

4. 概率密度函数的性质

（1）非负性：$f(x)\geqslant 0$, $x\in(-\infty,+\infty)$。

（2）归一性：$\int_{-\infty}^{+\infty}f(x)\,\mathrm{d}x=1$。

这两条性质是判定一个函数 $f(x)$ 是否为某随机变量 X 的密度函数的充要条件。

（3）密度函数的几何意义：X 落在 $[x_1,x_2]$ 内的概率等于 $[x_1,x_2]$ 内曲线 $y=f(x)$ 之下曲边梯形的面积，即

$$P(x_1<X\leqslant x_2)=\int_{x_1}^{x_2}f(t)\,\mathrm{d}t$$

（4）对任意实数 a，$P(X=a)=0$，这是因为

$$\begin{aligned}P(X=a)&=\lim_{\Delta x\to 0}P(a-\Delta x<X\leqslant a)\\&=\lim_{\Delta x\to 0}\int_{a-\Delta x}^{a}p(x)\,\mathrm{d}x=0\end{aligned} \tag{2-16}$$

（5）若已知连续型随机变量 X 的密度函数为 $p(x)$，则 X 在任意区间 D（D 可以是开区间，也可以是闭区间，或半开区间；可以是有限区间，也可以是无穷区间）内取值的概率。

对连续型随机变量 X，有

$$P(a\leqslant X\leqslant b)=P(a<X\leqslant b)=P(a\leqslant X<b)=P(a<X<b) \tag{2-17}$$

2.2 常见的离散型随机变量分布

1. 两点分布（伯努利分布）

若随机变量 X 的取值为 0 和 1 两种情况，且满足概率分布 $P(X=1)=p$，$P(X=0)=1-p$，则 X 服从参数为 p 的两点分布。它的分布律为

X	0	1
p_k	$1-p$	p

假设工厂现有 100 件零件，其中正品 90 件、次品 10 件。一位工人现在随机从这 100 件零件中挑选 1 件，那么他挑选出正品的概率为 0.9，即

$$P(X=\text{正品})=p=0.9$$

两点分布是最简单的一种分布，任何一个只有两种可能结果的随机现象，比如新生婴儿是男还是女、明天是否下雨、种子是否发芽等，都属于两点分布。

2. 二项分布（n 重伯努利分布）

将试验 E 重复进行 n 次，若各次试验的结果互不影响，即每次试验结果出现的概率都不依赖于其他各次试验的结果，则称这 n 次试验是相互独立的，或称 n 次重复独立试验。若试验 E 只有两个可能的结果，则称试验 E 为伯努利试验。

若 X 表示 n 重伯努利试验中事件 A 发生的次数，则 X 所有可能的取值为 $0,1,2,\cdots,n$。

当 $X=k(0\leqslant k\leqslant n)$ 时，即 A 在 n 次试验中发生了 k 次，

$$\underbrace{AA\cdots A}_{k\text{次}}\underbrace{\overline{A}\,\overline{A}\cdots\overline{A}}_{n-k\text{次}}$$

事件 A 在 n 次试验中发生了 k 次的方式共有 C_n^k 种，且两两互不相容。

事件 A 在 n 次试验中发生了 k 次的概率为

$$\mathrm{C}_n^k p^k(1-p)^{n-k}\xrightarrow{\text{记}q=1-p}\mathrm{C}_n^k p^k q^{n-k} \tag{2-18}$$

称这样的分布为二项分布，记为 $X\sim B(n,p)$。

在二项分布中，当 n=1 时变为两点分布。

3. 泊松分布

设随机变量服从二项分布 $X \sim B(n,p)$，又设 $np=\lambda$ 是一个常数，则有

$$\lim_{n\to\infty} P(X_n = k) = \lim_{n\to\infty} \mathrm{C}_n^k P_n^k (1-p_n)^{n-k} = \mathrm{e}^{-\lambda}\frac{\lambda^k}{k!}, \quad k=0,1,2,\cdots,n \tag{2-19}$$

公式的条件意味着，当 n 很大时，p 必定很小。因此，泊松定理表明，当 n 很大、p 很小时二项分布近似于泊松分布。

在生物学、医学、工业统计、保险科学及公用事业的排队等问题中，泊松分布是很常见的。例如地震、火山爆发、特大洪水、交换台的电话呼唤次数等，都服从泊松分布。

4. 几何分布

在独立试验序列中，若一次伯努利试验中某事件 A 发生的概率为只要事件 A 不发生，试验就不断地重复下去，直到事件 A 发生，试验才停止。设随机变量 X 为直到事件 A 发生为止所需的试验次数，X 的概率分布为

$$P(X=k) = (1-p)^{k-1} p, \quad k=1,2,\cdots \tag{2-20}$$

称随机变量 X 服从参数为 p 的几何分布，记作 $X \sim G(p)$。

几何分布具有无记忆性，即

$$P(X>m+n \mid X>m) = P(X>n) \tag{2-21}$$

5. 超几何分布

设 N 个元素分为两类，有 M 个属于第一类、$N-M$ 个属于第二类。现在从中不重复抽取 n 个，其中包含的第一类元素的个数 X 的分布律为

$$P(X=k) = \frac{\mathrm{C}_M^k \mathrm{C}_{N-M}^{n-k}}{\mathrm{C}_N^n}, \quad k=0,1,2,\cdots,n \tag{2-22}$$

称随机变量 X 服从超几何分布，记作

$$X \sim H(N,M,n)$$

6. 负二项分布

设随机变量 X 的取值为 $r, r+1, \cdots$，且满足概率分布

$$P(X=k)=\mathrm{C}_{k-1}^{n-1}p^{r-1}(1-p)^{k-r}p \tag{2-23}$$

称 X 服从参数为 p 的负二项分布。

2.3 常见的连续型随机变量分布

2.3.1 均匀分布

设连续型随机变量 X 的概率密度为

$$f(x)=\begin{cases}\dfrac{1}{b-a}, & a<x<b \\ 0, & 其他\end{cases} \tag{2-24}$$

称 X 在区间 (a,b) 内服从均匀分布，记作 $X\sim U(a,b)$。

$$f(x)\geqslant 0 \text{ 且 } \int_{-\infty}^{+\infty} f(x)\,\mathrm{d}x=1 \tag{2-25}$$

在区间 (a,b) 内服从均匀分布的随机变量 X 具有下述意义的等可能性，即它落在区间 (a,b) 内任意等长度的子区间内的可能性是相同的，或者说它落在 (a,b) 的子区间内的概率只依赖于子区间的长度而与子区间的位置无关。

2.3.2 指数分布

若非负随机变量 X 有密度函数

$$f(t)=\lambda \mathrm{e}^{-\lambda t},\quad \lambda>0, t\geqslant 0 \tag{2-26}$$

则称 X 服从参数为 λ 的指数分布，简记为 $X\sim E(\lambda, t)$，显然 X 的分布函数是

$$F(t)=1-\mathrm{e}^{-\lambda t},\quad t\geqslant 0 \tag{2-27}$$

均值和方差分别为

$$EX=\frac{1}{\lambda}, \mathrm{Var}X=\frac{1}{\lambda^2} \tag{2-28}$$

指数分布常用于可靠性统计研究中，如元件的寿命。服从指数分布的随机变量 X 具有以下性质：

对于 $s,t>0$，有

$$P\{X>s+t\mid X>s\}=P\{X>t\} \tag{2-29}$$

事实上

$$\begin{aligned}P\{X>s+t\mid X>s\}&=\frac{P\{(X>s+t\mid X>s)\cap(X>s)\}}{P\{X>s\}}\\&=\frac{P\{X>s+t\}}{P\{X>s\}}=\frac{1-F(s+t)}{1-F(s)}\\&=\frac{\mathrm{e}^{-(s+t)/\theta}}{\mathrm{e}^{-s/\theta}}=\mathrm{e}^{-t/\theta}=P\{X>t\}\end{aligned} \tag{2-30}$$

例 2-7　设某种产品的寿命服从指数分布，其平均寿命为 500h，问该产品在 20h 内失效的概率和 1000h 内不失效的概率各为多少？

解： 指数分布的失效率为

$$\frac{f(t)}{F(t)}=\frac{-\lambda\cdot-\mathrm{e}^{-\lambda t}}{1-\left(1-\mathrm{e}^{-\lambda t}\right)}=\lambda$$

由式（2-28）可知

$$\lambda=\frac{1}{EX}=\frac{1}{500}=0.002$$

故 t=20 时，

$$F(20)=1-\mathrm{e}^{-0.002\times20}=0.0392$$

即 20h 内失效的概率约为 4%。又 t =1000 时，

$$R(1000)=1-F(1000)=\mathrm{e}^{-0.002\times1000}=0.1353$$

即 1000h 内不失效的概率约为 13.5%。

例 2-8　若寿命服从指数分布，问平均寿命为多大时才能保证 40h 内不发生故障的概率为 0.95？

解： 由式（2-27）知

$$\frac{1}{\lambda}=\frac{t}{\ln\frac{1}{\overline{F}}}=\frac{t}{\ln\frac{1}{R(t)}}$$

以 $t=40, R(t)=0.95$ 代入得平均寿命应为 779.83h。

指数分布可以用来描述某些电子元器件的寿命，也可作为一般产品在有效期内的寿命分布来使用，它的一个最重要的性质就是无记忆性，即若一个产品的寿命服从指数分布，当它使用了时间 t 以后仍然正常，则它在 t 以后的剩余寿命与新的寿命一样服从原来的指数分布。

2.3.3 正态分布

正态分布也称高斯分布（Gaussian distribution），是最常用的分布。某些建筑材料如混凝土、钢材等的强度，以及某些载荷（如恒载）的大小皆认为服从正态分布。正态分布的连续型随机变量 X 在 $(-\infty,+\infty)$ 上取值，设连续型随机变量 X 的概率密度为

$$f(x)=\frac{1}{\sqrt{2\pi}\sigma}e^{-\frac{(x-\mu)^2}{2\sigma^2}}, \quad -\infty<x<+\infty \tag{2-31}$$

式中，μ 和 $\sigma(\sigma>0)$ 都是常数且均为此分布的参数，若它们分别为变量 X 的均值和标准差，则称 X 服从参数为 μ 和 σ 的正态分布，记作 $X\sim N(\mu,\sigma^2)$。只要知道均值和标准差这两个特征值，或者说只要知道其一阶原点矩 μ 和二阶中心矩 σ^2，就可以知道变量 X 的全分布。图 2-1 给出正态分布密度函数 $f_x(x)$ 的图形。$f_x(x)$ 在 μ 处为最大，曲线关于 μ 对称，在 μ 左右各 σ 处有一拐点。

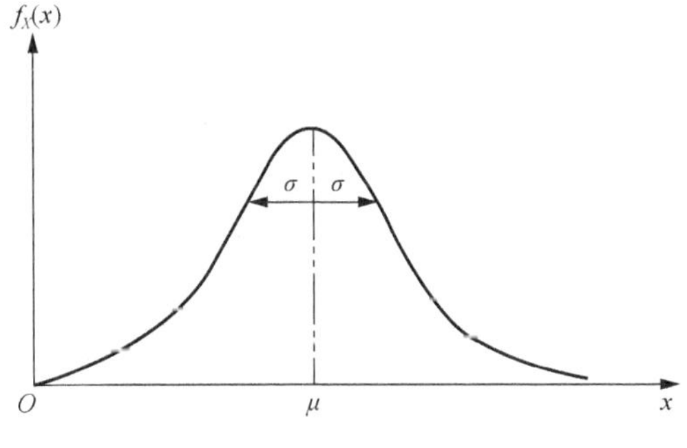

图 2-1　正态分布密度函数曲线图

如果横坐标以标准差为单位表示（称为无量纲的值 $\frac{x}{\sigma}$），并将坐标原点移至均值 $\frac{\mu}{\sigma}$ 处，即设

$$Z=\frac{x-\mu}{\sigma} \tag{2-32}$$

则式（2-31）可写成

$$f_Z(z)=\frac{1}{\sqrt{2\pi}}\mathrm{e}^{\frac{1}{2}z^2}, \quad -\infty<z<+\infty \tag{2-33}$$

此式为标准正态分布的密度函数。显然，标准正态分布的 $\mu=0,\sigma=1$。其分布函数采用特别符号 $\Phi(z)=f_Z(z)$，此处 Z 具有 $N(0,1)$ 的分布。由图 2-2 可得

$$\Phi(Z_P)=P \tag{2-34}$$

反之，在概率 P 处标准正态变量的值可表示为

$$Z_P=\Phi^{-1}(P) \tag{2-35}$$

式中，$\Phi^{-1}(\cdot)$ 表示 $\Phi(\cdot)$ 的反函数。

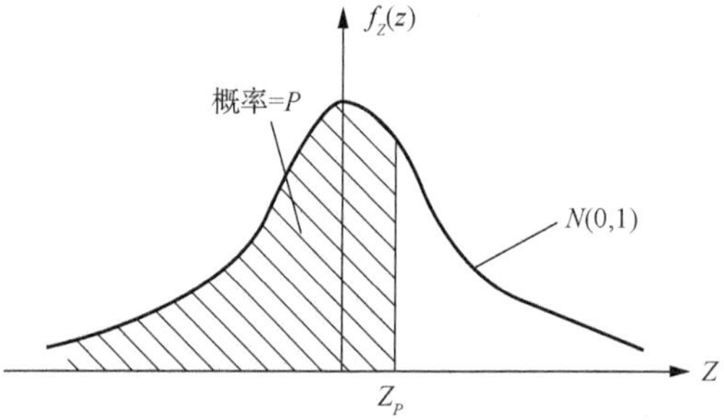

图 2-2　标准正态概率密度函数分布图

我们可以查阅正态概率表，而表只给出变量正值的概率，因为其密度函数关于零点对称，变量的负值的概率可按下式求得：

$$\Phi(-z)=1-\Phi(z) \tag{2-36}$$

相应于 $p<0.5$ 的变量之值，可由下式求得：

$$Z_n=\Phi^{-1}(p)=-\Phi^{-1}(1-p) \tag{2-37}$$

利用 $\Phi(z)$ 表可求任何正态分布的概率。如某一变量 X 的分布为 $N(\mu,\sigma)$，求其在 (a,b) 内取值的概率，则

$$P(a\leqslant x\leqslant b)=\frac{1}{\sigma\sqrt{2\pi}}\int_a^b \exp\left[-\frac{1}{2}\left(\frac{x-\mu}{\sigma}\right)^2\right]\mathrm{d}x \tag{2-38}$$

从理论上说，可用积分求其概率。但是，如设

$$Z=\frac{x-\mu}{\sigma}$$

则

$$\mathrm{d}x = \sigma \mathrm{d}z$$

于是

$$\begin{aligned} P(a < X < b) &= \frac{1}{\sigma\sqrt{2\pi}} \int_{\frac{a-\mu}{\sigma}}^{\frac{b-\mu}{\sigma}} \mathrm{e}^{-\frac{1}{2}z^2} \sigma \mathrm{d}z \\ &= \frac{1}{\sqrt{2\pi}} \int_{\frac{a-\mu}{\sigma}}^{\frac{b-\mu}{\sigma}} \mathrm{e}^{-\frac{1}{2}z^2} \mathrm{d}z \\ &= \Phi\left(\frac{b-\mu}{\sigma}\right) - \Phi\left(\frac{a-\mu}{\sigma}\right) \end{aligned} \tag{2-39}$$

表 2-2 列出正态分布常用的集中概率值。

表 2-2　正态分布常用的集中概率值

Z	$P/\%$	$1-P/\%$
$\mu-\sigma$	15.870	84.130
$\mu-1.645\sigma$	5.000	95.000
$\mu-2\sigma$	2.280	97.720
$\mu-3\sigma$	0.135	99.865

在各种现象中，大量随机变量都服从或近似服从正态分布。由多种随机变量叠加而成的复合随机变量，只要各随机变量中没有特别突出的，就可认为服从正态分布。

例 2-9　设在一个蓄水池处，年降雨量估计为正态分布 N(1500mm,375mm)。（1）今后年降雨量为 1000～1750mm 的概率是多少？（2）年降雨量至少为 750mm 的概率是多少？（3）在蓄水池处，10-百分位值的年降水量是多少，换句话说，年降雨量小于该分位值的概率为 10%。

解：（1）由式（2-39）可知，其概率为

$$\begin{aligned} P(1000 < X < 1750) &= \Phi\left(\frac{1750-1500}{375}\right) - \Phi\left(\frac{1000-1500}{375}\right) \\ &= \Phi(0.67) - \Phi(-1.33) = \Phi(0.67) - [1-\Phi(1.33)] \end{aligned}$$

查正态分布表可得

$$P(1000 < X < 1750) = 0.74857 - (1-0.98241) = 0.73098$$

（2）

$$P(X \geqslant 750) = \Phi(\infty) - \Phi\left(\frac{750-1500}{375}\right) = 1 - \Phi(-2.00)$$
$$= 1 - [1 - \Phi(2.00)] = \Phi(2.00) = 0.9772$$

（3）在此情况下，我们希望确定 $x_{0.10}$，使得

$$P(X \leqslant x_{0.10}) = 0.10$$

因此，

$$\Phi\left(\frac{x_{0.10}-1500}{375}\right) = 0.10$$

由正态分布表可知，概率小于 0.50，关联到负值，用式（2-26）得到。所以，10-百分位值时年降雨量为

$$x_{0.10} = 1500 - 1.28 \times 375 = 1020\text{mm}$$

例 2-10　一壳体结构支撑在三个支点 A、B、C 上。虽能精确计算由壳体传至三个支点上的载荷，但在 A、B、C 下的土壤情况却不清楚。假设 A、B、C 三点的沉陷量 ρ_A、ρ_B 和 ρ_C 为独立正态变量，经测得其均值分别为 2cm、2.5cm 和 3cm，其变异系数分别为 20%、20%和 25%。问：（1）最大沉陷量超过 4cm 的概率是多少？（2）如果已知 A 与 B 分别沉陷了 2.5cm 和 3.5cm，最大差异沉陷不超过 0.8cm 的概率是多少？不超过 1.5cm 的概率又是多少？

解：（1）

$$P(\rho_{\max} > 4) = 1 - P(\rho_{\max} \leqslant 4) = 1 - P[(\rho_A \leqslant 4)(\rho_B \leqslant 4)(\rho_C \leqslant 4)]$$
$$= 1 - P(\rho_A \leqslant 4)(\rho_B \leqslant 4)(\rho_C \leqslant 4)$$
$$= 1 - \Phi\left(\frac{4-2}{0.4}\right)\Phi\left(\frac{4-2.5}{0.5}\right)\Phi\left(\frac{4-3}{0.75}\right)$$
$$= 1 - \Phi(5)\Phi(3)\Phi(1.333) = 1 - 1 \times 0.9986 \times 0.9083 = 0.093$$

（2）因为 A 和 B 之间的差异沉陷，即 $\Delta\rho_A\rho_B = 3.5 - 2.5 = 1.0$，所以不管 ρ_C 的值是多少，都有 $P(\Delta\rho_{\max} \leqslant 0.80) = 0$。

对于 $\Delta\rho_{\max}$ 小于 1.5cm 的这一事件，必须知道 ρ_C 的值。如果 ρ_C <1cm 或 ρ_C > 4cm，则 $\Delta\rho_{\max}$ >1.5cm；再如 ρ_C <2cm 或 ρ_C >5cm，则 $\Delta\rho_{\max}$ >1.5cm。从这两个条件可以看到，ρ_C 的允许范围是 2cm≤ ρ_C ≤4cm。ρ_C 的任何其他值将导致最大差异沉陷超过 1.5cm。

因此

$$P\left(\Delta\rho_{\max}\leqslant 1.5\right)=P\left(2\leqslant\rho_C\leqslant 4\right)=\Phi\left(\frac{4-3}{0.75}\right)-\Phi\left(\frac{2-3}{0.75}\right)$$
$$=\Phi\left(\frac{4-3}{0.75}\right)-\Phi\left(\frac{2-3}{0.75}\right)=\Phi(1.3333)-\Phi(-1.333)$$
$$=0.9088-0.0912=0.8176$$

正态分布具有以下性质。

（1）曲线关于 $x=\mu$ 对称，这表明对于任意 $h>0$ 有

$$P\{\mu-h<X\leqslant\mu\}=P\{\mu<X\leqslant\mu+h\}$$

（2）当 $x=\mu$ 时取到最大值，即

$$f(\mu)=\frac{1}{\sqrt{2\pi}\sigma} \tag{2-40}$$

特别，当 $\mu=0,\sigma=1$ 时称 X 服从标准正态分布。其概率密度和分布函数分别用 $\varphi(x),\Phi(x)$ 表示，即

$$\varphi(x)=\frac{1}{\sqrt{2\pi}}\mathrm{e}^{-x^2/2}$$

$$\Phi(x)=\frac{1}{\sqrt{2\pi}}\int_{-\infty}^{x}\mathrm{e}^{-t^2/2}\mathrm{d}t \tag{2-41}$$

易知 $\Phi(-x)=1-\Phi(x)$。

人们已编制了 $\Phi(x)$ 的函数表，可供查用。

一般，若 $X\sim N(\mu,\sigma^2)$，我们通过一个线性变换就能将它化成标准正态分布。

引理 $X\sim N(\mu,\sigma^2)$，则 $Z=\dfrac{X-\mu}{\sigma}\sim N(0,\ 1)$。

证：$Z=\dfrac{X-\mu}{\sigma}$ 的分布函数为

$$P\{Z\leqslant x\}=P\left\{\frac{X-\mu}{\sigma}\leqslant x\right\}=P\{X\leqslant\mu+\sigma x\}=\frac{1}{\sqrt{2\pi}\sigma}\int_{-\infty}^{\mu+\sigma x}\mathrm{e}^{-\frac{(t-\mu)^2}{2\sigma^2}}\mathrm{d}t$$

令 $\dfrac{t-\mu}{\sigma}=\mu$，得

$$P\{Z\leqslant x\}=\frac{1}{\sqrt{2\pi}}\int_{-\infty}^{x}\mathrm{e}^{-\mu^2/2}\mathrm{d}u=\Phi(x) \tag{2-42}$$

由此知 $Z=\dfrac{X-\mu}{\sigma}\sim N(0,1)$。

于是，若 $X\sim N(\mu,\sigma^2)$，则它的分布函数 $F(x)$ 可写成

$$F(x)=P\{X\leqslant x\}=P\left\{\frac{X-\mu}{\sigma}\leqslant\frac{x-\mu}{\sigma}\right\}=\Phi\left(\frac{x-\mu}{\sigma}\right)$$

对于任意区间 $(x_1,x_2]$，有

$$\begin{aligned}P\{x_1<X\leqslant x_2\}&=P\left\{\frac{x_1-\mu}{\sigma}<\frac{X-\mu}{\sigma}\leqslant\frac{x_2-\mu}{\sigma}\right\}\\&=\Phi\left(\frac{x_2-\mu}{\sigma}\right)-\Phi\left(\frac{x_1-\mu}{\sigma}\right)\end{aligned}\tag{2-43}$$

2.3.4 对数正态分布

对于连续型随机变量 X，如果 $\ln X$（X 的自然对数）服从正态分布，则称 X 服从对数正态分布；而 X 在 $(0,+\infty)$ 上取值，其密度函数为

$$f_X(x)=\frac{1}{\zeta X\sqrt{2\pi}}\exp\left[-\frac{1}{2}\left(\frac{\ln X-\lambda}{\zeta}\right)^2\right],\quad 0<X<+\infty\tag{2-44}$$

式中，$\lambda=E(\ln X)$，$\zeta=\sqrt{\mathrm{Var}(\ln X)}$ 分别为 $\ln X$ 的均值 $\mu_{\ln X}$ 和标准差 $\sigma_{\ln X}$，即对数的均值和标准差。

许多随机变量只有正值，如材料的强度和疲劳寿命等，对于这些随机变量来说对数正态分布是很有用的，而计算对数正态变量的概率分布又比较简便。许多随机变量的积的复合随机变量分布常用对数正态分布来表示。

由于对数正态分布与正态分布的关系，对数正态变量的相关概率也能用标准正态概率来确定。

设对数正态变量 X 在 (a,b) 内取值，其概率应为

$$P(a<X<b)=\int_a^b\zeta X\frac{1}{\sqrt{2\pi}}\exp\left[-\frac{1}{2}\left(\frac{\ln X-\lambda}{\zeta}\right)^2\right]\mathrm{d}X\tag{2-45}$$

令 $z=\dfrac{\ln X-\lambda}{5}$，则 $\mathrm{d}X=X\zeta\mathrm{d}z$

于是

$$P(a<X<b)=\sqrt{\frac{1}{2\pi}}\int_{(\ln a-\lambda)/t}^{(\ln b-\lambda)/t}\ln \mathrm{e}^{-\left(\frac{1}{2}\right)^{z^2}}\mathrm{d}z$$
$$=\Phi\left(\frac{\ln b-\lambda}{\zeta}\right)-\Phi\left(\frac{\ln a-\lambda}{\zeta}\right) \tag{2-46}$$

从式（2-46）可知，概率是参数λ和ζ的函数。这些参数（即对数的均值和标准差）和变量的均值μ和标准差σ（即对数正态分布的均值和标准差）有如下关系：

$$\begin{cases}EX=\mu_{\ln X}=\exp\left(\lambda+\dfrac{1}{2}\zeta^2\right)=\mathrm{e}^{\lambda+\frac{1}{2}\sigma_{\ln X}^2}\\ \lambda=\ln\mu-\dfrac{1}{2}\zeta^2\cong\ln\mu\end{cases} \tag{2-47}$$

$$\begin{cases}\mathrm{Var}X=E^2\left(\mathrm{e}^2-1\right)=\mu^2\left(\mathrm{e}^{z^2}-1\right)=\mathrm{e}^{2\lambda+\sigma_{\ln X}^2}\\ \zeta^2=\ln\left(1+\dfrac{\sigma_{\ln X}^2}{\mu_{\ln X}^2}\right)\end{cases} \tag{2-48}$$

如$\dfrac{\sigma}{\mu}\leqslant 0.30$，则

$$\zeta\cong\frac{\sigma\ln X}{\mu\ln X}=\delta\ln X \tag{2-49}$$

例 2-11　在例 2-9 中，假设年降雨量不是正态分布而是对数正态分布，其均值和标准差仍分别为 1500mm 和 375mm，则例 2-9 中提出的几个问题的解答如下。

解： 按式（2-49）计算得

$$\zeta\cong\frac{375}{1500}=0.25$$

并由式（2-47）可得

$$\lambda=\ln 1500-\frac{1}{2}0.25^2=7.31-0.03=7.28$$

（1）在此情况下，年降雨量为 1000～1750mm 的概率是

$$P(100<X<1750)=\Phi\left(\frac{\ln 1750-7.28}{0.25}\right)-\Phi\left(\frac{\ln 1000-7.28}{0.25}\right)$$
$$=\Phi(0.75)-\Phi(-1.18)$$
$$=0.773373-0.069473=0.7039$$

（2）年降雨量至少是 750mm 时的概率为

$$P(X \geqslant 750)=1-\Phi\left(\frac{\ln 750-7.28}{0.25}\right)=1-\Phi(2.64)=0.9958$$

（3）10-百分位值（百分位值一般指百分位数值：一种数字计量单位。这个概念是一个概率，就是指样本总体中，在此样本值以下的样本数占总样本数的百分比）年降雨量是

$$\frac{\ln x_{0.10}-7.28}{0.25}=-1.28$$

$$\begin{aligned}\ln x_{0.10}&=7.28-1.28\times 0.25\\&=6.96\end{aligned}$$

因此

$$x_{0.10}=\mathrm{e}^{0.0224}=1.023\mathrm{mm}$$

2.3.5　伽马分布

若非负函数随机变量 X 有密度函数

$$f(t)=\frac{\lambda(\lambda_t)^{\alpha-1}}{\Gamma(\alpha)}\mathrm{e}^{-\lambda_t},\quad t\geqslant 0,\alpha>0 \tag{2-50}$$

式中，$\Gamma(\alpha)=\int_0^{+\infty}x^{\alpha-1}\mathrm{e}^{-x}\mathrm{d}x$，则称 X 服从参数为 α 和 λ 的伽马分布，其中 α 称作形状参数，λ 称作尺度参数，简记为 $X\sim\Gamma(\alpha,\lambda;t)$。易见 $\Gamma(1,\lambda;t)$ 分布就是参数为 λ 的指数分布，所以可以说伽马分布是指数分布的推广。

若寿命 X 服从 $\Gamma(\alpha,\lambda;t)$ 分布，则其可靠的函数为 $R(t)=\int_y^{+\infty}\frac{\lambda(\lambda_x)}{\Gamma(\alpha)}\mathrm{e}^{-\lambda_x}\mathrm{d}x$。均值和方差分别为 $EX=\frac{\alpha}{\lambda},\mathrm{Var}X=\frac{\alpha}{\lambda^2}$。

设随机变量 $X_1,X_2,\cdots,X_n$ 独立同分布，都服从参数为 λ 的指数分布，则 $X=X_1+X_2+\cdots+X_n$ 服从 $\Gamma(n,\lambda;t)$，其分布函数为

$$F(t)=\int_0^t\frac{\lambda(\lambda_x)^{n-1}}{(n-1)!}\mathrm{e}^{-\lambda_x}\mathrm{d}x=1-\mathrm{e}^{-\lambda_t}\sum_{i=1}^{n-1}\frac{(\lambda_t)^i}{i!},\quad t\geqslant 0 \tag{2-51}$$

证：我们用归纳法来证明 $X_1+X_2+\cdots+X_n$ 的密度函数是

$$f_n(t)=\frac{\lambda(\lambda_t)^{n-1}}{(n-1)!}\mathrm{e}^{-\lambda_t},\quad n=1,2,\cdots$$

当 $n=1$ 时，X_1 的密度函数为 $f_1(t)=\mathrm{e}^{-t}$，上述结论自然成立。假设 $n=k$ 时，$X_1+X_2+\cdots+X_k$ 的密度函数为

$$f_n(t)=\frac{\lambda(\lambda_t)^{k-1}}{(k-1)!}\mathrm{e}^{-\lambda_t}$$

则当 $n=k+1$ 时，$X_1+X_2+\cdots+X_k+X_{k+1}=(X_1+X_2+\cdots+X_k)+X_{k+1}$ 的密度函数为

$$\int_0^t f_1(t-u)f_k(u)\mathrm{d}u=\int_0^t \lambda\mathrm{e}^{-\lambda_{(t-u)}}\frac{\lambda(\lambda_u)^{k-1}}{(k-1)!}\mathrm{e}^{-\lambda_t}\mathrm{d}u=\frac{\lambda(\lambda_t)^k}{k!}\mathrm{e}^{-\lambda_t}=f_{k+1}(t)$$

由密度函数 $f_n(t)$，立即可以求出其分布函数 $F(t)$，然后通过 n 次分部积分即可得到 $F(t)$ 的第二个表达式。

对 $\Gamma(\alpha,\lambda;t)$ 分布有

$$\frac{1}{r(t)}=\int_0^{+\infty}\left(1+\frac{u}{t}\right)^{\alpha-1}\mathrm{e}^{-\lambda_u}\mathrm{d}u \tag{2-52}$$

当 $0<\alpha<1$ 时，$\Gamma(\alpha,\lambda;t)\in\{\mathrm{DFR}\}$；当 $\alpha\geqslant 1$ 时，$\Gamma(\alpha,\lambda;t)\in\{\mathrm{IFR}\}$。其中，DFR 为衰退故障率；IFR 为增加故障率。

证：由失效率的定义得

$$\frac{1}{\lambda(t)}=\frac{\overline{F}(t)}{f(t)}=\int_t^{+\infty}\left(\frac{x}{t}\right)^{\alpha-1}\mathrm{e}^{-\lambda_{(x-t)}}\mathrm{d}x\overset{u=x-t}{\Rightarrow}\int_0^{+\infty}\left(1+\frac{u}{t}\right)^{\alpha-1}\mathrm{e}^{-\lambda_u}\mathrm{d}u$$

由上式右端知，当 $0<\alpha<1$ 时，$\dfrac{1}{\lambda(t)}$ 是增函数；当 $\alpha\geqslant 1$ 时，$\dfrac{1}{\lambda(t)}$ 是减函数。故当 $0<\alpha<1$ 时，$\Gamma(\alpha,\lambda;t)\in\{\mathrm{DFR}\}$；当 $\alpha\geqslant 1$ 时，$\Gamma(\alpha,\lambda;t)\in\{\mathrm{IFR}\}$。

2.3.6 威布尔分布

若非负函数随机变量 X 有密度函数

$$f(t)=\lambda\alpha(\lambda_t)^{\alpha-1}\mathrm{e}^{-(\lambda_t)^\alpha},\quad t\geqslant 0,\alpha,\lambda>0 \tag{2-53}$$

和分布函数

$$F(t)=1-\mathrm{e}^{-(\lambda_t)^\alpha},\quad t\geqslant 0 \tag{2-54}$$

则称 X 服从参数为 α 和 λ 的威布尔分布，其中 α 为形状参数，λ 为尺度参数，简记为 $X \sim W(\alpha,\lambda;t)$。当 $\alpha=1$ 时，$W(1,\lambda;t)$ 分布就是参数为 λ 的指数分布。

威布尔分布是可靠性理论中使用比较广泛的连续型分布，它可以用来描述疲劳失效、真空管失效和轴承失效等寿命分布。

容易算得

$$EX=\frac{1}{\lambda}\Gamma\left(\frac{1}{\alpha}+1\right) \tag{2-55}$$

$$\mathrm{Var}X=\frac{1}{\lambda^2}\left[\Gamma\left(\frac{2}{\alpha}+1\right)-\Gamma^2\left(-\frac{1}{\alpha}+1\right)\right] \tag{2-56}$$

其失效率为

$$r(t)=\lambda\alpha(\lambda t)^{\alpha-1},\quad t\geqslant 0 \tag{2-57}$$

易见，当 $\alpha>1$ 时，$W(\alpha,\lambda;t)\in\{\mathrm{IFR}\}$；当 $\alpha=1$ 时，$r(t)=\lambda$；当 $\alpha<1$ 时，$W(\alpha,\lambda;t)\in\{\mathrm{DFR}\}$。

证：易见

$$P\left\{(nc)^{-\frac{1}{\alpha}}Y_n>t\right\}=\prod_{i-1}^{n}P\left\{X_i>\frac{t}{(nc)^{\frac{1}{\alpha}}}\right\}=\left[1-F\left(\frac{t}{(nc)^{\frac{1}{\alpha}}}\right)\right]^n$$

而

$$F\left(\frac{t}{(nc)^{\frac{1}{\alpha}}}\right)=c\left[\frac{1}{(nc)^{\frac{1}{\alpha}}}\right]^{\alpha}+0(1)c\left[\frac{t}{(nc)^{\frac{1}{\alpha}}}\right]^{\alpha}=\frac{t^{\alpha}}{n}+0\left(\frac{1}{n}\right)t^{\alpha}$$

故

$$\left\{1-F\left(\frac{t}{(nc)^{\frac{1}{\alpha}}}\right)\right\}^n=\left\{1-\frac{t^{\alpha}}{n}+0\left(\frac{1}{n}\right)\cdot t^{\alpha}\right\}^n\to \mathrm{e}^{-t\alpha},\quad n\to+\infty$$

第 3 章　结构可靠性及其计算方法

3.1　结构可靠性的基本概念

结构可靠度是结构可靠性的概率度量，是结构可靠性的数量指标。

规定时间：指分析结构可靠度时考虑各项基本变量与时间关系，所使用的设计基准期。

规定条件：正常设计、正常施工、正常使用、正常维护。

规定功能：在设计基准期内，结构正常工作，成功完成结构功能的能力。

结构功能指结构必须满足下列各项功能：①能承受正常施工和正常使用时可能出现的各种作用；②在正常使用时具有良好的工作性能；③在正常维修和保护下具有足够的耐久性能；④在偶然事件，如地震、爆炸、撞击、龙卷风及冰凌等作用后，结构仍能保持必需的整体稳定性。

第①④条指结构的强度稳定安全性，第②条指结构适用性，第③条指结构耐久性。

设计基准期：结构可靠度与结构使用期长短有关，所给出的结构可靠度定义是针对基准期而言的。国际上对设计基准期的取值不统一，国际结构安全度联合委员会建议基准期为 50 年，加拿大国家建筑法规定为 30 年，我国没有明确规定统一标准。

载荷和材料性能的随机性：作用在结构上的载荷是随时间而变动的，随机过程结构材料性能亦是以时间为变量的随机过程，结构可靠度是时间的函数。

3.2　结构功能函数和极限状态方程

结构功能通常以极限状态为标志，结构到达它不能完成预定功能之前的一种特殊状态，即一种临界状态，称为结构的极限状态。结构极限状态的概念是苏联学者于 20 世纪 50 年代初提出来的，得到各国学者的公认。其认为结构必须满足某些功能的要求，功能的限值就是极限状态。其实，在苏联学者提出极限状态设计法以前，容许应力和最大载荷设计法都有功能限值的概念，如低碳钢以其屈服点为强度极限，楼板梁在标准载荷作用下的最大挠度不能超过梁跨长的若干分之一等，只是没有明确指出“极限状态”这个概念，而苏联学者把这一概念重新加以定义，从而引起人们对结构极限状态的研究。

早期结构设计方法是以结构分析方法的不同来分类的：对结构材料进行线弹性分析，其相应的设计方法为容许应力设计法（这是容许应力设计法的本质，后来也用其形式进行材料非线性的设计）；对结构材料进行非线性的弹塑性分析，其相应的设计方法是最大载荷设计法，或叫极限设计法。但是，整个结构或结构的一部分作为刚体失去平衡，如滑移、倾覆，从结构分析方法看，它既不属于弹性分析，也不属于非弹性分析，因而基于结构分析理论提出的设计方法都不适用。而滑移、倾覆都有其极限状态，用极限状态来命名设计方法将把各种情况都包括进去。当然极限状态设计法还有其他的内容，如采用分项安全系数，初步引进了概率概念。

必须指出：极限状态设计是从极限设计发展而来的，但是极限状态并非仅指破坏、倒塌等结构的最终状态，它只是包括这些状态。这在极限状态的分类上可以看出，而且仅就结构的静力强度而论，也并非所有构件的危险截面都必须考虑以塑性为其极限状态，如果是短梁，剪力较大，其正应力则仍宜以边缘屈服为其极限状态。极限状态是多种多样的，应该根据具体情况加以分析，不能简单化。以受弯为主的梁而论，它的极限状态就有屈服（边缘屈服或塑性深入发展）、总体失稳和局部失稳、振动或挠度过大等。拉杆是一个简单的杆件，但其极限状态却有屈服、疲劳、脆断和振动过大等。对于压杆，因分析理论的不同而有不同的极限状态：最大载荷理论的极限状态——实际压杆的承载能力极限状态；屈曲载荷理论的极限状态——理想直杆保持顺直的承载能力极限状态；纤维屈服载荷理论的极限状态——非理想直杆纤维达到屈服点的承载能力极限状态。

极限状态有很多，为了便于设计时掌握，按其性质（是破坏性还是使用性）进行分类，显然是必要的。苏联学者提出极限状态设计法时，将极限状态分成三类：第一类极限状态是承载能力（结构的强度与稳定性，材料的疲劳）的极限状态；第二类极限状态是产生过大变形的极限状态；第三类极限状态是裂缝的形成或开展的极限状态（这不适用于钢结构）。许多学者认为，其中第一类极限状态应当包括塑性变形的极限状态，因而把变形极限状态看作第二类极限状态似乎不恰当。为此，欧洲的有关学术组织就把极限状态重新分为承载能力和正常使用两类极限状态，这在《建筑结构可靠性设计统一标准》（GB 50068—2018）中已有详细说明。

极限状态这一课题尚应继续研究。目前尽管将一些极限状态概念应用于设计，但对其机理还不清楚，对于疲劳的极限状态，现在是从疲劳强度的角度把它列入第一类极限状态，但疲劳破坏的机理如果是裂缝的形成和开展，似乎宜列入第三类极限状态。又如钢材的低温冷脆问题，现在是用冲击韧性这一性能指标来描述它的极限状态；但是，尽管影响钢材脆断的诸多因素已有所了解，但定量化却很困难，可以说，这一极限状态的本质尚不清楚。

结构的极限状态可用其功能函数予以精确表达[6]。

设 $X_i\left(i=1,2,\cdots,n\right)$ 为描述结构状态的基本变量，则结构功能可用如下功能函数表达：

$$Z=g\left(X_1,X_2,\cdots,X_n\right) \tag{3-1}$$

功能函数的取值严格地把结构区分为三种不同的状态，即可靠状态、极限状态和失效状态。若

$$Z=g\left(X_1,X_2,\cdots,X_n\right)>0$$

则结构处于可靠状态；若

$$Z=g\left(X_1,X_2,\cdots,X_n\right)=0$$

则结构处于极限状态；若

$$Z=g\left(X_1,X_2,\cdots,X_n\right)<0$$

则结构处于失效状态。

通常，描述结构的基本变量 X_i 为随机变量。这样，结构可靠度可表述为结构处于可靠状态的概率，简称可靠概率，其表达式为

$$P_r=P\left(Z=g\left(X_1,X_2,\cdots,X_n\right)>0\right) \tag{3-2}$$

式中，P_r 为结构可靠度；$P(\cdot)$ 表示括号内事件发生的概率。

同理有

$$P_f=P\left(Z=g\left(X_1,X_2,\cdots,X_n\right)<0\right) \tag{3-3}$$

称为结构的失效概率，或结构的不可靠度。

亦有

$$P_t=P\left(Z=g\left(X_1,X_2,\cdots,X_n\right)=0\right)$$

称为结构处于极限状态的概率。

在绝大多数情况下，描述结构功能状态的基本变量均为连续型随机变量，因

而，描述结构功能的函数 Z 也为连续型随机变量。根据概率论中连续型随机变量取某一确定值的概率为零的已知结论，可知

$$P_t = P\left(Z = g\left(X_1, X_2, \cdots, X_n\right) = 0\right) = 0$$

故有

$$P_r + P_f = 1 \tag{3-4}$$

或

$$P_f = 1 - P_r \tag{3-5}$$

因此，虽然将结构功能分成了三种不同的状态，但是在进行结构可靠性的分析计算时，只需考虑结构的可靠和失效两种状态即可。

由式（3-5）可知，结构的失效概率 P_f 同样可以作为度量结构可靠性的数量指标。在结构可靠性的问题中，一般均有 $P_r \gg P_f$。为了表达方便，许多实际结构可靠性问题，多用结构的失效概率 P_f 表达。

若在功能函数中，仅取强度 R 和应力 S 作为基本随机变量，则是结构可靠性问题中一种最简单的情况。此时，式（3-1）所给出的功能函数可表示为

$$Z = g\left(R, S\right) \tag{3-6}$$

根据不同情况，式中的函数可取不同的形式，其中一种最简单的形式可取为

$$Z = g\left(R, S\right) = R - S \tag{3-7}$$

该式所给出的功能函数具体表达形式又被称为安全余量方程。Z 是强度与应力之差，表示保证结构安全可靠强度的储备量（余量）。

通常，可以假设应力和强度为两个独立的随机变量，且服从一定的分布。假设应力 S 为一连续型随机变量，所服从分布的概率密度函数为 $f_S\left(s\right)$；强度 R 亦为一连续型随机变量，所服从分布的概率密度函数为 $f_R\left(r\right)$。根据结构可靠性的基本假设，对于这种静态结构可靠性模型，能够给出结构可靠度的表达式为

$$P_r = P(Z > 0) = P(R - S > 0) \tag{3-8}$$

图 3-1 给出了在同一图中所表示的应力 S 和强度 R 的概率密度函数曲线[7]。图中用阴影表示两概率密度函数相重叠的部分，称为应力和强度的干涉区，只要有这一区域存在，就表示考虑中的结构有失效的可能性，但这一阴影区的面积并不表示结构的失效概率。由于干涉区的存在，我们有可能进行结构可靠性的定量计算。根据干涉区情况进行结构可靠性计算的理论称为应力-强度干涉理论，这种计算模型称为应力-强度干涉模型。

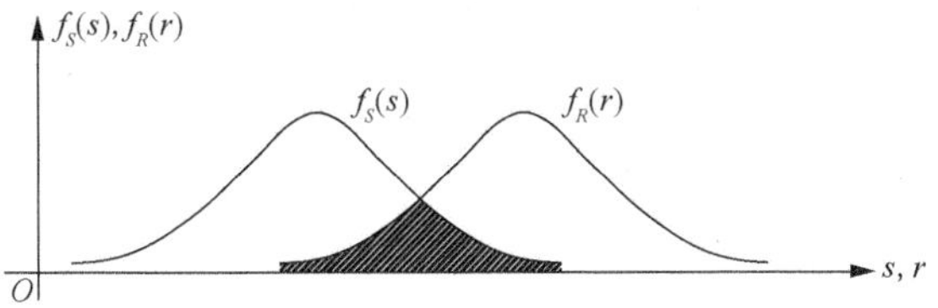

图 3-1　应力强度干涉图

根据式（3-8）计算结构可靠度，应对干涉区的情况进行更为详细的研究。现将图 3-1 中的干涉区放大，如图 3-2 所示。在图中，取某一应力定值 s_0，在该应力的邻域内取一宽度为 ds 的小区间，根据概率论的知识，应力出现在该小区间的概率为

$$P\left(s_0-\frac{1}{2}\mathrm{d}s \leqslant S \leqslant s_0+\frac{1}{2}\mathrm{d}s\right)=f_S\left(s_0\right)\mathrm{d}s$$

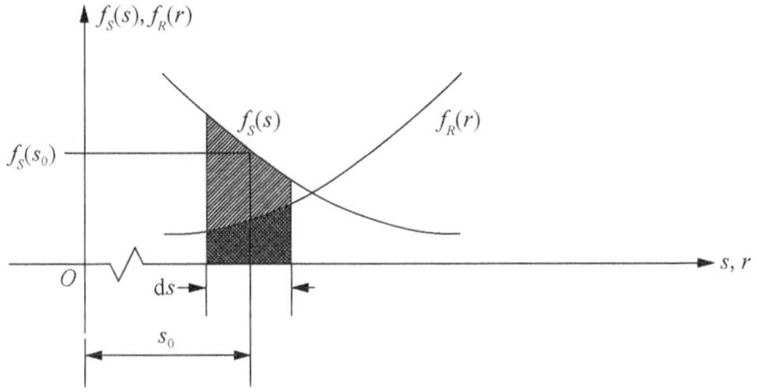

图 3-2　干涉区放大

强度 R 大于应力定值 s_0 的概率为

$$P(R>s_0)=\int_{s_0}^{+\infty} f_R\left(r\right)\mathrm{d}r$$

由于假设应力和强度相互独立，所以应力取值在 s_0 邻域和强度大于 s_0 这两个事件同时发生的概率 P 为两事件单独发生概率的乘积，则有

$$P=f_S\left(s_0\right)\mathrm{d}s\int_{s_0}^{+\infty} f_R\left(r\right)\mathrm{d}r$$

该概率即为处在 s_0 邻域 ds 小区间内因干涉存在所引起的可靠概率。显然，对于任意 s_0，这一可靠概率表达式均应成立。故对于所有可能取值，给出强度大于应力的概率为

$$P_r=P(R>S)=\int_0^{+\infty} f_S\left(s\right)\left[\int_s^{+\infty} f_R\left(r\right)\mathrm{d}r\right]\mathrm{d}s \tag{3-9}$$

若已知强度的概率分布函数为$F_R(r)$，则可以写出式（3-9）的等价形式为

$$P_r = \int_0^{+\infty} f_S(s)\left[1 - F_R(s)\right]\mathrm{d}s \tag{3-10}$$

静态结构可靠度的另一种等价表达形式为应力小于强度的概率，按照式（3-9）的推导，可得

$$P_r = P(S < R) = \int_0^{+\infty} f_R(r)\left[\int_0^r f_S(s)\mathrm{d}s\right]\mathrm{d}r \tag{3-11}$$

若已知应力的分布函数为$F_S(s)$，则式（3-11）也可写成如下形式：

$$P_r = \int_0^{+\infty} f_R(r) F_S(r)\mathrm{d}r \tag{3-12}$$

式（3-9）～式（3-12）是静态结构可靠度计算的四种等价公式，用任何一式计算，其结果是相同的。在实际应用中，应以计算简单方便为原则选其中之一。

根据式（3-5），可以写出与以上四种等价公式相对应的结构失效概率的表达式。相应于式（3-9）有

$$P_f = P(R > S) = \int_0^{+\infty} f_S(s)\left[\int_s^{+\infty} f_R(r)\mathrm{d}r\right]\mathrm{d}s \tag{3-13}$$

相应于式（3-10）有

$$P_f = \int_0^{+\infty} f_S(s) F_R(s)\mathrm{d}s \tag{3-14}$$

相应于式（3-11）有

$$P_f = \int_0^{+\infty} f_R(r)\left[\int_r^{+\infty} f_S(s)\mathrm{d}s\right]\mathrm{d}r \tag{3-15}$$

相应于式（3-12）有

$$P_f = \int_0^{+\infty} f_R(r)\left[1 - F_S(r)\right]\mathrm{d}r \tag{3-16}$$

以上各式是在应力和强度相互独立的假设下得出的。一般把应力和强度作为相互独立随机变量处理是正确的。但在某些情况下，例如考虑结构自重时，必须按应力和强度相应处理。

设应力和强度的联合密度函数为$f_{S,R}(s,r)$，则结构可靠度的表达式为

$$P_r = P(R > S) = \iint_{R>S} f_{S,R}(s,r)\mathrm{d}s\mathrm{d}r \tag{3-17}$$

相应的失效概率表达式为

$$P_f = P(R \leqslant S) = \iint_{R\leqslant S} f_{S,R}(s,r)\mathrm{d}s\mathrm{d}r \tag{3-18}$$

3.3　随机变量服从正态分布的可靠度计算

设应力和强度均服从正态分布。应力 S 的概率密度函数为

$$f_S(s)=\frac{1}{\sqrt{2\pi}\sigma_S}\exp\left\{-\frac{(s-\mu_S)^2}{2\sigma_S^2}\right\} \tag{3-19}$$

式中，σ_S 为应力 S 的标准差；μ_S 为应力 S 的均值。

强度 R 的概率密度函数为

$$f_R(r)=\frac{1}{\sqrt{2\pi}\sigma_R}\exp\left\{-\frac{(r-\mu_R)^2}{2\sigma_R^2}\right\} \tag{3-20}$$

式中，σ_R 为强度 R 的标准差；μ_R 为强度 R 的均值。

由于正态分布函数无简单解释形式，不能用 $P(R>S)$ 或 $P(R<S)$，功能函数取式（3-7）的形式。由概率论的知识可知功能函数 Z 亦为一服从正态分布的随机变量，其均值和方差分别为

$$\mu_Z=\mu_R-\mu_S \tag{3-21}$$

$$\sigma_Z^2=\sigma_R^2+\sigma_S^2 \tag{3-22}$$

结构可靠度的表达式为

$$P_r=P(Z>0)=\int_0^{+\infty}\frac{1}{\sqrt{2\pi}\sigma_Z}\exp\left\{-\frac{(Z-\mu_Z)^2}{2\sigma_Z^2}\right\}\mathrm{d}z \tag{3-23}$$

将随机变量 Z 化为标准正态分布的形式，即令

$$x=\frac{Z-\mu_Z}{\sigma_Z} \tag{3-24}$$

当 $Z=0$ 时，x 的积分下限为

$$x=-\frac{\mu_Z}{\sigma_Z}=-\frac{\mu_R-\mu_S}{\sqrt{\sigma_R^2+\sigma_S^2}} \tag{3-25}$$

此时，式（3-23）变为

$$P_r=\int_{-\frac{\mu_Z}{\sigma_Z}}^{+\infty}\frac{1}{\sqrt{2\pi}}\exp\left\{-\frac{x^2}{2}\right\}\mathrm{d}x \tag{3-26}$$

利用正态分布的对称性，式（3-26）也可表示为

$$P_r = \int_{-\infty}^{-\frac{\mu_Z}{\sigma_Z}} \frac{1}{\sqrt{2\pi}} \exp\left\{-\frac{x^2}{2}\right\} dx \tag{3-27}$$

在结构可靠性问题中，通常令

$$\beta = \frac{\mu_R - \mu_S}{\sqrt{\sigma_R^2 + \sigma_S^2}} \tag{3-28}$$

称 β 为可靠性指标。在结构可靠性分析计算和结构可靠性设计问题中，可靠性指标是一个非常重要的概念，许多标准或规范都以可靠性指标作为结构可靠性的设计目标值。

结构可靠度 P_r、结构失效概率 P_f、结构可靠性指标 β 是结构可靠性定量描述常用的三个量，只要知道三个量其中之一，另外两个量便可相应得出。

利用可靠性指标 β，计算结构可靠度的式（3-27）可表示为

$$P_r = \int_{-\infty}^{\beta} \frac{1}{\sqrt{2\pi}} \exp\left\{-\frac{x^2}{2}\right\} dx = \Phi(\beta) \tag{3-29}$$

式中，$\Phi(\cdot)$ 表示在标准正态分布的分布函数，其值可由标准正态分布表查得。

结构失效概率为

$$P_f = \Phi(-\beta) \tag{3-30}$$

若给出结构可靠度 P_r 或结构失效概率 P_f，同样可以通过标准正态分布表查得结构可靠性指标，即有

$$\beta = \Phi^{-1}(P_r) = -\Phi^{-1}(P_f) \tag{3-31}$$

式中，$\Phi^{-1}(\cdot)$ 为标准正态分布的反函数。

3.4 随机变量服从对数正态分布的可靠度计算

设随机变量 X 服从对数正态分布，则其分布的概率密度函数为

$$f(x) = \frac{1}{\sqrt{2\pi}\sigma x} \exp\left\{-\frac{(\ln x - \mu)^2}{2\sigma^2}\right\} \tag{3-32}$$

式中，μ 和 σ 分别为 $\ln x$ 的均值和标准差；$\ln x$ 服从正态分布。

根据概率论中均值和方差的定义，可以求出对数正态分布随机变量 X 的均值和方差，分别为

$$EX = \exp[\mu + \frac{1}{2}\sigma^2] \tag{3-33}$$

$$\text{Var}X = [\exp(2\mu + \sigma^2)][\exp(\sigma^2) - 1] \tag{3-34}$$

从而可以得出

$$\sigma^2 = \ln\left[\frac{\text{Var}X}{(EX)^2} + 1\right] \tag{3-35}$$

$$\mu = \ln EX - \frac{1}{2}\sigma^2 \tag{3-36}$$

若应力和强度均服从对数正态分布，可知应力的概率密度函数为

$$f_S(s) = \frac{1}{\sqrt{2\pi}S\sigma_S}\exp\left\{-\frac{(\ln S - \mu_{\ln S})^2}{2\sigma_{\ln S}^2}\right\} \tag{3-37}$$

式中，$\mu_{\ln S}$ 和 $\sigma_{\ln S}^2$ 分别为应力 S 的对数均值和对数方差。强度的概率密度函数为

$$f_R(r) = \frac{1}{\sqrt{2\pi}r\sigma_R}\exp\left\{-\frac{(\ln R - \mu_{\ln R})^2}{2\sigma_{\ln R}^2}\right\} \tag{3-38}$$

式中，$\mu_{\ln R}$ 和 $\sigma_{\ln R}^2$ 分别为强度 R 的对数均值和对数方差。

现将结构功能函数表示成如下形式：

$$Z = g(R, S) = \frac{R}{S} \tag{3-39}$$

则结构可靠度可由下式给出：

$$P_r = P(z = \frac{R}{S} > 1) \tag{3-40}$$

将式（3-39）两边取自然对数，则有

$$\ln Z = \ln R - \ln S \tag{3-41}$$

由于 $\ln R$ 和 $\ln S$ 均服从正态分布，可知 $\ln z$ 亦服从正态分布，则 Z 为服从对数正态分布的随机变量，其密度函数为

$$f_Z(z) = \frac{1}{\sqrt{2\pi}z\sigma_Z}\exp\left\{-\frac{(\ln Z - \mu_{\ln Z})^2}{2\sigma_{\ln Z}^2}\right\} \tag{3-42}$$

同样利用正态分布的性质有

$$\mu_{\ln Z} = \mu_{\ln R} - \mu_{\ln S} \tag{3-43}$$

$$\sigma_{\ln Z}^2 = \sigma_{\ln R}^2 + \sigma_{\ln S}^2 \tag{3-44}$$

根据式（3-40），结构可靠度可表示为

$$P_r = P(z>1) = \int_1^{+\infty} f_Z(z)\mathrm{d}z = \int_1^{+\infty} \frac{1}{\sqrt{2\pi} z\sigma_{\ln Z}} \exp\left\{-\frac{(\ln Z - \mu_{\ln Z})^2}{2\sigma_{\ln Z}^2}\right\}\mathrm{d}z$$

若令 $\ln Z = u$，则上式变为

$$P_r = \int_1^{+\infty} \frac{1}{\sqrt{2\pi}\sigma_{\ln Z}} \exp\left\{-\frac{(u - \mu_{\ln Z})^2}{2\sigma_{\ln Z}^2}\right\}\mathrm{d}u$$

将 u 进行标准正态变换，令

$$x = \frac{u - \mu_{\ln Z}}{\sigma_{\ln Z}}$$

则结构可靠度的表达式 P_r 变为

$$P_r = \int_{-\infty}^{\frac{\mu_{\ln Z}}{\sigma_{\ln Z}}} \frac{1}{\sqrt{2\pi}} \exp\left\{-\frac{x^2}{2}\right\}\mathrm{d}x$$

令

$$\beta = \frac{\mu_{\ln Z}}{\sigma_{\ln Z}} = \frac{\mu_{\ln R} - \mu_{\ln S}}{\sqrt{\sigma_{\ln R}^2 + \sigma_{\ln S}^2}} \tag{3-45}$$

称 β 为对数正态分布的可靠性指标。结构可靠度由可靠性指标 β 唯一确定：

$$P_r = \Phi(\beta) \tag{3-46}$$

这里给出的结构可靠度的表达式与正态分布情况下的表达式完全相同，所不同的只有可靠性指标计算公式。

为了方便计算，可将式（3-45）中的应力和强度都取对数后的均值和方差，换算成应力 S 和强度 R 的均值和方差。设应力 s 的均值为 μ_S、方差为 σ_S^2，强度 R 的均值为 μ_R、方差为 σ_R^2。定义应力变异系数为

$$V_S = \frac{\sigma_S}{\mu_S} \tag{3-47}$$

强度变异系数为

$$V_R = \frac{\sigma_R}{\mu_R} \tag{3-48}$$

利用式（3-35）和式（3-36）可得

$$\sigma_{\ln S}^2 = \ln(1 + V_S^2) \tag{3-49}$$

$$\sigma_{\ln r}^2 = \ln(1+V_R^2) \tag{3-50}$$

$$\mu_{\ln s} = \ln \mu_S - \ln(1+V_S^2)^{\frac{1}{2}} \tag{3-51}$$

$$\mu_{\ln r} = \ln \mu_R - \ln(1+V_R^2)^{\frac{1}{2}} \tag{3-52}$$

将式（3-49）～式（3-52）代入式（3-45），经整理后得

$$\beta = \frac{\ln\left[\frac{\mu_R}{\mu_S}\left(\frac{1+V_S^2}{1+V_R^2}\right)^{\frac{1}{2}}\right]}{[\ln(1+V_R^2)+\ln(1+V_S^2)]^{\frac{1}{2}}} \tag{3-53}$$

上式计算过于繁杂，可进行适当简化。当 V_R 和 V_S 均小于 0.3 时有 $\ln(1+V_R^2) \approx V_R^2, \ln(1+V_S^2) \approx V_S^2$。其误差不超过 2%。另外，当 V_R 和 V_S 都很小或二者近似相等时有

$$\left(\frac{1+V_S^2}{1+V_R^2}\right)^{\frac{1}{2}} \approx 1$$

将上述结果代入式（3-53），可简化得出对数正态分布可靠性指标 β 的计算公式：

$$\beta = \frac{\ln \mu_R - \ln \mu_S}{\sqrt{V_R^2 + V_S^2}} \tag{3-54}$$

3.5　可靠性指标均值的一次二阶矩法

求结构系统可靠度的第一步通常是对若干变量（或参数）的判别，由它们可准确地描述结构系统可靠性的不定性。这些变量是典型的材料力学量（例如，屈服应力和弹性模量）、外载荷（例如，波浪或风载荷）和几何量（例如，梁的长度、横截面面积等），称为基本变量，并模拟成随机变量或随机过程。为简化起见，在这里仅作为随机变量处理[8]。对于一给定的结构，每一个随机变量都有一固定值，记 $x_i\,(i=1,2,\cdots,n)$ 为 $X_i\,(i=1,2,\cdots,n)$ 的取值。变量 x 如同 n 维基本变量空间 ω 中的一点，并假定基本变量数 n 是有限的。

假定所有的基本变量都是下式定义的多变量联合正态密度函数 $f_X(x)$ 的正态分布，即

$$f_X(x) = \frac{1}{(2\pi)^{\frac{n}{2}} C^{\frac{1}{2}}} \exp\left[-\frac{1}{2}\sum_{i,j\neq1}^{n}(x_i-\mu_i)M_{ij}(x_j-\mu_j)\right] \tag{3-55}$$

式中，$x=(x_1,x_2,\cdots,x_n)$；$M=C^{-1}$，M_{ij}是M中的元素，而C是定义如下的协方差矩阵：

$$C=\begin{bmatrix} \mathrm{Var}[X_1] & \mathrm{Cov}[X_1,X_2] & \cdots & \mathrm{Cov}[X_1,X_2] \\ \mathrm{Cov}[X_2,X_1] & \mathrm{Var}[X_2] & \cdots & \mathrm{Cov}[X_2,X_n] \\ \vdots & \vdots & & \vdots \\ \mathrm{Cov}[X_n,X_1] & \mathrm{Cov}[X_n,X_2] & \cdots & \mathrm{Var}[X_3] \end{bmatrix} \tag{3-56}$$

且

$$\mu_i=EX_i, i=1,2,\cdots,n \tag{3-57}$$

当基本变量不能由正态分布准确地模拟时，要进行从非正态分布到正态分布的变换。

对应每个失效模式，给定一组基本变量x，确定结构系统是处于失效状态还是安全状态是可能的。换言之，基本变量空间ω被分成失效区ω_f和安全区ω_s两部分。两区域ω_f和ω_s的界面处称为失效面或极限状态面，而极限状态方程由下式表达，即

$$g(x)=g(x_1,x_2,\cdots,x_n)=0 \tag{3-58}$$

式中，g为失效函数，g的正值表示基本变量的安全集（安全区），g的非正值表示基本变量的失效集（失效区），即

$$\begin{cases} g(x)>0, & 当x\in\omega_s \\ g(x)\leqslant 0, & 当x\in\omega_f \end{cases} \tag{3-59}$$

注意，极限状态方程的概念是确定性的，通常由传统的结构分析确定；另外还应注意，相同的失效面可由若干个不同的失效函数描述[9]。

结构系统可靠度可由下式表示，即

$$P_r=1-P_f=1-\int_{\omega_f} f_X(x)\mathrm{d}x \tag{3-60}$$

式中，P_f为结构失效概率。由于$f_X(x)$是n个基本变量的联合概率密度函数，而积分是n维积分。一般极限状态方程的非线性和n通常相当大，所以在大多数情况下，这个多维积分的计算是非常耗费时间的。

对于式（3-58），g是一个失效函数，随机变量定义为

$$M=g(X) \tag{3-61}$$

称M为安全余量或功能函数。特别指出的是：相同失效面的安全余量可与不同的失效函数相对应。例如，基本变量空间ω示于图3-3中的二维平面。

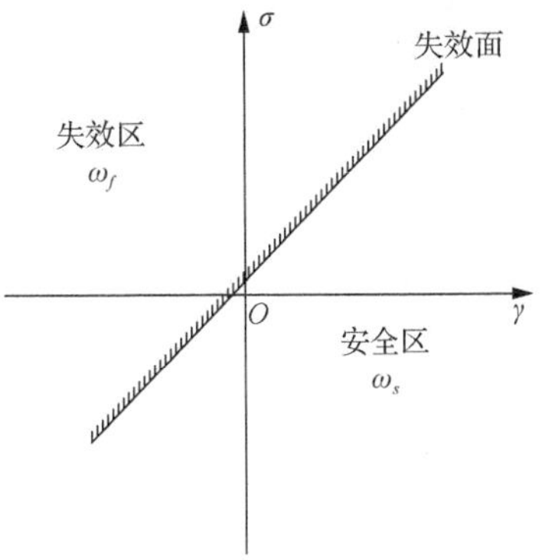

图 3-3　二维平面

失效函数 g_1 的合适选择是

$$g_1\left(r,s\right)=r-s \tag{3-62}$$

安全余量为

$$M_1=R-S \tag{3-63}$$

这个安全余量是线性的。

失效函数 g_2 的另一选择是

$$g_2\left(r,s\right)=\left(r-s\right)^3 \tag{3-64}$$

对应的安全余量 M_2 是非线性的，

$$M_2=\left(R-S\right)^3 \tag{3-65}$$

一般，线性安全余量可表示为

$$M=g\left(X\right)-a_0+a_1X_1+\cdots+a_nX_n \tag{3-66}$$

式中，$a_iX_i\left(i=1,2,\cdots,n\right)$ 为常数。对于 $X_i\left(i=1,2,\cdots,n\right)$ 是正态分布且相互独立的情况，可靠性指标 β 定义为

$$\beta=\frac{\mu_M}{\sigma_M} \tag{3-67}$$

式中，μ_M 为 M 的均值；σ_M 为 M 的标准差。

这种求可靠性指标的方法称为均值的一次二阶矩法。公式中只用到了均值和标准差。观察可知，式（3-66）中 $a_i\geqslant 0$ 的项对应抗力变量 R，而 $a_i<0$ 的项对应

载荷变量 S。所以，计算可靠性指标 β 是容易的，此时

$$\mu_M = a_0 + a_1\mu_{X_1} + \cdots + a_i\mu_{X_i} + a_n\mu_{X_n} \tag{3-68}$$

和

$$\sigma_M^2 = a_1^2\sigma_{X_1}^2 + \cdots + a_i^2\sigma_{X_i}^2 + a_n^2\sigma_{X_n}^2 \tag{3-69}$$

式中，μ_M 为 $X_i\left(i=1,2,\cdots,n\right)$ 的均值；σ_M^2 为 $X_i\left(i=1,2,\cdots,n\right)$ 的方差。

当正态基本变量相关时，β 值的计算也可采用式（2-28）。这时，式（3-68）不变，但式（3-69）由下式代替：

$$\sigma_M^2 = \sum_{i=1}^{n} a_i^2\sigma_{X_i}^2 + \sum_{i=1}^{n}\sum_{\substack{j=1\\ j\neq i}}^{n} \rho_{X_iX_j} a_i a_j \sigma_{X_i}\sigma_{X_j} \tag{3-70}$$

式中的最后一项考虑了任一对基本变量的相关性。相关系数为

$$\rho_{X_iX_j} = \frac{\mathrm{Cov}[X_i, X_j]}{\sigma_{X_i}\sigma_{X_j}} \tag{3-71}$$

用向量和矩阵符号表示，式（3-66）、式（3-68）和式（3-70）可写成更方便的形式。令 $X=\left(X_1,X_2,\cdots,X_n\right)^{\mathrm{T}}$、$a=\left(a_1,a_2,\cdots,a_n\right)^{\mathrm{T}}$、$\mu_X=\left(\mu_{X_1},\mu_{X_2},\cdots,\mu_{X_n}\right)^{\mathrm{T}}$ 和 C 是式（3-56）定义的协方差矩阵，则 M 可写成

$$M = a_0 + a^{\mathrm{T}}X \tag{3-72}$$

且

$$\mu_M = a_0 + a^{\mathrm{T}}\mu_X \tag{3-73}$$

$$\sigma_M^2 = a^{\mathrm{T}}Ca \tag{3-74}$$

考虑由式（3-66）定义的线性安全余量 M，并假定所有的基本变量 $X_i\,(i=1,2,\cdots,n)$ 都是正态分布，则失效概率由下式给出，即

$$P_f = P(M \leqslant 0) = \varPhi\left(\frac{0-\mu_M}{\sigma_M}\right) = \varPhi(-\beta) \tag{3-75}$$

例 3-1　考虑如图 3-4 的平面框架，承受单一的集中载荷 p，并假定当 $p \geqslant p_{\mathrm{cr}}$ 时发生稳定性失效，这里 $p_{\mathrm{cr}} = 15.75\dfrac{e_i}{l^2}$，式中 e 是弹性模量，MPa；i 是对应的惯性矩，m^4；l、m 分别是梁和柱的长度，m。此外，假定 p 和 e 都是不相关的随机变量 P 和 E 的取值，μ_P=0.5×10^3kN、σ_P=0.1×10^3kN、μ_E=2×10^7kN/m^2、σ_E = 0.2×10^7kN/m^2、$\mu_l=4$m、$\sigma_l=0$，试求可靠性指标。

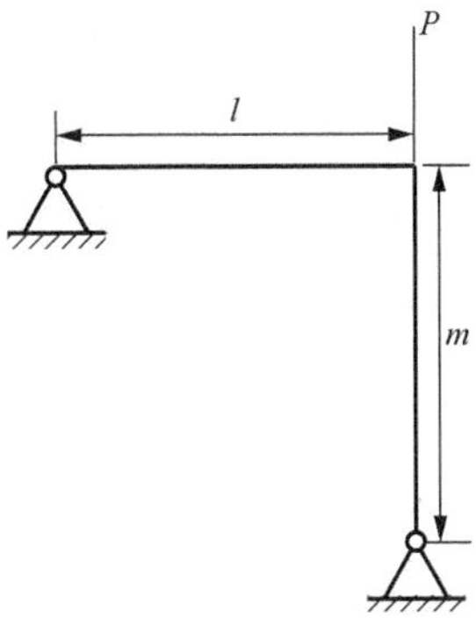

图 3-4　平面框架

解：由失效准则和式（3-75），可采用下述的线性失效函数，即

$$g\ (p,e)=p_{\mathrm{cr}}-p=15.75\times\frac{10^{-4}}{16}e-p=0.9844\times10^{-4}e-p$$

对应的安全余量是 $M=0.9844\times10^{-4}e-p$，则

$$\mu_M=0.9844\times10^{-4}\times2\times10^{7}-0.5\times10^{3}=1.4688\times10^{3}\mathrm{kN}$$

$$\sigma_M^2=\left(0.9844\times10^{-4}\right)^2\left(0.2\times10^{7}\right)^2+\left(0.1\times10^{3}\right)^2=4.8762\times10^{4}\mathrm{kN}^2$$

所以

$$\beta=\frac{-\mu_M}{\sigma_M}=\frac{1.4688\times10^{3}}{\sqrt{4.8762}\times10^{2}}=6.65$$

对于非线性安全余量，应使其线性化，以便于计算。假定安全余量 M 是非线性的，并由下式给出，即

$$M=g(X)=g(X_1,X_2,\cdots,X_n) \tag{3-76}$$

则在点 $X^0-\left(X_1^0,X_2^0,\cdots,X_n^0\right)$ 泰勒展开，且仅保留线性项，有

$$M=g(X)\approx g\left(X^0\right)+\sum_{i=1}^{n}\frac{\partial g}{\partial X_i}\left(X_i-X_i^0\right) \tag{3-77}$$

式中，导数 $\partial g/\partial X_i\ (i=1,2,\cdots,n)$ 在线性化点 X^0 求得。由式（3-77）计算的 μ_M 和 σ_M 的近似值为

$$\mu_M\approx g\left(X^0\right)+\sum_{i=1}^{n}\frac{\partial g}{\partial X_i}\left(X_i-X_i^0\right) \tag{3-78}$$

$$\sigma_M^2\approx\sum_{i=1}^{n}\sum_{j=1}^{n}\frac{\partial g}{\partial X_i}\frac{\partial g}{\partial X_j}\mathrm{Cov}(X_i,X_j) \tag{3-79}$$

显然，将式（3-78）、式（3-79）代入式（3-67）求得的可靠性指标，产生三个问题：①非线性安全余量，略去其二阶及以上项的误差，将随着线性化点到失效边界距离的增加而增大；②当选不同的极限状态方程时，将得到不同的可靠性指标；③没有考虑安全余量中不同分布的差异（在上述的 FOSM 中，变量都认为服从正态分布）。为了提高可靠性指标的计算精度，国内外的很多学者做了广泛的探索，给出了不少适用的计算方法，这些方法主要分成两大类：一类是改进一次二阶矩法（AFOSM），包括将非线性安全余量中的正态变量转换为标准正态变量，再通过迭代求解，如 H-L（Hasofer-Lind）可靠性指标；将非线性安全余量在设计验算点展开，直接迭代求解。

3.6　可靠性指标的改进一次二阶矩法

3.6.1　H-L 可靠性指标［或 AFOSM（1）］

本方法是 Hasofer 和 Lind 在 1974 年提出的计算可靠指标 β 的方法。

一般线性的安全余量定义的可靠性指标 β 可给出简单的几何解释。考虑相互独立基本变量 R 和 S 组成的二维基本情况。设其均值为 μ_R 和 μ_S，标准差为 σ_R 和 σ_S，安全余量 $M=R-S$。引进标准化的随机变量：

$$R'=\frac{R-\mu_R}{\sigma_R},\qquad S'=\frac{S-\mu_S}{\sigma_S} \tag{3-80}$$

失效面 $f(R,S)=R-S=0$ 可由变换式（3-80）转换成标准坐标系(R',S')中的直线，如图 3-5 所示。在(R',S')坐标系中，失效面为

$$\sigma_R R'-\sigma_S S'+(\mu_R-\mu_S)=0 \tag{3-81}$$

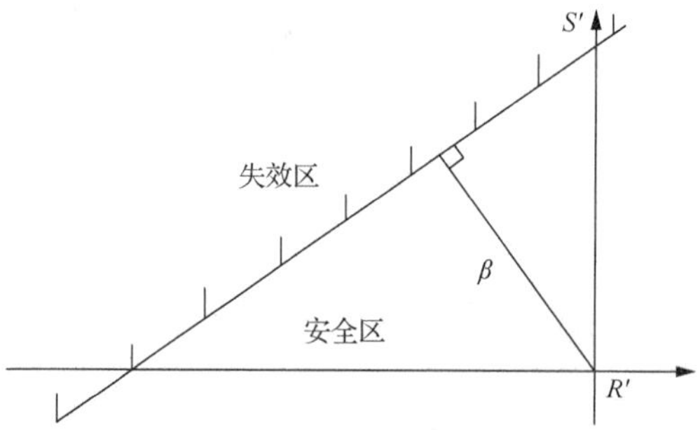

图 3-5　β 的几何解释

从原点到此线性化失效面的最短距离等于

$$\frac{\sigma_R 0-\sigma_S 0+\left(\mu_R-\mu_S\right)}{\sqrt{\sigma_R^2-\sigma_S^2}}=\frac{\mu_R-\mu_S}{\sqrt{\sigma_R^2-\sigma_S^2}}=\beta \tag{3-82}$$

所以，可靠性指标的几何解释是原点到失效面的最短距离。这里，虽是对只有两个基本变量的线性安全余量来说的，但容易推广到有 n 个基本变量的线性安全余量。

设基本变量是 $X=\left(X_1,X_2,\cdots,X_n\right)$，失效函数为 f'，并属于 n 维基本变量的 ω 空间。为简单起见，假定基本变量是相互独立的，即对所有的 $i\neq j$，$\mathrm{Cov}\left(X_i,X_j\right)=0$。

确定可靠性指标的第一步是把一组基本变量标准化。新的一组变量 $Z=\left(Z_1,Z_2,\cdots,Z_n\right)$ 按下式定义，即

$$Z_i=\frac{X_i-\mu_{X_i}}{\sigma_{X_i}},\qquad i=1,2,\cdots,n \tag{3-83}$$

式中，μ_{X_i} 为随机变量 X_i 的均值；σ_{X_i} 为随机变量 X_i 的标准差。

式（3-83）定义的线性变换把在 x 坐标系的失效面变换到 z 坐标系的失效面。与 x 空间一样，z 坐标系的失效面把 z 空间分成失效区和安全区。由式（3-84）可知，新的坐标系相对标准差旋转对称。注意，标准化 z 坐标系的原点通常在安全区内。图 3-6 说明了一个二维的例子。

$$\mu_{Z_i}=0,\qquad \sigma_{Z_i}=1,\qquad i=1,2,\cdots,n \tag{3-84}$$

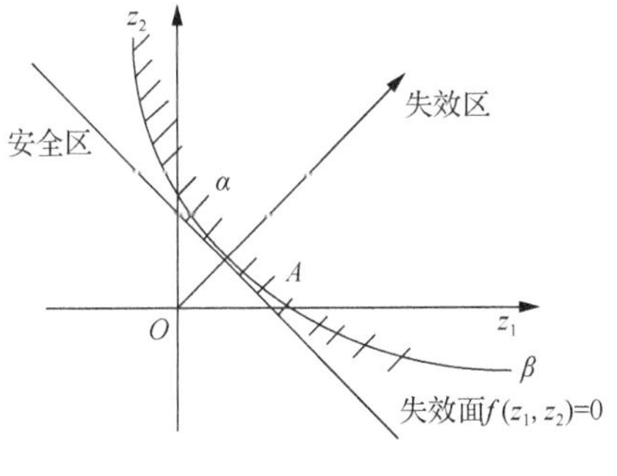

图 3-6　标准化坐标系中的可靠指标

可靠性指标 β 的定义为在标准化坐标系中从原点到失效面的最短距离。对于图 3-6 中的二维情况，β 等于距离 OA，A 点称为设计点。利用这种方法定义的可靠性指标 β 与失效面有关而与失效函数无关，所得到的安全余量是失效函数的不变量，因为所有等效的失效函数产生同一个失效面。

若失效面是线性的，按式（3-67）定义的可靠性指标 β 与上面定义的可靠性指标 β 一致。对于 n 维情况，只要基本变量 $X_i\left(i=1,2,\cdots,n\right)$ 是正态分布的，β 与失效概率 P_f 之间的关系式为

$$P_f=\Phi\left(-\beta\right)\Leftrightarrow\beta=-\Phi^{-1}\left(P_f\right) \tag{3-85}$$

H-L 可靠指标 β 可用下面的公式表示，即

$$\beta=\min_{\overline{z}\in\partial\omega}\left(\sum_{i=1}^{n}z_i^2\right)^{\frac{1}{2}} \tag{3-86}$$

式中，$\partial\omega$ 是在 z 坐标系中的失效面。在一般情况下，若失效面是非线性的，必须采用迭代法。这里介绍一个收敛速度快的迭代法，并用简单的算例说明计算过程。假定失效面是可微的，如图 3-6 中的失效面。图中向量 α 是设计点 A 处的单位法向量。$OA=\beta\alpha$。在一般的 n 维情况下，$\alpha=\left(\alpha_1,\alpha_2,\cdots,\alpha_n\right)^{\mathrm{T}}$ 和 β 可由下面 n+1 个方程用迭代法求解：

$$f\left(\beta\alpha_1,\beta\alpha_2,\cdots,\beta\alpha_n\right)=0 \tag{3-87}$$

$$\alpha_i=-\frac{1}{k}\frac{\partial f\left(\beta\alpha\right)}{\partial z_i},\qquad i=1,2,\cdots,n \tag{3-88}$$

式中，失效面是

$$f\left(z_1,z_2,\cdots,z_n\right)=0 \tag{3-89}$$

$$k=\left[\sum_{i=1}^{n}\left(\frac{\partial f\left(\beta\alpha\right)}{\partial z_i}\right)^2\right]^{\frac{1}{2}} \tag{3-90}$$

例 3-2　考虑如图 3-7 所示的梁，承受两集中载荷 p_1 和 p_2，并假定当 $|m|\geqslant m_F$ 时梁失效，这里的 m_F 是临界极限弯矩，而 m 是梁的最大弯矩。此外，假定 p_1、p_2、l 和 m_F 是随机变量 P_1、P_2、L 和 M_F 的取值，$\mu_{P_1}=10\text{kN}$，$\sigma_{P_1}=0.283\text{kN}$；$\mu_{P_2}=17\text{kN}$，$\sigma_{P_2}=0.500\text{kN}$；$\mu_L=9\text{m}$，$\sigma_L=0.5\text{m}$；$\mu_{M_F}=-60\text{kN}\cdot\text{m}$，$\sigma_{M_F}=6\text{kN}\cdot\text{m}$。假定随机变量除 P_1 和 P_2 外是相互独立的。这里 $\mathrm{Cov}\left(P_1,P_2\right)=0.14\text{kN}^2$，梁所承受的最大弯矩 $m=\frac{1}{9}l\left(p_1+2p_2\right)=\frac{1}{9}lp$。式中，$p$ 是随机变量 $P=P_1+2P_2$ 的取值，这里 $\mu_P=10+2\times17=44\text{kN}$，$\sigma_P=\left(0.08+4\times0.25+4\times0.14\right)^{\frac{1}{2}}=1.28\text{kN}$，试计算可靠性指标 β。

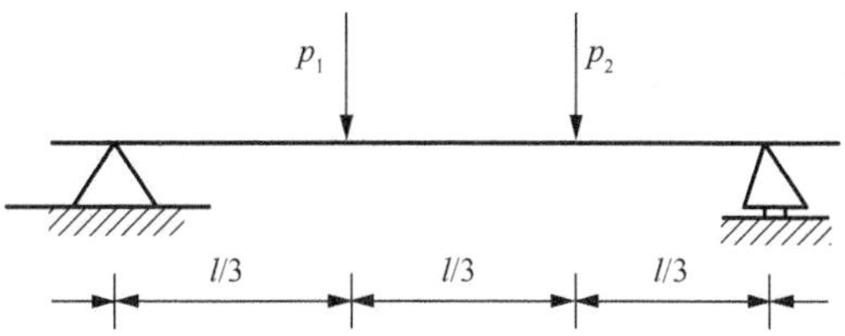

图 3-7　承受集中载荷的梁

解：失效函数可写成

$$f'\left(m_F, l, p\right) = m_F - \frac{1}{9}lp = 0$$

基本变量 M_F 、L 和 P 则由下式标准化：

$$Z_1 = \frac{M_F - \mu_{M_F}}{\sigma_{M_F}}, \qquad Z_2 = \frac{L - \mu_L}{\sigma_L}, \qquad Z_3 = \frac{P - \mu_P}{\sigma_P}$$

在标准化的 z 坐标系中，失效面是

$$\left(60 + 6z_1\right) - \frac{1}{9}\left(9 + 0.5z_2\right)\left(44 + 1.28z_3\right) = 0$$

或

$$144 + 54z_1 - 22z_2 - 11.52z_3 - 0.64z_2z_3 = 0$$

则可靠性指标 β 和设计点由下列方程决定：

$$\begin{cases} \beta = \dfrac{144}{-54\alpha_1 + 22\alpha_2 + 11.5\alpha_3 + 0.64\beta\alpha_1\alpha_3} \\ \alpha_1 = -\dfrac{1}{k}54 \\ \alpha_2 = \dfrac{1}{k}\left(22 + 0.64\beta\alpha_3\right) \\ \alpha_3 = \dfrac{1}{k}\left(11.52 + 0.64\beta\alpha_2\right) \end{cases}$$

式中，k 由式（3-90）定义。上式可选择 β 、α_1 、α_2 和 α_3 的初始点并由其计算新值而迭代求解，如表 3-1 所示。可靠性指标 $\beta = 2.43$ ，设计点是 2.43(−0.91,0.37,0.20)=(−2.21,0.90,0.49)。注意，表 3-1 中 $\alpha_i\left(i = 1,2,3\right)$ 的初始点应选择正确的符号，一般按下面方法处理：当相应的基本变量是载荷变量（如 P）时建议用正号，当基本变量是强度变量时用负号。

表 3-1　迭代过程

	初始	迭代号		
		1	2	3
β	3	2.80	2.42	2.43
α_1	-0.58	-0.90	-0.90	-0.91
α_2	0.58	0.38	0.37	0.37
α_3	0.58	0.21	0.20	0.20

注意，上例中假定了基本变量不是相互独立的，一般情况，当基本变量 $X=\left(X_1,X_2,\cdots,X_n\right)^{\mathrm{T}}$ 相关时，为计算 β，需将其变为相互独立的变量 $Y=\left(Y_1,Y_2,\cdots,Y_n\right)^{\mathrm{T}}$，然后标准化变量 $Z_i=\dfrac{Y_i-\mu_{Y_i}}{\sigma_{Y_i}}(i=1,2,\cdots,n)$ 得到一组标准化且相互独立的变量 $Z=\left(Z_1,Z_2,\cdots,Z_n\right)^{\mathrm{T}}$。如上所述，可靠性指标 β 定义在 z 坐标系并为从原点到失效面的最短距离。

由以下方法可得到从相关变量 $X=\left(X_1,X_2,\cdots,X_n\right)^{\mathrm{T}}$ 到相互独立变量 $Y=\left(Y_1,Y_2,\cdots,Y_n\right)^{\mathrm{T}}$ 的转换。设相关矩阵是

$$C_X=\begin{bmatrix} \mathrm{Var}[X_1] & \mathrm{Cov}[X_1,X_2] & \cdots & \mathrm{Cov}[X_1,X_n] \\ \mathrm{Cov}[X_2,X_1] & \mathrm{Var}[X_2] & \cdots & \mathrm{Cov}[X_2,X_n] \\ \vdots & \vdots & & \vdots \\ \mathrm{Cov}[X_n,X_1] & \mathrm{Cov}[X_n,X_2] & \cdots & \mathrm{Var}[X_n] \end{bmatrix} \tag{3-91}$$

根据熟知的线性代数的定理，这组相互独立的变量可由下列变换得到：

$$Y=A^{\mathrm{T}}X \tag{3-92}$$

$$C_Y=A^{\mathrm{T}}C_XA=\begin{bmatrix} \mathrm{Var}[Y_1] & \cdots & 0 \\ \vdots & & \vdots \\ 0 & \cdots & \mathrm{Var}[Y_n] \end{bmatrix} \tag{3-93}$$

式中，A 是一个正交矩阵，其列向量等于 C_X 的标准正交特征向量。C_Y 是对角矩阵，即 $\mathrm{Var}[Y_i],i=1,2,\cdots,n$ 等于 C_X 的特征值。由式（3-92）有

$$\begin{bmatrix} E[Y_1] \\ E[Y_2] \\ \vdots \\ E[Y_n] \end{bmatrix}=A^{\mathrm{T}}\begin{bmatrix} E[X_1] \\ E[X_2] \\ \vdots \\ E[X_n] \end{bmatrix} \tag{3-94}$$

将功能函数写成向量形式

$$Z = C_Y^{-\frac{1}{2}}\left\{Y - E[Y]\right\} \tag{3-95}$$

式中，$E[Y]=\left\{E[Y_1],E[Y_2],\cdots,E[Y_n]\right\}$。可见，相关变量 X 变换到标准化且相互独立变量可由下式给出：

$$Z = \left(A^{\mathrm{T}} C_X A\right)^{-\frac{1}{2}} A^{\mathrm{T}}\left\{X - E[X]\right\} \tag{3-96}$$

式中，$E[X]=\left\{E[X_1],E[X_2],\cdots,E[X_n]\right\}$。

例 3-3　考虑图 3-8 所示的悬臂梁，距离支撑点 α_1 和 α_2 处作用两个集中载荷 p_1 和 p_2，并假定当 $|m|F_{\max}$ 时发生失效。这里，m_F 是临界极限弯矩，而 $m_{\max}$ 是梁弯矩的最大值。此外，假定 p_1、p_2、a_1、a_2 和 m_F 是随机变量 P_1、P_2、A_1、A_2 和 M_F 的取值。设基本变量 $X=[P_1,P_2,A_1,A_2,M_F]$ 由均值向量给出：$E[X]=[5\text{kN},2\text{kN},2\text{m},5\text{m},30\text{kN}\cdot\text{m}]$ 和协方差矩阵

$$C_X=\begin{bmatrix} 1\text{kN}^2 & 0.2\text{kN}^2 & 0 & 0 & 0 \\ 0.2\text{kN}^2 & 0.25\text{kN}^2 & 0 & 0 & 0 \\ 0 & 0 & 0.01\text{m}^2 & 0 & 0 \\ 0 & 0 & 0 & 0.04\text{m}^2 & 0 \\ 0 & 0 & 0 & 0 & 4(\text{kN}\cdot\text{m})^2 \end{bmatrix}$$

仅 P_1、P_2 是相关的。试将以上相关变量化为相互独立变量，并写出安全余量。

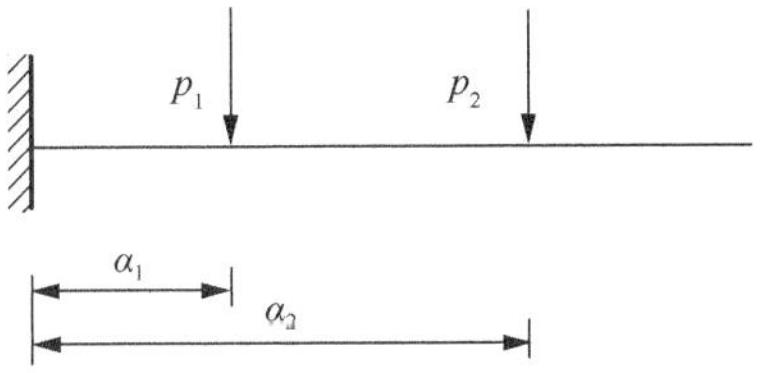

图 3-8　作用集中载荷的悬臂梁

解：由于仅 P_1、P_2 是相关的，所以仅有两个相互独立变量 Y_1 和 Y_2，且必须用上面的方法确定。首先计算矩阵 $C=\begin{bmatrix}1 & 0.2\\0.2 & 0.25\end{bmatrix}$ 的特征值，C 的特征方程是 $(1-\lambda)(0.25-\lambda)-0.4=0$，得出特征值 $\lambda_1=0.2$ 和 $\lambda_2=1.05$。对应标准正交的特征向量 V_1 和 V_2 由下式确定

$$\begin{bmatrix}0.8 & 0.2\\0.2 & 0.05\end{bmatrix}V_1=\begin{bmatrix}0\\0\end{bmatrix},\quad \begin{bmatrix}-0.05 & 0.2\\0.2 & -0.8\end{bmatrix}V_2=\begin{bmatrix}0\\0\end{bmatrix}$$

得到

$$V_1 = \frac{1}{\sqrt{17}}\begin{bmatrix}1\\-4\end{bmatrix},\quad V_2 = \frac{1}{\sqrt{17}}\begin{bmatrix}4\\1\end{bmatrix}$$

所以转换矩阵 A 为

$$A = \frac{1}{\sqrt{17}}\begin{bmatrix}1 & 4\\-4 & 1\end{bmatrix}$$

而相互独立变量 Y_1 和 Y_2 为

$$\begin{bmatrix}Y_1\\Y_2\end{bmatrix} = \frac{1}{\sqrt{17}}\begin{bmatrix}1 & -4\\4 & 1\end{bmatrix}\begin{bmatrix}P_1\\P_2\end{bmatrix} = \frac{1}{\sqrt{17}}\begin{bmatrix}P_1-4P_2\\4P_1+P_2\end{bmatrix} \tag{3-97}$$

相互独立的随机变量是

$$Y = (Y_1, Y_2, Y_3, Y_4, Y_5) = \left(\frac{1}{\sqrt{17}}(P_1-4P_2), \frac{1}{\sqrt{17}}(4P_1+P_2), A_1, A_2, M_F\right)$$

由式（3-97）得

$$P_1 = \frac{1}{\sqrt{17}}(Y_1+4Y_2),\qquad P_2 = \frac{1}{\sqrt{17}}(-4Y_1+Y_2)$$

所以，安全余量为

$$M = M_F - A_1P_1 - A_2P_2$$

用相互独立变量写为

$$M = Y_5 - \frac{1}{\sqrt{17}}Y_3(Y_1+4Y_2) - \frac{1}{\sqrt{17}}Y_4(-4Y_1+Y_2)$$

3.6.2　以设计验算点 X^* 为线性化展开点的一次二阶矩法[或 AFOSM(2)]

H-L 法求解可靠性指标时，要求安全余量方程中的正态变量是相互独立的。如果含有相关变量时必须先化为相互独立的随机变量，然后再转化到标准独立的正态变量空间进行迭代计算，这种求解方法并不方便。本节介绍一种在安全余量方程中，含有一般相关正态变量的直接迭代求解可靠性指标的方法（既不用将相关变量转化为相互独立变量，也不用再转化到标准的正态变量空间进行计算），称为以设计验算点 X^* 为线性化展开点的一次二阶矩法。

由 β 的几何意义可知，用距原点最近点处的超曲面来拟合极限状态面能够获得较好的失效概率估计值。在 AFOSM 中，迭代的最后结果是把计算的验算点选在失效面上（即极限状态曲面），且具有最大可能的失效概率。线性化的极限状态

方程为（ X^* 为设计验算点）

$$M \approx g\left(X_1^*, X_2^*, \cdots, X_n^*\right) + \sum_{i=1}^{n}\left(X_i - X_i^*\right)\left(\frac{\partial M}{\partial X_i}\right)_{X^*} = 0 \tag{3-98}$$

式中， $\left.\frac{\partial M}{\partial X_i}\right| X^*$ 为求导后在 X^* 处的取值。

由于 X^* 是失效面 M=0 上的一点，即 $g\left(X_1^*, X_2^*, \cdots, X_n^*\right) = 0$ ，故 M 取值为

$$\mu_M = \sum_{i=1}^{n}\left(\mu_{x_i} - X_i^*\right)\left(\frac{\partial M}{\partial x_i}\right)_{X^*} \tag{3-99}$$

考虑随机变量的相关性， M 的标准差为

$$\sigma_M = \left[\sum_{i=1}^{n}\sum_{j=1}^{n}\left(\frac{\partial M}{\partial X_i}\frac{\partial M}{\partial X_j}\right)_{X^*}\rho_{ij}\sigma_{X_i}\sigma_{X_j}\right]^{\frac{1}{2}} = \sum_{i=1}^{n}\alpha_i\left(\frac{\partial M}{\partial X_i}\right)_{X^*}\sigma_{X_i} \tag{3-100}$$

式中

$$\alpha_i = \frac{\sum_{j=1}^{n}\left(\frac{\partial M}{\partial X_j}\right)_{X^*}\rho_{ij}\sigma_{X_j}}{\left[\sum_{i=1}^{n}\sum_{j=1}^{n}\left(\frac{\partial M}{\partial X_i}\frac{\partial M}{\partial X_j}\right)_{X^*}\rho_{ij}\sigma_{X_i}\sigma_{X_j}\right]^{\frac{1}{2}}} \tag{3-101}$$

其中，α_i 为灵敏度系数，表示第 i 个随机变量对标准差的相对影响；ρ_{ij} 为 X_i 与 X_j 之间的相关系数； σ_{X_i} 和 σ_{X_j} 分别为 X_i 与 X_j 的标准差。

由式（3-99）和式（3-100）可得可靠性指标

$$\beta = \frac{\mu_M}{\sigma_M} = \frac{\sum_{i=1}^{n}\left(\mu_{x_i} - X_i^*\right)\left(\frac{\partial M}{\partial X_i}\right)_{X^*}}{\sum_{i=1}^{n}\left(\alpha_i\sigma_{X_i}\left(\frac{\partial M}{\partial X_i}\right)_{X^*}\right)} \tag{3-102}$$

变换上式得

$$X_i^* = \mu_{X_i} - \beta\alpha_i\sigma_{X_i}, \qquad i = 1, 2, \cdots, n \tag{3-103}$$

式中， μ_{X_i} 、 σ_{X_i} 分别为已知随机变量 X_i 的均值、标准差。

待求量 X^* 和 β 可用迭代法求得。迭代过程为：首先假设一个 β 和设计验算

点初值，一般取 $X^*=\mu_{X_i}$；计算 $\left(\dfrac{\partial M}{\partial x_i}\right)_{X^*}$ 和 α_i 的值；按式（3-104）求新的 X_i^*；检验 $g\left(X^*\right)=0$ 的条件是否满足，如不满足，重复上述迭代，直到 $g\approx 0$。在实际计算中，β 的误差一般要求在 ± 0.01 之内。

注意：在迭代过程中，由于 X_i^* 还没有落在失效面 M=0 上，故此时

$$g\left(X_1^*,X_2^*,\cdots,X_n^*\right)\neq 0 \tag{3-104}$$

这时应有

$$\mu_M=g\left(X_1^*,X_2^*,\cdots,X_n^*\right)+\sum_{i=1}^{n}\left(\mu_{X_i}-X_i^*\right)\left(\frac{\partial M}{\partial X_i}\right)_{X^*} \tag{3-105}$$

迭代过程中的 β 为

$$\beta=\frac{\mu_M}{\sigma_M}=\frac{g\left(X_1^*,X_2^*,\cdots,X_n^*\right)+\sum\limits_{i=1}^{n}\left(\mu_{X_i}-X_i^*\right)\left(\dfrac{\partial M}{\partial X_i}\right)_{X^*}}{\sum\limits_{i=1}^{n}\left(\alpha_i\sigma_{X_i}\left(\dfrac{\partial M}{\partial X_i}\right)_{X^*}\right)} \tag{3-106}$$

如果不注意上面的问题，迭代将发生错误。

另外，特殊地，假设随机变量为统计独立的，则式（3-100）可改为

$$\sigma_M=\left[\sum_{i=1}^{n}\left(\left(\frac{\partial M}{\partial X_i}\right)_{X^*}\sigma_{X_i}\right)^2\right]^{\frac{1}{2}}=\sum_{i=1}^{n}\alpha_i'\left(\frac{\partial M}{\partial X_i}\right)_{X^*}\sigma_{X_i} \tag{3-107}$$

式中

$$\alpha_i'=\frac{\left(\dfrac{\partial M}{\partial X_j}\right)_{X^*}\sigma_{X_j}}{\left[\sum\limits_{i=1}^{n}\left(\left(\dfrac{\partial M}{\partial X_i}\right)_{X^*}\sigma_{X_i}\right)^2\right]^{\frac{1}{2}}}$$

例 3-4　某结构的安全余量为 $M=g\left(x\right)=550x_3-x_1^4-x_5^5$，其中 $x=\left(x_1,x_2,x_3\right)^{\mathrm{T}}$，并且 x_1、x_2 及 x_3 均为服从正态分布的随机变量，其均值为 $EX=\left(5,6,55\right)^{\mathrm{T}}$，协方差阵 $C_X=\begin{bmatrix}1 & 0.2 & 0\\0.2 & 0.25 & 0\\0 & 0 & 4\end{bmatrix}$，试用 AFOSM 的两种方法计算可靠性指标 β。

解：（1）用 AFOSM（1）（H-L），将 x_1、x_2 及 x_3 化为相互独立的随机变量 Y_1、Y_2 及 Y_3，写成 $y=\left(y_1,y_2,y_3\right)^{\mathrm{T}}$，转化后的安全余量为

$$M=g\left(Y\right)=550y_1-\left[\frac{\left(y_1+4y_2\right)}{\sqrt{17}}\right]^4-\left[\frac{\left(-4y_1+y_2\right)}{\sqrt{17}}\right]^5$$

在功能函数 $g(Y)\leqslant 0.01$ 情况下，迭代 6 次，$\beta=3.226$。

（2）用 AFOSM（2），在 $g\left(Y\right)\leqslant 0.01$ 的情况下，迭代 5 次，$\beta=3.226$。

（3）从计算结果看，在计算精度相同的情况下，显然 AFOSM（2）优于 AFOSM（1），既节省时间，又免去了将相关变量化为相互独立变量的烦琐计算。

上面仅通过一个例子做了说明，通过多个例题计算表明，一般来说，AFOSM（2）优于 AFOSM（1）。

在极限状态方程中，常包括非正态分布的基本变量。当对这种极限状态方程进行可靠性分析时，可采用 R-F 法。其基本思想是将非正态的随机变量“当量正态化”：原有的密度函数 f_{X_i} 和分布函数 F_{X_i} 在设计点与对应的正态分布变量的密度函数和分布函数相等，即

$$F_{X_i}\left(x_i^*\right)=\varPhi\left(\frac{x_i^*-\mu'_{X_i}}{\sigma'_{X_i}}\right) \tag{3-108}$$

$$f_{X_i}\left(x_i^*\right)=\frac{1}{\sigma'_{X_i}}\varPhi\left(\frac{x_i^*-\mu'_{X_i}}{\sigma'_{X_i}}\right) \tag{3-109}$$

式中，x_i^* 为验算点；μ'_{X_i} 为当量正态分布的均值；σ'_{X_i} 为当量正态分布的标准差；$\varPhi(\cdot)$ 为标准正态分布函数。

从式（3-108）和式（3-109）中可知

$$\sigma'_{X_i}=\frac{\varphi\left\{\varPhi^{-1}\left[F_{X_i}\left(x_i^*\right)\right]\right\}}{f_{X_i}\left(x_i^*\right)} \tag{3-110}$$

$$\mu'_{X_i}=x_i^*-\varPhi^{-1}\left[F_{X_i}\left(x_i^*\right)\right]\sigma'_{X_i} \tag{3-111}$$

式中，φ 为概率密度函数。

在使用上述变换计算可靠性指标 β 时，只要将 AFOSM 中计算可靠性指标的迭代方法略加修改即可。在进行每步迭代时，对于那些需要进行上述变换的变量必须重新计算 σ'_{X_i} 和 μ'_{X_i} 的值。

3.7 结构可靠度的数值模拟

结构可靠度的计算方法是可靠度理论中的一个重要研究内容，它涉及结构可靠度理论在工程中的应用，以及结构的安全性和可靠性的正确评价。由于以一次二阶矩理论为基础的可靠度计算方法，对于非正态分布的随机变量和非线性表示的极限状态函数等问题的处理上，还存在着一定的近似性，而这类问题却是可靠度分析中经常遇到的。所以，寻找一种有效而精确的结构可靠度计算方法是必需的。于是，基于蒙特卡罗（Monte Carlo）法的结构可靠度数值模拟方法得到了人们的重视。

蒙特卡罗法的特点是明显的。在结构可靠度的数值模拟中，该方法的模拟收敛速度与基本随机变量的维数无关，极限状态函数的复杂程度与模拟过程无关，更无须将状态函数线性化和随机变量当量正态化，具有直接解决问题的能力；同时，数值模拟的误差也可以很容易地确定，从而确定模拟的次数和精度。所以，上述特点决定了蒙特卡罗法将会在结构可靠度分析中发挥更大的作用。但是，当实际工程的结构破坏概率小于 10^{-3} 量级的范畴时，蒙特卡罗法的模拟数目就会相当大，占据大量的计算时间，这是该方法在结构可靠度分析中面临的主要问题。随着高速计算机的发展和数值模拟方法的改进，这个问题将会得到更好的改善。

本节主要介绍蒙特卡罗法的模拟过程，特别是重要抽样的一些基本方法。

工程结构的破坏概率可以表示为

$$p_f = P\{G(X)<0\} = \int_{D_f} f(X)\mathrm{d}X \tag{3-112}$$

其结构的可靠性指标为

$$\beta = \Phi^{-1}(1-p_f) \tag{3-113}$$

式中，$X=[x_1,x_2,\cdots,x_n]^{\mathrm{T}}$ 是具有 n 维随机变量的向量；$f(X)=f(x_1,x_2,\cdots,x_n)$ 是基本随机变量的联合概率密度函数，当 X 为一组相互独立的随机变量时，则有 $f(x_1,x_2,\cdots,x_n)=\prod_{i=1}^{n} f(x_i)$；$G(X)$ 是一组结构的极限状态函数，当 $G(X)<0$ 时，就意味着结构发生破坏，反之，结构处于安全；D_f 是与 $G(X)$ 相对应的失效区域；$\Phi(\cdot)$ 为标准正态分布函数。

于是，用蒙特卡罗法表示的式（3-112）可写为

$$\hat{p}_f = \frac{1}{N}\sum_{i=1}^{n} I[G(\hat{X}_i)] \tag{3-114}$$

式中，N 为抽样模拟次数；当 $G\left(\hat{X}_i\right)<0$ 时，$I\left[G\left(\hat{X}_i\right)\right]=1$，反之，$I\left[G\left(\hat{X}_i\right)\right]=0$；冠标“ ^ ”表示抽样值。所以，式（3-114）的抽样方差为

$$\hat{\sigma}^2 = \frac{1}{N}\hat{p}_f\left(1-\hat{p}_f\right) \tag{3-115}$$

当选取 95%的置信度来保证蒙特卡罗法的抽样误差时，有

$$\left|\hat{p}_f - p_f\right| \leqslant Z_{\alpha/2}\cdot\hat{\sigma} = 2\sqrt{\frac{\hat{p}_f\left(1-\hat{p}_f\right)}{N}} \tag{3-116}$$

或者以相对误差 ε 来表示，有

$$\varepsilon = \frac{\left|\hat{p}_f - p_f\right|}{p_f} < 2\sqrt{\frac{1-\hat{p}_f}{N\hat{p}_f}}$$

考虑到 $\hat{p}_f$ 通常是一个小量，则上式可以近似地表示为

$$\varepsilon = \frac{2}{\sqrt{N\hat{p}_f}}, \qquad N = \frac{4}{\hat{p}_f\cdot\varepsilon^2}$$

当给定的 $\varepsilon = 0.2$ 时，抽样模拟次数 N 就必须满足

$$N = 100/\hat{p}_f \tag{3-117}$$

这就意味着抽样数目 N 与 $\hat{p}_f$ 成反比；当 $\hat{p}_f$ 是一个小量，即 $\hat{p}_f = 10^{-3}$ 时，$N=10^5$ 才能获得对 P_f 足够可靠的估计；而工程结构的破坏概率通常是较小的，这说明 N 必须有足够大的数目才能给出正确的估计。很明显，这样直接的蒙特卡罗法是很难应用于实际的工程结构可靠度分析之中，只有利用方差减缩技术，降低抽样模拟次数 N，才能使蒙特卡罗法在可靠度分析中得到应用。

3.8　结构元件可靠性分析

3.8.1　用截尾分布计算结构元件的可靠性

导弹的燃料箱、高压气瓶等一些结构元件，在制造出来之后，都要进行充压试验，一直充到达到规定的压力为止。经受不住这种压力的产品，作为废品剔除。

在实际使用中，均安装经充压而未破坏的那些构件。对于这种构件，其强度的分布规律应从充压点处的左边截去。

在构件的可靠性计算中，所选择的应力和强度的理论分布，有的分布要求随机变量的取值范围是从 $-\infty$ 到 $+\infty$，例如正态分布。而在结构可靠性的基本假设中，强调了应力和强度均为非负的随机变量，在这种情况下，严格说来，所选取的分布必须从 0 处截去左尾部。

随机变量所服从分布的密度函数或从左边，或从右边，或从两边同时截去尾部，这种随机变量所服从的分布称为截尾分布。

如果随机变量 X 的非截尾分布密度函数为 $f(x)$，那么其截尾分布的密度函数由下式给出：

$$f_c(x)=\frac{f(x)}{1-\Delta x} \tag{3-118}$$

如图 3-9 所示，如果随机变量 x 是从左边截尾，那么有

$$\Delta x=\int_{-\infty}^{x_c} f(x)\,\mathrm{d}x \tag{3-119}$$

如果是从右边截尾，则有

$$\Delta x=1-\int_{x_c}^{+\infty} f(x)\,\mathrm{d}x \tag{3-120}$$

若同时从两边截尾，相应的两边截尾点分别为 x_c 和 x_c'，则有

$$\Delta x=1-\int_{x_c}^{x_c'} f(x)\,\mathrm{d}x \tag{3-121}$$

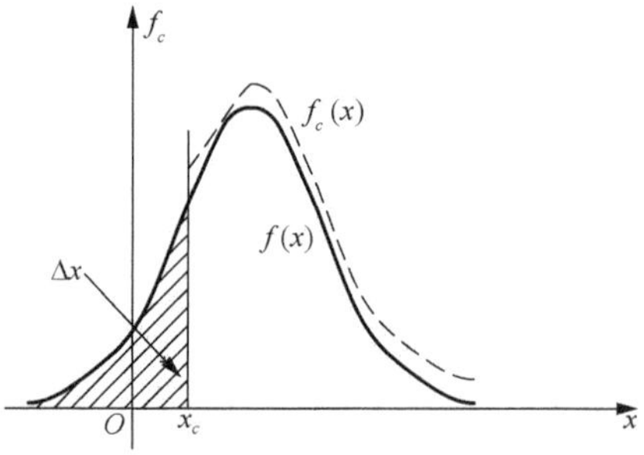

图 3-9　非截尾和左截尾的密度函数

下面仅考虑随机变量分布左截尾情况，因为在导弹结构可靠性计算中，这种情况最常遇到。

设随机变量 Y 和 X 为两个相互独立的随机变量，分别有密度函数 $f_1(y)$ 和

$f_2(x)$，取值范围均为 0 到 $+\infty$。那么 $Y>X$ 的概率可由下式给出：

$$P(Y>X)=P\left[(x,y)\in L\right]=\iint_L f_1(y)f_2(x)\mathrm{d}y\mathrm{d}x \tag{3-122}$$

式中，积分域 L 为坐标轴第一象限的角平分线左上部分。

若考虑 Y 和 X 的分布密度函数均为左截尾情况，则式（3-122）的积分域 L 如图 3-10 所示。该积分域的下界由截尾线 y_c 限定；其左界由截尾线 x_c 限定；而右下界则由直线 $y=x$ 限定。图中，沿 Ox 轴和 Oy 轴分别给出了截尾和非截尾分布的密度函数。

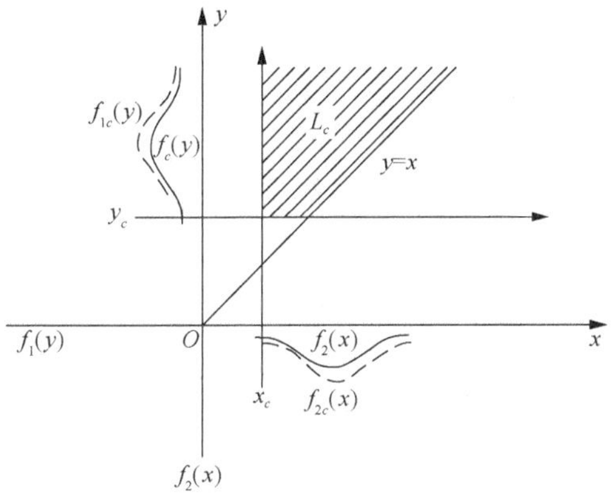

图 3-10　截尾分布的计算域

在实际结构可靠性分析计算中，一般给出基本随机变量的非截尾分布的密度函数。可用非截尾分布的密度函数求出截尾分布的密度函数。

根据前面的分析，可知 Y 和 X 的截尾分布密度函数分别为

$$f_{1c}(y)=\frac{f_1(y)}{1-\Delta y} \tag{3-123}$$

$$f_{2c}(x)=\frac{f_2(x)}{1-\Delta x} \tag{3-124}$$

式中，$\Delta y=\int_0^{y_c}f_1(y)\mathrm{d}y$；$\Delta x=\int_0^{x_c}f_2(x)\mathrm{d}x$。

在截尾分布的情况下，式（3-122）变为

$$\begin{aligned}P(Y>X)&=P\left((x,y)\in L\right)=\iint_L\frac{f_1(y)}{(1-\Delta y)}\frac{f_2(x)}{(1-\Delta x)}\mathrm{d}y\mathrm{d}x\\&=\frac{1}{(1-\Delta y)(1-\Delta x)}\int_{y_c}^{+\infty}f_1(y)[\int_{x_c}^{y}f_2(x)\mathrm{d}x]\mathrm{d}y\end{aligned} \tag{3-125}$$

若给出 X 的分布函数为 $F_2(x)$，则式（3-125）可表达为

$$P(Y>X)=\frac{1}{(1-\Delta y)(1-\Delta x)}\int_{y_c}^{+\infty} f_1(y)\left[F_2(y)-F_2(x_c)\right]\mathrm{d}y \tag{3-126}$$

如果随机变量 Y 用强度随机变量 R 代替，随机变量 X 用应力随机变量 S 代替。在强度 R 和应力 S 均左截尾的情况下，能够给出结构可靠度的表达式为

$$P_r=P(R>S)=\frac{1}{(1-\Delta r)(1-\Delta s)}\int_{r_c}^{+\infty} f_R(r)[F_S(r)-F_S(s_c)]\mathrm{d}r \tag{3-127}$$

式中，r_c 为强度 R 的截尾点且有 $\Delta r=\int_0^{r_c} f_R(r)\mathrm{d}r$，$\Delta s=\int_0^{s_c} f_S(s)\mathrm{d}s$。

例 3-5　设强度 R 和应力 S 均服从(0,1)区间内的均匀分布，试计算下列情况下的结构可靠度：①强度和应力均非截尾的情况；②强度和应力均 $\frac{1}{2}$ 处左截尾的情况；③强度非截尾，仅应力在 $\frac{1}{2}$ 处左截尾的情况；④应力非截尾，仅强度在 $\frac{1}{2}$ 处左截尾的情况。

解　对于在(0,1)区间内的均匀分布，强度和应力的密度函数分别为

$$f_R(r)=1,\qquad f_S(s)=1$$

① 在强度和应力均非截尾的情况下，由式（3-11）可知有

$$P_r=\int_0^{+\infty} f_R(r)[\int_0^r f_S(s)\mathrm{d}s]\mathrm{d}r=\int_0^1[\int_0^r \mathrm{d}s]\mathrm{d}r=\int_0^1 r\mathrm{d}r=0.5$$

② 对于强度和应力均在 $\frac{1}{2}$ 处左截尾的情况有

$$\Delta r=\int_0^{\frac{1}{2}}\mathrm{d}r=\frac{1}{2}$$

$$\Delta s=\int_0^{\frac{1}{2}}\mathrm{d}s=\frac{1}{2}$$

由式（3-127）可知

$$\begin{aligned}P_r&=\frac{1}{(1-\Delta r)(1-\Delta s)}\int_{r_c}^{+\infty} f_R(r)[F_S(r)-F_S(s_c)]\mathrm{d}r\\&=\frac{1}{(1-\frac{1}{2})(1-\frac{1}{2})}\int_{\frac{1}{2}}^{1}(r-\frac{1}{2})\mathrm{d}r=0.5\end{aligned}$$

③ 仅应力在$\frac{1}{2}$处左截尾的情况有

$$P_r = \frac{1}{1-\Delta s}\int_{s_c}^{+\infty} f_R(r)[F_S(r)-F_S(s_c)]\mathrm{d}r = \frac{1}{1-\frac{1}{2}}\int_{\frac{1}{2}}^{1}(r-\frac{1}{2})\mathrm{d}r = 0.25$$

④ 仅强度在$\frac{1}{2}$处左截尾的情况有

$$P_r = \frac{1}{1-\Delta r}\int_{r_c}^{+\infty} f_R(r)F_S(r)\mathrm{d}r = \frac{1}{1-\frac{1}{2}}\int_{\frac{1}{2}}^{1} r\mathrm{d}r = 0.75$$

关于应力在$\frac{1}{2}$处截尾的结构可靠度计算中，因为在$[0,\frac{1}{2}]$区间中，不存在应力分布，其分布函数$F_S\left(r\right)=0$，所以强度的积分区间取为$[\frac{1}{2},1]$。

从该简单例题的计算结果可以看出，强度的左截尾分布使结构可靠度提高，应力的左截尾分布使结构可靠度降低。当强度和应力同时左截尾时，既有可能使结构可靠度提高，也有可能使结构可靠度降低，或者对结构可靠度无影响。若强度分布左截尾、应力分布右截尾，则总是使结构可靠度提高，当这种截尾点在数轴上的分布域内重合时，结构可靠度等于 1。相反，若强度右截尾、应力左截尾，这种情况必然导致结构可靠度的降低，但在导弹结构的实际设计过程中，这种情况一般不会发生。

现在考察应力和强度均服从正态分布的情况。由概率论可知，对正态分布而言，随机变量的取值范围是从$-\infty$到$+\infty$。而在结构可靠度的基本假设中规定，应力和强度均为非负的随机变量，即它们的取值范围是从 0 到$+\infty$。因此，严格说来，在使用应力和强度均服从正态分布进行结构可靠性计算时，均应从 0 处左截尾，即应力和强度均应服从截尾正态分布。

若随机变量X服从正态分布，均值为μ_X，标准差为σ_X，当其在 0 处左截尾时，应有

$$\Delta x = \int_0^{+\infty} f\left(x\right)\mathrm{d}x = \varPhi\left(-\frac{\mu_x}{\sigma_x}\right) = 1-\varPhi\left(\frac{\mu_x}{\sigma_x}\right) \tag{3-128}$$

设强度随机变量R服从正态分布，则其在 0 处左截尾的密度函数为

$$f_{\mathrm{R_c}}\left(r\right) = \frac{1}{\varPhi\left(\frac{\mu_R}{\sigma_R}\right)\sqrt{2\pi}\sigma_R}\exp\left\{-\frac{\left(r-\mu_R\right)^2}{2\sigma_R^2}\right\},\quad 0\leqslant r<+\infty \tag{3-129}$$

在这种情况下，当无应力施加于结构上时，结构的可靠度为 1，即

$$
\begin{aligned}
P_r &= \int_0^{+\infty} f_{\mathrm{RC}}(r)\mathrm{d}r = \frac{1}{\Phi(\frac{\mu_R}{\sigma_R})}\int_0^{+\infty}\frac{1}{\sqrt{2\pi}\sigma_R}\exp\{-\frac{(r-\mu_R)^2}{2\sigma_R^2}\}\mathrm{d}r \\
&= \frac{1}{\Phi(\frac{\mu_R}{\sigma_R})}[1-\int_{-\infty}^{0}\frac{1}{\sqrt{2\pi}\sigma_R}\exp\{-\frac{(r-\mu_R)^2}{2\sigma_R^2}\}\mathrm{d}r] \\
&= \frac{1}{\Phi(\frac{\mu_R}{\sigma_R})}[1-\Phi(-\frac{\mu_R}{\sigma_R})] = 1
\end{aligned}
\tag{3-130}
$$

这在物理意义上是很清楚的，即当无任何应力施加于结构上时，结构不会自行破坏，这与结构失效仅由于应力作用而发生的基本假设完全一致。如果不运用截尾分布，将导致结构可靠性计算的不正确结论，即没有应力施加于结构上时，结构仍有一定的失效概率，其值为

$$
P_f = P(-\infty < R < 0) = \Phi\left(-\frac{\mu_R}{\sigma_R}\right) \tag{3-131}
$$

也就是承认强度有负值的存在，结构有可能自行破坏，这是不可想象的，因而也是错误的。因此可知，当应力和强度均服从正态分布时，结构可靠度的精确计算应用应力和强度均在 0 处左截尾的截尾正态分布才是正确的，这时的结构可靠度为

$$
P_r = \frac{1}{\Phi\left(\frac{\mu_R}{\sigma_R}\right)\Phi\left(\frac{\mu_S}{\sigma_S}\right)}\Phi(\beta) \tag{3-132}
$$

在应用应力和强度均服从正态分布进行结构可靠性计算时，对应力和强度的变异系数给出了明确的限制，使计算结果不致引起过大的误差。在一般情况下均规定，应力的变异系数 V_S 和强度的变异系数 V_R 均小于 0.3，在大部分实际工程问题中，这一规定是能够得到满足的。若应力和强度的变异系数均取 0.3，则有

$$
P_r = 1.00087\Phi(\beta)
$$

若应力和强度的变异系数小于 0.3，用非截尾分布不会对计算结果产生明显的影响。对于实际工程问题，若应力和强度的变异系数不小于 0.3，则应认为应力和强度随机变量不服从正态分布，或者考虑用截尾正态分布，即利用式（3-132）对正态分布的结果做出修正。涉及结构可靠性的大多数工程问题，应力和强度的变

异系数均比 0.3 小得多，所以由利用非截尾分布计算结构可靠性所引起的误差可以忽略不计。

考虑某些重要导弹结构元件，若在出厂时已进行了预定应力检验，则这些构件的强度不是在 0 处左截尾，而是在经受检验应力的某点 r_c 处左截尾。设应力和强度均服从正态分布，但应力不截尾，也忽略应力在 0 处截尾引起的误差，由法则水准III给出的结构可靠度精确表达式应为

$$P_r = \frac{1}{1-\Phi\left(\frac{r_c-\mu_R}{\sigma_R}\right)}\left[\Phi(\beta)-\int_0^{r_c} f_R(r)\Phi\left(\frac{r-\mu_S}{\sigma_S}\right)\mathrm{d}r\right] \tag{3-133}$$

式中的积分可根据积分中值定理，由下式近似得出

$$\int_0^{r_c} f_R(r)\Phi\left(\frac{r-\mu_S}{\sigma_S}\right)\mathrm{d}r \approx \Phi\left(\frac{r_m-\mu_S}{\sigma_S}\right)\Phi\left(\frac{r_c-\mu_R}{\sigma_R}\right)$$

式中，r_m 是积分区间上使积分取平均值的某一值。这里，仍然采用 $\Phi\left(-\frac{\mu_R}{\sigma_R}\right)=\Phi\left(-\frac{\mu_S}{\sigma_S}\right)=0$。因此，式（3-133）可表示为

$$P_r = \frac{1}{1-\Phi\left(\frac{r_c-\mu_R}{\sigma_R}\right)}\left[\Phi(\beta)-\Phi\left(\frac{r_m-\mu_S}{\sigma_S}\right)\Phi\left(\frac{r_c-\mu_R}{\sigma_R}\right)\right] \tag{3-134}$$

3.8.2　几种典型结构元件的可靠性分析

弹体结构是由成千上万个结构元件构成的，元件的结构形式不同，在弹体中所处的位置不同，其所受应力及其可靠性也不同。这里，仅考虑在某些固定时间点，构件的可靠性可用静态可靠性计算方法进行计算的情况。本节中选用几种较为典型的结构元件计算它们的可靠性，至于其他结构元件，可用类似这些典型元件可靠性计算方法，得出相应的结果。

1．连接销钉的可靠性

导弹弹身由若干舱段构成，各舱段之间的连接有多种方式，其中有螺纹连接、套接、盘式连接、卡块式连接和花键槽式连接等。对于较大型导弹，很多情况下常用盘式连接，螺栓承受拉力，销钉承受剪力。现对受剪销钉的可靠性进行分析。

设舱段的盘式连接处所受剪力为 Q，共有 n 个销钉平均承受该载荷，销钉的抗剪强度为 R_τ，则销钉的功能函数可表示为

$$g(Q,R_\tau)=R_\tau-\frac{Q}{An} \tag{3-135}$$

式中，A 为销钉的受剪面面积。

若将销钉的受剪面面积视为确定量，则式（3-135）为随机变量的线性功能函数，因强度和应力二者相互独立，故可由公式计算销钉的可靠性指标。

例 3-6 某型地空导弹的其中两个舱段间采用盘式连接，共用 8 个螺栓，材料是 30CrMnSiA，直径为 10mm。两个销钉，直径为 8mm，材料为 45 号钢。剪力 Q 的均值为 5500kN，变异系数为 0.2。试计算单个销钉的可靠性。

解： 查《中国航空材料》（第 2 版）可知，45 号钢的抗剪强度均值为 360kN/mm^2，取变异系数为 0.08，因此，根据式（3-135）给出单个销钉的功能函数为

$$g(Q,R_\tau)=R_\tau-\frac{Q}{An}=R_\tau-\frac{2Q}{\pi d^2}=R_\tau-0.00995Q$$

计算可靠性指标：

$$\beta=\frac{a_0+\sum_{i=1}^{2}a_i\mu_i}{\sqrt{\sum_{i=1}^{2}a_i^2\sigma_i^2}}$$

$$=\frac{360-0.00995\times5500}{\sqrt{(360\times0.08)^2+0.00995^2\times(5500\times0.2)^2}}=\frac{305.275}{30.810}=9.908$$

由该结果可知，所设计的抗剪销钉的可靠度是相当高的。

2. 蒙皮的可靠性

蒙皮是大型导弹的弹身和弹翼的主要构件，其作用是承受局部气动载荷，形成导弹的气动外形，保持外形的平滑度，并承受轴向力、剪力、弯矩和扭矩等载荷。蒙皮有金属蒙皮、夹层蒙皮和整体蒙皮等形式。导弹上用得最普遍的是金属蒙皮，它通常由铝合金板材制成，也有采用镁合金、钛合金板材的。蒙皮一般铆接、焊接或黏接在纵横骨架上，因而处在纵横架之间的蒙皮，可简化为板构件进行应力分析及强度计算。根据蒙皮所处位置及受力情况，可将周边的固定状态简化为固支、简支和自由状态，蒙皮最可能出现的失效是失稳，它会使导弹弹体结

构表面出现严重的皱凸，气动特性变差。因而，若蒙皮承受的应力达到了其失稳的临界应力，则认为蒙皮失效。

纵横骨架之间的蒙皮可作为矩形平板或矩形曲板进行可靠性分析。这里矩形平板承受横向均布载荷 P，仅考虑四边简支的情况，如图 3-11 所示。

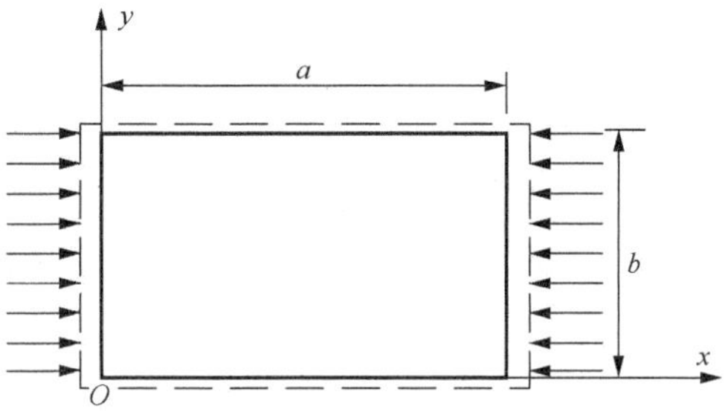

图 3-11　四边简支的矩形板

对于四边简支单向均匀压缩的矩形平板，其失稳临界应力的计算公式为

$$R_c = \frac{kE\delta^2}{b^2} \tag{3-136}$$

式中，E 为材料的弹性模量；δ 为板材厚度；b 为板的宽度；k 为支持系数，其值与 a 和 b 之比有关。

板所承受的最大应力表达式为

$$S_m = \eta \frac{Pb^2}{\delta^2} \tag{3-137}$$

式中，η 是与 a、b 之比有关的系数。

板的失稳临界应力即为板的稳定性强度，因此能够给出板的稳定可靠性的功能函数为

$$g(a,b,\delta,E,p) = R_c - S_m = \frac{kE\delta^2}{b^2} - \eta\frac{Pb^2}{\delta^2} \tag{3-138}$$

在该式中，若将各几何量 a、b 和 δ 均视为随机变量，那么 k 和 η 也应为随机变量。现在，还难以给出 k 和 η 与 a/b 之间的解析表达式。另外，对弹体结构而言，其尺寸公差相对较小，故一般在可靠性分析中将各几何量作为确定量处理。

弹身某些地方的蒙皮，由于作为平板处理会引起较大的误差，必须考虑其曲率。对于小曲率的曲板，其轴压稳定性的临界应力公式为

$$R_c = k_1 \frac{k_{ya}\pi^2 eE}{12(1-\mu^2)}\frac{\delta^2}{b} = k_1\frac{k_2 E\delta^2}{b^2} \tag{3-139}$$

式（3-136）和式（3-139）的基本形式相同，若令 $k_1k_2 = k$ ，则其公式的表达形式完全相同，因此，可用计算平板稳定可靠性的方法计算曲板的稳定可靠性，故此不赘述。

例 3-7　某型导弹弹体的一块蒙皮可简化为四边简支的平板。已知横向均布载荷 P 的均值为 0.4kN/mm^2 ，变异系数为 0.15；蒙皮材料为 LY12，其弹性模量 E 的均值为 72000kN/mm^2 ，变异系数为 0.06；蒙皮厚度为 1.5mm，且 $b = 50\text{mm}$，$a = 75\text{mm}$。试计算该块蒙皮的稳定可靠性。

解：由《导弹结构强度计算手册》查得 $\eta = 0.3$, $k = 3.9$ 。利用式（3-138）所给出的功能函数，并代入各非随机量的数据，可得功能函数的具体形式为

$$
\begin{aligned}
g(E,P) &= \frac{kE\delta^2}{b^2} - \eta\frac{Pb^2}{\delta^2} = \frac{3.9\times1.5^2E}{50^2} - \frac{0.3\times50^2P}{1.5^2} \\
&= 0.00351E - 333.333P
\end{aligned}
$$

假设 E 和 P 均服从正态分布，则功能函数为线性函数，可直接计算可靠性指标

$$
\begin{aligned}
\beta &= \frac{a_0 + \sum_{i=1}^{2} a_i\mu_i}{\sqrt{\sum_{i=1}^{2} a_i^2\sigma_i^2}} = \frac{0.00351\mu_E - 333.333\mu_P}{\sqrt{(0.00351\times72000\times0.05)^2 + (333.333\times0.4\times0.15)^2}} \\
&= \frac{119.387}{13.589} = 8.786
\end{aligned}
$$

该蒙皮的可靠度为

$$
P_r = \Phi(\beta) = \Phi(8.786) = 1 - 8.5534\times10^{-19}
$$

3. 弹身隔框的可靠性

隔框是桁条式弹身的主要受力构件，其主要作用是承力、传力和维形。一般分为普通框和加强框两类。普通框的主要作用是维形，即形成及保持弹身的外形，支持蒙皮及桁条，承受部分空气动力。加强框的部分作用与普通框相同，但它主要承受和传递集中载荷。

隔框因其在弹身所处的位置不同及导弹在发射和飞行过程中的姿态不同，受力情况会有所不同。对于在任何载荷作用下的圆框，可在其中切出的一个框段视为两端固支的一根曲梁，它是一个三度超静定问题。把其中一端的固支去掉，可用剪力 Q、弯矩 M 和轴力 F 三个未知内力来代替，这三个未知的内力通常能够用

结构力学的方法求解得出。这里仅给出几种典型载荷作用下圆框内力的计算公式，对于较复杂的载荷情况，可用叠加的方法进行求解。

为了导出框的内力表达式，特做如下假设：①壳受弯的刚度比圆框的刚度小；②圆框的剖面高度比其半径小得多；③在载荷作用下圆框的变形很小；④纵向力对于剪流的影响忽略不计。

基于以上假设，对于图 3-12 所示的圆框，当外载荷是径向载荷 P 时，在图所示角度 α 处的内力分别为

$$Q=\frac{1}{2\pi}\left[\alpha\cos\alpha+\left(\frac{2R}{r}-\frac{3}{2}\right)\sin\alpha\right]P \tag{3-140}$$

$$M=\frac{1}{2\pi}\left(\alpha\sin\alpha+\frac{1}{2}\cos\alpha-1\right)P_r \tag{3-141}$$

$$F=\frac{1}{2\pi}\left[\left(\frac{2R}{r}-0.5\right)\cos\alpha-\alpha\sin\alpha\right]P \tag{3-142}$$

式中各量如图中所示。

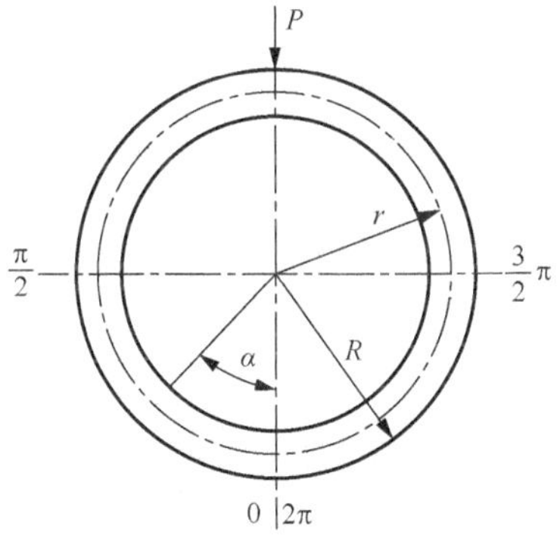

图 3-12　圆框受集中载荷

若将图 3-12 中的集中载荷 P 改换为切向力 T，则任意角度 α 处框的各内力分别为

$$Q=\frac{1}{2\pi}\left[\alpha\sin\alpha-\left(\frac{2R}{r}-\frac{5}{2}\right)\cos\alpha-\frac{r}{R}\right]T \tag{3-143}$$

$$M=\frac{1}{2\pi}\left(\frac{3}{2}\sin\alpha-\alpha\cos\alpha-\alpha\right)Tr \tag{3-144}$$

$$F=\frac{1}{2\pi}\left[\alpha\cos\alpha+\left(\frac{2R}{r}-\frac{3}{2}\right)\sin\alpha\right]T \tag{3-145}$$

若将图 3-12 中的集中载荷 P 改换为集中力矩载荷 m，则任意角度 α 处框的各内力分别为

$$Q=\frac{1}{\pi}\left(\cos\alpha-\frac{r}{2R}\right)\frac{m}{r} \tag{3-146}$$

$$M=\frac{1}{\pi}\left(\sin\alpha-\frac{\alpha}{2}\right)m \tag{3-147}$$

$$F=\frac{1}{\pi}\sin\alpha\frac{m}{r} \tag{3-148}$$

关于框在不同位置时受到多种集中载荷作用的内力计算表达式，可查阅有关的导弹设计手册。

在得出框的各内力之后，能够根据不同的失效模式给出相应的功能函数。框的失效模式主要考虑三种形式：框突缘的失稳失效（其可靠性计算方法与蒙皮的稳定可靠性计算方法类似）、框的正应力失效和框的剪应力失效。

设框材料的极限抗拉强度为 R_b，则根据正应力失效准则，得出这种情况下的功能函数为

$$Z=g(R_b,R,r,\alpha,P,T,m)=R_b-\frac{F}{A}-\frac{M}{I}y \tag{3-149}$$

式中，A 为框的横截面面积；I 为横截面的惯性矩；y 为剖面质心坐标。

若框材料的极限抗剪强度为 R_τ，则根据剪应力失效准则，得出该情况下的功能函数为

$$Z=g(R_\tau,R,r,\alpha,P,T,m)=R_\tau-\frac{Q}{A} \tag{3-150}$$

在实际计算过程中，可用决定论方法得出最大正应力和最大剪应力所处框的截面位置，即可确定角度 α，这里 α 应视为确定量。一般说来，材料的极限强度、框的几何参数以及径向力、切向力和力矩均视为随机变量。在精度较高的情况下，框的几何参数可作为确定量处理，这会使计算大为简化。

例 3-8　考察某型导弹弹身上的一个隔框，框及其剖面形状如图 3-13 所示。框受径向集中力 P，均值为 5900kN，变异系数为 0.10。框材料为铝镁合金 ZM5，抗拉强度 R_b 的均值为 250kN/mm^2，抗剪强度 R_τ 的均值为 150kN/mm^2，变异系数均为 0.06。给出图中各有关参数的数据为 $R_1=175\text{mm}$, $R_2=248.5\text{mm}$, $\alpha=45^\circ$, $\delta_1=6\text{mm}$, $\delta_2=4\text{mm}$, $y_1=16.8\text{mm}$, $y_2=8.7\text{mm}$, $b=11.5\text{mm}$, $r=212\text{mm}$，这些量均视为确定量。试计算该框的可靠度。

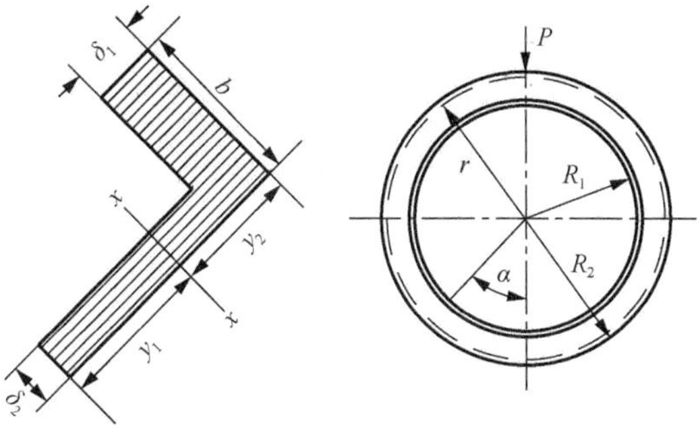

图 3-13　例 3-8 的框及其剖面

解：

其剖面的转动惯量为

$$I_x = \frac{1}{3}[(b+\delta_2)y_1^3 - b(y_1-\delta_1)^3 + \delta_2 y_2^3]$$

通过分析，选取 $\alpha = 45^\circ$ 处的剖面为分析计算剖面。根据式（3-149）得出该剖面正应力作用下的功能函数为

$$\begin{aligned} g(R_b, P) &= R_b - \frac{P}{2\pi}\{\frac{1}{A}[(\frac{2R_2}{r} - 0.5)\cos 45^\circ - \frac{\pi}{4}\sin 45^\circ] \\ &\quad - \frac{3y_2 r}{(b+\delta_2)y_1^3 - b(y_1-\delta_1)^3 + \delta_2 y_2^3} \times (\frac{\pi}{4}\sin 45^\circ + \frac{1}{2}\cos 45^\circ - 1)\} \\ &= R_b - 0.02837P \end{aligned}$$

假设 R_b 和 P 均服从正态分布，能够得出框的抗拉可靠性指标为

$$\begin{aligned} \beta &= \frac{\mu_{R_b} - 0.02837\mu_P}{\sqrt{(\mu_{R_b} V_{R_b})^2 + (0.02837\mu_P V_P)^2}} \\ &= \frac{250 - 0.02837 \times 5900}{\sqrt{(250 \times 0.06)^2 + (0.02837 \times 5900 \times 0.1)^2}} \\ &= 3.676 \end{aligned}$$

相应的可靠度为

$$P_r = \Phi(3.676) = 1 - 1.1662 \times 10^{-4}$$

同样可以根据式（3-150）建立剪切失效情况下的功能函数为

$$\begin{aligned} g(R_\tau, P) &= R_\tau - \frac{1}{171} \times \frac{1}{2\pi}[\alpha\cos\alpha + (\frac{2R_2}{r} - \frac{3}{2})\sin\alpha]P \\ &= R_\tau - 0.00072058P \end{aligned}$$

由此可解得可靠性指标为

$$\beta = \frac{150 - 0.00072058 \times 5900}{\sqrt{(150 \times 0.06)^2 + (0.00072058 \times 5900 \times 0.10)^2}} = 16.176$$

对于同一截面，剪切强度可靠性要比拉伸强度可靠性高得多，故在多数情况下，对于弹身隔框，只需计算拉伸或压缩强度可靠度即可。对于该框而言，其可靠性指标为 16.176。

导弹弹翼的典型结构元件还有翼梁、翼肋和袱条；弹身舱段的典型结构元件还有桁梁或桁条，它们的可靠性问题可简化为悬臂梁或简支梁模型进行计算。得出梁的纤维应力，进而给出结构元件的功能函数，得出构件相应的可靠性值。这里不介绍具体的例子。

在弹体结构元件静态可靠性计算问题中，仍需应用导弹结构设计中所用到的力学表达式确定构件的应力及稳定性强度。但应注意的是，原有力学公式中的某些量应视为随机变量。要求知道它们的分布形式及分布参数，在分析确定构件可能的失效模式之后，给出结构功能函数的表达式，选择在第 2 章中提供的适当方法，便能够计算得出构件的可靠性值。这里应特别强调的是，在计算构件的应力时，切勿乘以安全系数，而在传统构件的设计和强度校核时，对所得出的应力是乘以安全系数的。

3.8.3　用随机变量代替随机过程计算结构元件的可靠性

导弹构件在其整个寿命周期内的可靠性问题，实际上是应考虑强度和应力均随时间变化的全随机过程问题。据此建立起来的结构可靠性的全随机过程模型比较复杂。在进行结构可靠性计算时，常常把随机过程的可靠性计算问题化作随机变量处理，这是一种切实可行的方法，它大大减少了结构可靠性计算所需的数据，从而简化了计算。但在大多数情况下，这种处理方法导致所得出的只是一种近似结果。这里，仅考察把随机过程化作随机变量处理的一些特殊情况。

1. 功能随机过程可表示为一随机变量与一时间确定函数乘积的情况

若以 $Z(t)$ 表示结构的功能随机过程，则其可表示为

$$Z(t) = X\varphi(t) \tag{3-151}$$

式中，X 为随机变量；$\varphi(t)$ 为时间的非随机确定函数。虽然不能给出它的具体形式，但是应当假设它的存在。

在这种情况下，功能随机过程是随时间固定的，一旦知道了它的初始情况，那么函数 $\varphi(t)$ 就准确地描述了它随时间变化的规律。现考虑在固定时间 t_1 和 t_2 的功能函数情况，则有

$$Z(t_1)=X\varphi(t_1),\qquad Z(t_2)=X\varphi(t_2)$$

二者均为随机变量，它们的协方差函数为

$$\mathrm{Cov}\big(Z(t_1),Z(t_2)\big)=\varphi(t_1)\varphi(t_2)\sigma_X^2 \tag{3-152}$$

式中，σ_X^2 为随机变量 X 的方差。

可知 $Z(t_1)$ 和 $Z(t_2)$ 的自相关函数为

$$\rho_Z(t_1,t_2)=\frac{\mathrm{Cov}\big(Z(t_1),Z(t_2)\big)}{\sigma_Z(t_1)\sigma_Z(t_2)}=\frac{\varphi(t_1)\varphi(t_2)\sigma_X^2}{\varphi(t_1)\sigma_X\varphi(t_2)\sigma_X}=1$$

亦即，功能函数 $Z(t)$ 在时间 t_1 和 t_2 两次取值的结果完全相关。

为了计算构件在使用期间的可靠性，就应计算在使用期间的时间 $0<t<T$ 内功能随机过程 $Z(t)>0$ 的概率。如果记 $Z(t)>0$ 为事件 y，则计算随机过程的结构可靠度表达式为

$$P_{rP}(t)=P(y)=P_r(t) \tag{3-153}$$

式中，$P_{rP}(t)$ 表示结构的过程可靠度，为时间 t 的函数。

图 3-14 表示功能函数 $Z(t)$ 以确定形式随时间变化的情况。

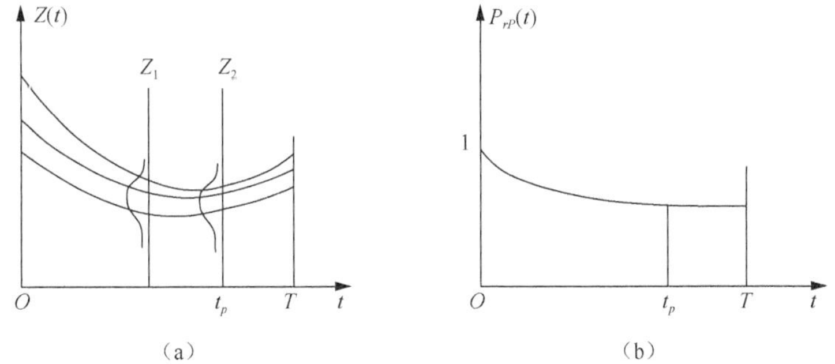

图 3-14　功能随机过程时间确定变化情况下构件的可靠度

在时间 $0<t<T$ 内的某一固定时刻 t_p，功能随机过程出现了最小值。因此，在

$t=t_p$ 时，由随机过程 $Z(t)$ 决定的过程可靠度为

$$P_{rP}(t)=\min P_{rP}(t) \tag{3-154}$$

亦即，在 $t=t_p$ 时，过程可靠度也出现了最小值。由于功能随机过程 $Z(t)$ 在不同时刻取值的完全相关性，故在时间 $t_p<t<T$ 内，构件的结构可靠度保持不变，亦即有

$$P_{rP}(t)=P_{rP}(t), \qquad t>t_p \tag{3-155}$$

至于在 t 之前这段时间内可靠度随时间变化的情况，这里还不能确定，但常常认为结构可靠度是时间的减函数，即在 t_p 之前的结构可靠度要高于 t_p 时刻的结构可靠度。因此，只要测定功能随机过程使之取最小值的一个时间断面，即 t 时刻的功能随机过程 $Z(t)$，给出其所服从的分布和分布参数，就能确定 $Z(t)>0$ 的概率，则有

$$P_r(t)=P(Z(t_p)>0) \tag{3-156}$$

称该可靠度为结构的时间断面可靠度。它等于导弹飞行结束前的构件可靠度，因此用时间 t_p 时的功能函数随机变量代替功能随机过程 $Z(t)$，得出结构元件的可靠度。

实际上，我们不能预先准确地知道功能随机过程取最小值的具体 t_p 时刻，故在导弹发射和飞行过程中，必须取许多典型时间断面进行考察，用所考察的大量时间断面上的功能函数随机变量代替功能随机过程。可以设想，当所考察的时间断面数 $n\to+\infty$ 时，n 个功能函数的随机变量能够精确地代替随机过程。

考察功能随机过程 $Z(t)$ 的两个时间断面，得到两个功能随机变量分别是 Z_1 和 Z_2，如图 3-14（a）所示，图中也显示了它们所服从分布的密度函数。由这两个随机变量代替相应的随机过程，则可得构件的过程可靠度为

$$P_{rP}=P(Z_1>0,Z_2>0) \tag{3-157}$$

若用 y_1 表示 $Z_1>0$ 的随机事件，用 y_2 表示 $Z_2>0$ 的随机事件，那么有

$$P_{rP}=P(y_1\cap y_2)=P(y_1)P\left(\frac{y_2}{y_1}\right)=P(y_2)P\left(\frac{y_1}{y_2}\right) \tag{3-158}$$

由于功能随机过程 $Z(t)$ 完全自相关，且有 $P(y_1)>P(y_2)$，故有

$$P\left(\frac{y_1}{y_2}\right)=1$$

这时的过程可靠度应为

$$P_{rP} = P(y_2)$$

也就是说，考察的这一功能随机过程的任意两个时间断面，其过程可靠度总是由使可靠度取最小值的那个时间断面处的结构可靠度所决定的，并由它代表了整个过程的可靠度。但这一可靠度与在时间 $0<t<T$ 内的结构可靠度是有差别的。

若把过程的断面数取得多一些，比如取 $n>2$，考察 n 个时间断面所决定功能随机过程的 n 个随机变量 $Z_1, Z_2, \cdots, Z_n$，使得

$$P(Z_1>0)>P(Z_2>0)>\cdots>P(Z_n>0)$$

这时结构的过程可靠度为

$$\begin{aligned} P_{rP} &= P(y_1 \cap y_2 \cap \cdots \cap y_n) \\ &= P(y_n)P(y_{n-1}/y_n)P(y_{n-2}/y_n \cap y_{n-1})\cdots P(y_1/y_n \cap \cdots \cap y_2) \\ &= P(y_n) = P_r \end{aligned} \tag{3-159}$$

考察的时间断面越多，n 的数目越大，就越接近实际的随机过程。但是，即使 $n \to +\infty$，式（3-160）仍然成立，亦即，由 Z 的最小值确定了由功能随机过程所表征的结构功能可靠度。因此，如果找到这样一个过程的时间断面，那么整个过程的结构可靠性问题便得到了解决，这会使计算大为简化，且并没有降低计算精度。

图 3-15 表明了当相关系数 $\rho_Z=1$ 时，Z_1 和 Z_2 之间的线性相关情况。从图中可以看出，当 $Z_1>0$ 时，总有 $Z_2>0$，亦即有

$$P\left(\frac{y_1}{y_2}\right) = P\left(\frac{Z_1>0}{Z_2>0}\right) = 1$$

且有 $P(y_2)<P(y_1)$，故总有 $P_r(t_2)<P_r(t_1)$。

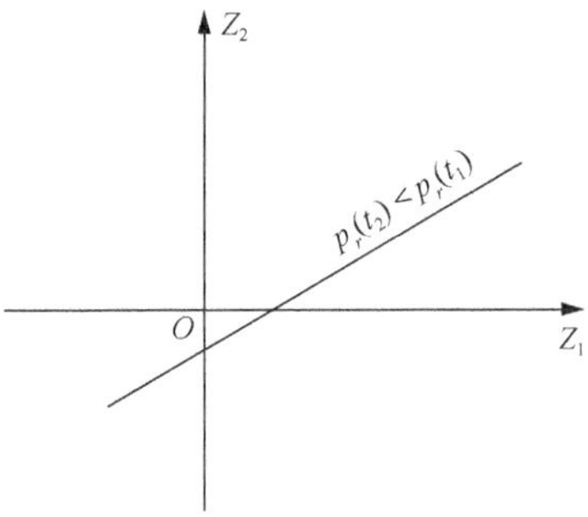

图 3-15　$\rho_Z=1$ 时，Z_1 和 Z_2 之间的线性相关与可靠度之间的关系

2. 用随机过程的一个时间断面计算结构可靠性原理的推广

在进行导弹结构元件的分析计算中，经常会遇到这种情况，即导弹在任务过程中，可能同时经受多种载荷，因此每个构件可能同时承受多种应力作用。每种应力状态与相应的强度状态相结合，构成一个相应的功能随机过程，图 3-16 表示出了这种情况。图 3-16（a）中每一条曲线代表一个随机过程。

如果也像上一种情况那样，这些功能随机过程都是随时间确定的，并且它们都在同一个时间断面出现最小值，该时间断面记为t_p，那么，对于$t > t_p$的一切时间，都能够精确地确定结构元件的可靠度，如图 3-16（b）所示。当然，在时间t_p之前，构件就有可能失效，但这种失效绝不会发生在时间t_p之后。也就是说，从 0 到t_p这段时间内，结构元件可靠度会随时间的推移而降低，但从t_p开始到T的这段时间内，结构元件的可靠度保持不变。

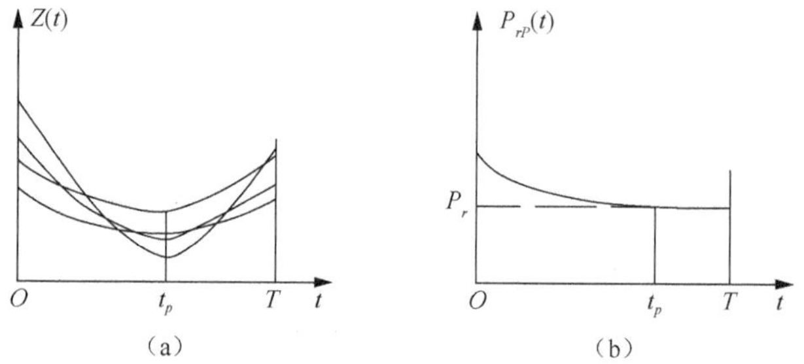

图 3-16　多功能随机过程情况下的元件可靠度

3. 各功能随机过程最小值出现在不同时间断面情况

若导弹在其任务期间，构件各功能随机过程出现最小值，但这些最小值是在任务过程的不同时间出现的。在这种情况下，如果用

$$Z_i(t) = \frac{R_i(t)}{S_i(t)}$$

来表示各功能随机过程，则如图 3-17 所示。

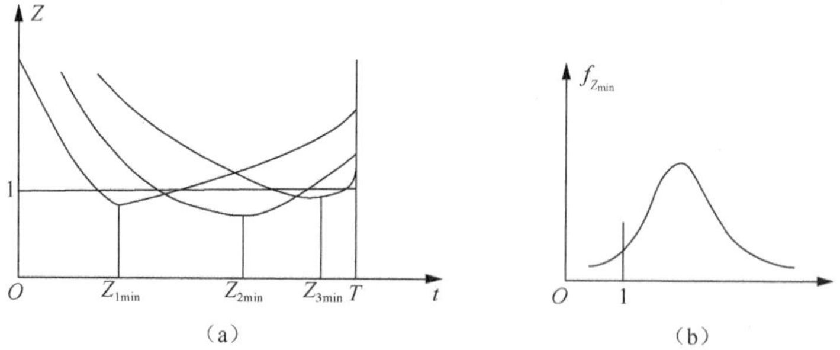

图 3-17　由功能随机过程多个最小值确定可靠度

如果测得了各功能随机过程的最小值 $Z_{1\min}, Z_{2\min}, \cdots, Z_{n\min}$，图 3-17（a）示出了各功能随机过程这种情况的一次取值[10]。若如此，就能够将各功能随机过程转化成其取相应最小值的功能随机变量，用概率统计方法确定出这些最小值的分布形式和分布参数，给出的分布密度函数如图 3-17（b）所示。据此，就可按下式计算构件的可靠度

$$P_r = P(Z_{\min} > 1) = \int_0^{+\infty} f_{Z_{\min}}(x)\mathrm{d}x \tag{3-160}$$

4. 功能随机过程自相关函数为 0 的情况

上面考察了自相关函数等于 1 的情况，这里再对自相关函数为 0 的情况进行分析。自相关函数为 0 的功能随机过程模型称为白噪声模型。如果在这个过程开始的瞬间，即在 t=0 时刻，构件的可靠度为 1，那么在 $t>0$ 的任何时刻，结构的可靠度为 0。所谓白噪声过程，是一种功率波长谱密度为常数的随机过程，功能函数在 $t>0$ 时取各种值的情况都存在。容易理解，这种情况下的构件可靠度为 0。白噪声是一种理想化的数学模型，其所代表随机过程 $Z(t)$的均方值为无穷大，它的均值为 0，为一平稳随机过程，白噪声过程用数学方法处理起来具有简单方便的优点，所以许多工程问题可以近似作为白噪声过程处理。例如，导弹在任务过程中所遇到的强爆炸而引起的结构破坏，可近似作为白噪声过程处理。在过程发生之后，即 $t>0$ 时，必然导致结构破坏。

对于白噪声的功能随机过程，若用随机变量代替之，就很容易理解以上所得的结论。设对功能随机过程取 n 个时刻进行考察，因为自相关系数 $\rho_Z = 0$，显然有

$$P_r = P(y_1 \cap y_2 \cap \cdots \cap y_n) = P(y_1)P(y_2)\cdots P(y_n) \tag{3-161}$$

对任何有限的时间区间，总能够使 n 取得很大，在理想情况下取得无穷大，而在每一个所考察的时刻均有 $P(y_i)<1$，易知无穷多个小于 1 的数的乘积为 0。

5. 功能随机过程为平稳正态过程的情况

设功能随机过程 $Z(t)$ 为平稳正态过程，自相关函数为 ρ_Z，且有 $0<\rho_Z<1$，该过程对时间的二阶导数存在。

前面，根据功能随机过程的式（3-189）、式（3-196）两种不同表达方式，采用 $Z(t)\leqslant 0$ 或 $Z(t)\leqslant 1$ 作为结构失效的标志。现将这一概念加以推广，将结构可靠度定义为功能随机过程 $Z(t)$ 不超出任务水平 a 的概率。这里的 a 为某一限定值，称为阈值。而结构失效定义为功能随机过程首次超出阈值 a 的概率，下面详细给出计算这一概率的方法。

设图 3-18 为结构功能随机过程的一次取值，而 $z=a$ 是一给定的阈值。现假设在无限小的时间间隔 $\mathrm{d}t$ 内发生超出，这一事件由两个事件组成，即在时刻 t 有

$$Z(t)<a \tag{3-162}$$

在时间 $t+\mathrm{d}t$ 有

$$Z(t+\mathrm{d}t)>a \tag{3-163}$$

所以在 $\mathrm{d}t$ 时间区间内，$Z(t)$ 超出 a 的概率为

$$P_{fa}=P(Z(t)[a\cap Z(t+\mathrm{d}t)]a) \tag{3-164}$$

引入过程的速度为

$$Z'(t)=\frac{\mathrm{d}Z(t)}{\mathrm{d}t}$$

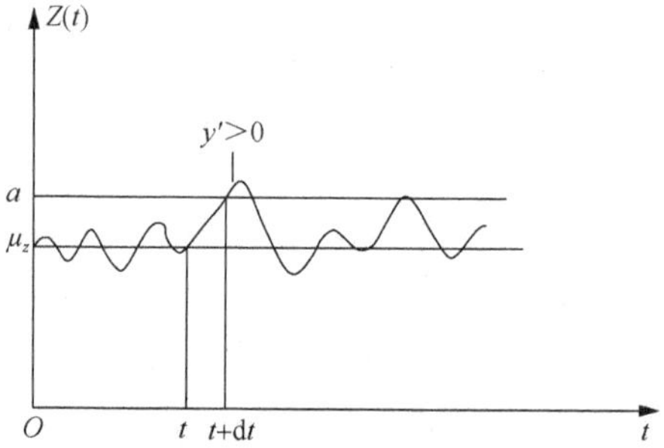

图 3-18　功能随机过程的一次取值及阈值

并把由下向上的运动定义为 $Z'(t)>0$，作为描述 $Z(t)$ 超出阈值 a 的次数，而由上向下的运动在此不予讨论。考虑到区间 $\mathrm{d}t$ 是个微小量，故有下式成立

$$Z(t+\mathrm{d}t)=Z(t)+Z'(t)\mathrm{d}t \tag{3-165}$$

将该式代入式（3-163），则有

$$Z(t)+Z'(t)\mathrm{d}t>a \tag{3-166}$$

或者

$$Z(t)>a-Z'(t)\mathrm{d}t \tag{3-167}$$

从而式（3-164）可表示为

$$P_{fa}=P[a-Z'(t)\mathrm{d}t<Z(t)<a] \tag{3-168}$$

为计算这一概率，须知 $Z(t)$ 和 $Z'(t)$ 的联合密度函数。设它们的联合密度函数为 $f'(Z,Z')$，其中 $Z(t)$ 和 $Z'(t)$ 的变化范围是

$$a-Z'(t)\mathrm{d}t<Z(t)<a,\qquad 0<Z'(t)<+\infty$$

这样，以正斜率 $Z'(t)>0$ 超出阈值的概率，其表达式变为

$$P_{fa}=P(a-Z'(t)\mathrm{d}t<Z(t)<a)=\int_0^{+\infty}\int_{a-Z'(t)\mathrm{d}t}^{a}f_{ZZ'}(Z,Z')\mathrm{d}Z\mathrm{d}Z' \tag{3-169}$$

该式右边的内层积分，其上下限在无穷小量 $Z'(t)\mathrm{d}t$ 范围内变化，故根据积分中值定理应有

$$\int_{a-Z'(t)\mathrm{d}t}^{a}f_{ZZ'}(Z,Z')\mathrm{d}Z\mathrm{d}Z'=Z'(t)\mathrm{d}tf_{ZZ'}(a,Z') \tag{3-170}$$

将该式代入式（3-169）可得

$$P_{fa}\mathrm{d}t=\mathrm{d}t\int_0^{+\infty}Z(t)f_{ZZ'}(a,Z')\mathrm{d}Z' \tag{3-171}$$

该式两边分别除以 $\mathrm{d}t$，便得单位时间内 $Z(t)$ 超出阈值 a 的概率为

$$P_{fa}=\int_0^{+\infty}Z'(t)f_{ZZ'}(a,Z')\mathrm{d}Z' \tag{3-172}$$

现在考虑平稳正态过程情况。所谓平稳过程，即分布不随时间的推移而变化，而正态过程则为对每个固定时刻，过程在该时刻代表的随机变量服从正态分布，且根据随机过程的已知结论，平稳随机过程和它的导过程是不相关的。因此，对于平稳正态过程而言，可知有

$$f_{ZZ'}(a,Z')=\frac{1}{\sqrt{2\pi}\sigma_Z}\exp\left\{-\frac{(a-\mu_Z)^2}{2\sigma_Z^2}\right\}\frac{1}{\sqrt{2\pi}\sigma_{Z'}}\exp\left\{-\frac{(Z'-\mu_{Z'})^2}{2\sigma_{Z'}^2}\right\} \tag{3-173}$$

将其代入式（3-172），可得

$$\begin{aligned}P_{fa}&=\frac{1}{\sqrt{2\pi}\sigma_{Z'}}\exp\left\{-\frac{(a-\mu_Z)^2}{2\sigma_Z^2}\right\}\int_0^{+\infty}Z'(t)\exp\left\{-\frac{(Z'-\mu_{Z'})^2}{2\sigma_{Z'}^2}\right\}\mathrm{d}Z'\\&=\frac{\sigma_{Z'}}{\sqrt{2\pi}\sigma_Z}\exp\left\{-\frac{(a-\mu_Z)^2}{2\sigma_Z^2}\right\}\end{aligned} \tag{3-174}$$

式中，μ_Z 和 $\mu_{Z'}$ 分别为随机过程 $Z(t)$ 和导过程 $Z'(t)$ 的期望值；σ_Z 和 $\sigma_{Z'}$ 分别为它们的标准差，由于假设为平稳过程，根据平稳过程的性质，这些值不随时间变化。

因此，在所考虑的导弹任务时间区间 $(0,t)$ 内，过程超过阈值 a 的概率为

$$P_{fa}(t)=P_{fa}t\frac{\sigma_{Z'}}{\sqrt{2\pi}\sigma_Z}\exp\left\{-\frac{(a-\mu_Z)^2}{2\sigma_Z^2}\right\}t \tag{3-175}$$

若考察 $t=t_1$ 的时刻，这样选择 t_1，使得依据随机过程计算公式计算得出的超出概率等于在该时刻过程 $Z(t)$ 的随机变量 $Z(t_1)$ 的超出概率，即有

$$P_{fa}(t_1)=P_{fa1} \tag{3-176}$$

式中，$P_{fa\mathrm{I}}$ 为功能随机过程在时间断面 t_I 处的随机变量超出阈值 a 的概率，即

$$P_{fa\mathrm{I}} = P(a < Z < +\infty) = 1 - \Phi(\frac{a-\mu_Z}{\sigma_Z}) \tag{3-177}$$

由此可得

$$1 - \Phi(\frac{a-\mu_Z}{\sigma_Z}) = P_{fa}t_\mathrm{I} = \frac{\sigma_{Z'}t_\mathrm{I}}{\sqrt{2\pi}\sigma_Z}\exp\left\{-\frac{(a-\mu_Z)^2}{2\sigma_Z^2}\right\} = \frac{\sigma_{Z'}}{\sigma_Z}f(a,\mu_Z,\sigma_Z)t_\mathrm{I} \tag{3-178}$$

故知

$$t_\mathrm{I} = \frac{1-\Phi(\frac{a-\mu_Z}{\sigma_Z})}{P_{fa}} = \frac{\sigma_{Z'}}{\sigma_Z}\frac{1-\Phi(\frac{a-\mu_Z}{\sigma_Z})}{\frac{1}{2\pi}\exp\left\{-\frac{(a-\mu_Z)^2}{2\sigma_Z^2}\right\}} = \frac{\sigma_{Z'}}{\sigma_Z}\frac{1-\Phi(\frac{a-\mu_Z}{\sigma_Z})}{f(a,\mu_Z,\sigma_Z)t_\mathrm{I}} \tag{3-179}$$

根据洛必达法则可知，当 $a \to +\infty$ 时 $t_\mathrm{I} \to 0$。因此，从结构可靠性的观点来看，对于时刻 t_I，功能随机过程在该时刻的结构可靠性，可用该时刻过程相应的随机变量来描述。

若考虑的时刻不是 t_I，那么当 $t < t_\mathrm{I}$ 时，过程可靠度不会低于所考察时刻 t_I 时由其相应随机变量确定的可靠度，也就是说，能够用这一时刻的随机变量对应的结构可靠度的值代表 $(0,t)$ 区间内的结构可靠度的值，但留有储备。当 $t > t_\mathrm{I}$ 时，从结构可靠性的观点看来，能够根据所考察的 n 个时刻的情况计算结构可靠度。若在各时刻功能随机过程所取的相应随机变量均独立，那么弹体结构在任务时刻 t 的可靠度可表示为[11]

$$P_r(t) = 1 - P_{fa}t = (P_{r\mathrm{I}})^n = (1 - P_{fa\mathrm{I}}t)^n = \left[\Phi(\frac{a-\mu_Z}{\sigma_Z})\right]^n \tag{3-180}$$

式中，$P_r(t)$ 为结构在时刻 t 的可靠度，即在时间区间 (t_I, t) 内，功能随机过程 $Z(t)$ 未超出阈值 a 的概率；$P_{r\mathrm{I}}$ 为在某一时刻 t，得到的过程相应随机量未超出阈值 a 的概率，称为瞬时可靠度。需要指出的是，对于时刻 t，只有满足下列条件才有意义：

$$P_{fa}t < 1 \tag{3-181}$$

将式（3-180）两边取对数可得

$$\ln\left(1 - P_{fa}t\right) = n\ln\Phi(\frac{a-\mu_Z}{\sigma_Z})$$

从而有

$$n=\frac{\ln\left(1-P_{fa}t\right)}{\ln\Phi(\frac{a-\mu_Z}{\sigma_Z})}=\frac{\ln\left[1-\frac{\mu_Z}{\sigma_Z}f(a,\mu_Z,\sigma_Z)\right]}{\ln\Phi(\frac{a-\mu_Z}{\sigma_Z})} \tag{3-182}$$

因此，从结构可靠性的观点看来，平稳正态功能随机过程能够由上式所确定的 n 个独立时刻的相应随机变量来代替。

在实际应用中，常常需要知道过程的自协方差函数，根据随机过程理论，这里给出一些可供选用的自协方差函数：

$$K_Z\left(\tau\right)=\sigma_Z^2\exp\left\{-\alpha\left|\tau\right|\right\} \tag{3-183}$$

$$K_Z\left(\tau\right)=\sigma_Z^2\exp\left\{-\alpha^2\tau^2\right\} \tag{3-184}$$

$$K_Z\left(\tau\right)=\sigma_Z^2\cos\beta\tau\exp\left\{-\alpha^2\tau^2\right\} \tag{3-185}$$

$$K_Z\left(\tau\right)=\sigma_Z^2(\cos\beta\tau+\frac{\alpha}{\beta}\sin\beta\left|\tau\right|)\exp\left\{-\alpha\left|\tau\right|\right\} \tag{3-186}$$

其中，$\alpha>0,\beta>0$。

例 3-9　设导弹在发射飞行过程中，其构件的功能随机过程为 $Z(t)$，其自协方差函数为 $K_Z\left(\tau\right)=\sigma_Z^2\cos\beta\tau\exp\left\{-\alpha^2\tau^2\right\}$，且该过程为平稳正态过程，求该构件的任务可靠度。

解：将自协方差函数对 τ 求导有

$$\frac{\mathrm{d}K_Z\left(\tau\right)}{\mathrm{d}\tau}=\sigma_Z^2\left[-2\alpha^2\tau\cos\beta\tau\exp(-\alpha^2\tau^2)-\beta\sin\beta\tau\exp(-\alpha^2\tau^2)\right]$$

$$\begin{aligned}\frac{\mathrm{d}^2K_Z\left(\tau\right)}{\mathrm{d}\tau^2}=\sigma_Z^2\Big\{&-2\alpha^2[\cos\beta\tau\exp(-\alpha^2\tau^2)+\tau\cos\beta\tau(-2\alpha^2\tau\exp(-\alpha^2\tau^2))\\&-\tau\beta\sin\beta\tau\exp(-\alpha^2\tau^2)]-\beta[-2\alpha^2\tau\sin\beta\tau\exp(-\alpha^2\tau^2)\\&+\beta\cos\beta\tau\exp(-\alpha^2\tau^2)]\Big\}\end{aligned}$$

故知

$$\frac{\mathrm{d}^2K_Z\left(0\right)}{\mathrm{d}\tau^2}=\sigma_Z^2(2\alpha^2+\beta^2)$$

如果 α 和 β 的单位均取 s^{-1}；取阈值 $a=\mu_Z$。根据平稳正态过程自协方差函数的性质可知有

$$\sigma_{Z'}^2=\frac{\alpha^2 K_Z(0)}{\alpha\tau^2}=\sigma_Z^2(2\alpha^2+\beta^2)$$

从而可知

$$P_{fa}=\frac{\sigma_{Z'}}{\sigma_Z}\frac{1}{2\pi}\exp\left\{-\frac{(a-\mu_Z)^2}{2\sigma_Z^2}\right\}=\frac{\sqrt{2\alpha^2+2\beta^2}}{2\pi}\exp(0)=\frac{\sqrt{2+1}}{6.28}=0.276\text{s}$$

$$t_{\text{I}}=\frac{1-\Phi(\dfrac{a-\mu_Z}{\sigma_Z})}{P_{fa}}=1.8\text{s}$$

过程持续的最长时间应有

$$t<\frac{1}{P_{fa}}=\frac{1}{0.276}=3.6\text{s}$$

取 t=3s，则有

$$n=\frac{\ln\left(1-P_{fa}t\right)}{\ln\Phi(\dfrac{a-\mu_Z}{\sigma_Z})}=\frac{\ln(1-0.276\times 3)}{\ln\Phi(0)}=2.54\approx 3$$

即在 t=3s 时，估出的该构件的可靠度为

$$P_r(t=3)=1-P_{fa}t=1-0.276\times 3=0.172$$

对过程取三个时刻进行 3 次独立观察的随机量进行计算，得到该构件在 3s 内的可靠度为

$$P_r(t=3)=P_{r\text{I}}^{\ 3}=\left[\Phi(\frac{a-\mu_z}{\sigma_z})\right]^3=\left[\Phi(0)\right]^3=0.125$$

在根据平稳正态过程确定结构可靠度时，形式上得到了 $P_r(t=0)=1$ 的结果，但事实上并非如此。一方面，不能确切地认为在 $t=0$ 时刻，结构的功能随机过程是平稳过程，因为在这种情况下，还要考虑过程的过渡阶段。实际上，对导弹结构而言，在结构的储存、运输及吊装等阶段就可能已出现结构破坏，而在导弹发射之前并未察觉。另一方面，实际计算起始时刻不是取导弹任务开始时刻，而有

可能取平稳随机过程的任何一个时刻作为计算的初始时刻，设此时的结构可靠度为 P_{r0}，则这种情况下的结构可靠度应表示为

$$P_r'(t) = P_{r0} P_r(t)$$

式中

$$P_{r0} = \Phi\left(\frac{a-\mu_Z}{\sigma_Z}\right), \qquad P_r(t) = 1 - P_{fa} t$$

故有

$$P_r'(t) = (1 - P_{fa} t)\Phi\left(\frac{a-\mu_Z}{\sigma_Z}\right) \approx \left[\Phi\left(\frac{a-\mu_Z}{\sigma_Z}\right)\right]$$

第 4 章　典型系统故障模式影响及危害度分析

4.1　FMECA 的定义、目的和作用

故障模式影响及危害度分析（failure modes effects and criticality analysis，FMECA）是分析系统中每一个产品所有可能产生的故障模式及其对系统造成的所有可能影响，并按每一个故障模式的严重程度及其发生概率予以分类的一种归纳分析方法。从产品设计（功能设计、硬件设计、软件设计）、生产（生产可行性分析、工艺设计、生产设备设计与使用）和使用，发现各种影响产品可靠性的缺陷和薄弱环节，为提高产品的质量和可靠性水平提供改进依据。FMECA 是一种失效因果关系分析[12]，格式应该统一，以便在设计评审时或故障出现后及其他有关工作中考查。另外，FMECA 作为一种设计报告，其内容和形式都需要有统一的标准，具体格式可以按实际情况做出规定。由于 FMECA 涉及的问题范围很广，只能由十分熟悉产品情况的设计人员经过充分调查研究后做出分析，而由专业人员予以协助。FMECA 作为设计决策时的一种依据，由于设计更改愈晚愈被动，FMECA 应在设计初期尽早开始，之后随设计的变动而及时修改。

FMECA 的作用如下：①保证有组织地定性找出系统所有可能的故障模式及其影响，进而采取相应的措施；②为制定关键项目和单点故障等清单或可靠性控制计划提供定性依据；③为可靠性（R）、维修性（M）、安全性（S）、测试性（T）和保障性（S）工作提供一种定性依据；④为制定试验大纲提供定性信息；⑤为确定更换元器件清单提供使用可靠性设计的定性信息；⑥为确定需要重点控制质量及工艺的薄弱环节清单提供定性信息；⑦可及早发现设计、工艺中的各种缺陷。

4.2　FMECA 的方法

FMECA 的方法可分为单独 FMECA 分析方法和综合 FMECA 分析方法。单独 FMECA 分析方法又可分为设计 FMECA 和过程 FMECA。其中，设计 FMECA 包括：功能 FMECA、硬件 FMECA、软件 FMECA 及损坏模式影响分析（damage mode effects analysis，DMEA）。综合 FMECA 分析方法包括：FMECA 与 FTA 综合分析法（FTA 即 fault tree analysis 故障树分析），简称 FTF 法；FMECA 与 ETA 综合分析法（ETA 即 event tree analysis 事件树分析），简称 ETF 法。

在产品寿命周期的不同阶段应当采用不同的 FMECA 方法。

在产品论证与方案阶段采用功能 FMECA，分析研究系统功能设计的缺陷与薄弱环节，为系统功能设计的改进和方案的权衡提供依据。

在产品工程研制阶段采用硬件 FMECA、软件 FMECA、DMEA，分析研究系统硬件、软件设计的缺陷与薄弱环节，为系统的硬件、软件设计改进和保障性分析提供依据。

在产品生产阶段采用过程 FMECA，分析研究所设计的生产工艺过程的缺陷和薄弱环节及其对产品的影响，为生产工艺的设计改进提供依据。

在产品使用阶段采用统计 FMECA，分析研究产品使用过程中实际发生的故障、原因及其影响，为提高产品使用可靠性和进行产品的改进、改型或新产品的研制提供依据。

4.3 FMECA 的内容

FMECA 包括故障模式与影响分析（FMEA）和危害性分析（CA），合起来称为 FMECA。具体实施步骤分为三步，即系统定义、故障模式影响分析、危害性分析。

4.3.1 系统定义

系统定义的步骤如下。

（1）确定系统中进行 FMECA 的产品范围：①产品层次；②约定层次——规定的 FMECA 产品层次，初始约定层次——系统最顶层，最低约定层次——系统最底层。

（2）描述系统的功能任务及系统在完成各种功能任务时所处的环境条件：①任务剖面、任务阶段及工作方式；②功能描述。

（3）制定系统及产品的故障判据、选择 FMECA 方法等：①故障判据；②分析方法。

以某型军用教练飞机升降舵系统为例。

系统组成及功能：某型军用教练飞机升降舵系统是单梁盒式薄壁结构，并由梁、小梁、肋、蒙皮组成双闭室剖面结构。

约定层次：初始约定层次为某型军用教练机，绘制约定层次图、功能结构方框图和可靠性框图。功能结构方框图表示系统各组成部分功能之间的关系或工作流程图；可靠性框图表示系统各组成部分之间在可靠性方面的逻辑关系。

故障判据：升降舵系统凡发生不满足以下要求的情况之一，即认为该系统发生了故障。①舵面偏转时应准确及时偏转到规定位置；②左、右升降舵应保持同步偏转；③飞机长期稳定飞行时，舵面应保持确定的平衡位置；④舵面偏转时无卡滞现象；⑤飞行中舵面无强烈振动现象；⑥调整片按要求能正常偏转；⑦配重无松动现象；⑧舵面结构满足了强度、刚度要求，没有因疲劳、腐蚀等导致其结构的损伤。

严重度类别划分如表 4-1 所示。

表 4-1　严重度类别划分

严重度类别	严重程度定义
Ⅰ类（灾难的）	危及人员或安全（如一等、二等飞行事故及重大环境损坏）
Ⅱ类（致命的）	损伤人员或飞机损伤（如三等飞行事故及严重环境损害）
Ⅲ类（临界的）	人员呈轻度伤害或影响任务完成（如误飞、中断或取消飞行、降低飞行品质、增加着陆困难、中等程度环境损害）
Ⅳ类（轻度的）	无影响或影响很小，增加非计划性维护或修理

4.3.2　故障模式影响分析

故障模式影响分析可按功能分析，也可按硬件分析，也可把功能 FMEA 和硬件 FMEA 合并进行。在两种情况下按功能分析：一是在设计初期，硬件方案尚不具体；二是复杂系统一般只能从最高一级结构开始按功能分析。系统中每一个项目都有一定的设计功能，每一种功能就是一项输出，要逐一列出这些输出，分析它们的失效模式。大系统的 FMEA 要分级进行，功能分析一般是自上而下进行的，但也可以从任一级结构开始自上而下或自下而上进行。

当从原理图、图样或其他设计文件等已经了解硬件单元的细节时按硬件分析。按硬件分析一般是自下而上进行，但也可以从任一级结构开始自下而上或自上而下进行。各级 FMEA 合起来便成为一棵 FMEA“树”。

FMEA 的基本程序如下：①以设计文件为根据，从功能、环境条件、工作时间、失效定义等各方面，全面确定设计对象（即系统）的定义；按重要度递减分别考虑每一种工作状态（或称工作模式）。②针对每一种工作状态画出功能结构方框图和可靠性框图（系统可靠性模型）。③确定每一部件与接口应有的工作参数或功能。④查明一切部件与接口可能的失效模式，发生的原因与后果。⑤按可能的最坏后果评定每一失效模式的严重性级别。⑥确定每一失效模式的检测方法与补救措施或预防措施。⑦提出修改设计或采取其他措施的建议，同时指出设计更改或其他措施对各方面的影响。例如，对使用、维护、后勤保障等方面的要求。⑧写出分析报告，总结设计上无法改正的问题，并说明预防失效或控制失效危险性的必要措施。

对 FMEA 进行分析的要求有：全面性；所使用的方法清楚、实用，并要经过批准；及时性；便于追溯性；实用性；可重复性；应用 FMEA 的结果可提高系统有效性；资料要完整、准确并经过核实。

FMEA 对于大系统的研制有特殊重要的意义，同时对于小系统以及零件也一样有用，不仅适用于硬件，也适用于软件。

1. 在设计管理上 FMEA 的用途

（1）在建立系统可靠性时，要与 FMEA 相结合。FMEA 与产品和线路应力分析相结合，是可靠性预测、分配和评定的一项原始资料。

（2）在设计方案对比选择中，FMEA 是评定设计方案的一种手段。为了制定满足产品目的的要求，最可靠的设计方案需要修改时，FMEA 是修改设计的依据。

（3）在设计评审质量复查和事故预想等活动中，FMEA 是依据和证明，也是评审和复查的对象。

2. 在其他方面 FMEA 的用途

（1）在安排测试点、制造和质量控制试验计划和其他有关工作中作为一种依据。

（2）FMEA 的主要作用在于预防失效，但它在试验、测试和使用中又是一种有效的故障诊断工具，为制定故障检测程序和设计内部诊断装置建立了基础。

（3）与试验结果和产品失效报告一起对可靠性验证结果进行定性评定。

（4）作为严重度分析之前的第一步，是进行可维修性分析、后勤保障分析及事故预想分析的原始资料。

总之，在系统研制中，FMEA 居于可靠性工作的中心地位。

4.3.3　危害性分析

危害性分析的目的是按照严重性级别及严重度数字或发生概率的联合影响来对 FMEA 所确定的每一种失效模式进行分级。确定失效模式等级（Ⅰ～Ⅳ），必须进行严重度分析。严重度分析有定性分析和定量分析两种，定性分析按发生概率定级，定量分析应计算严重度。它们的最后分析结果均以矩阵表示，以便确定采取措施的优先顺序。

1. 定性分析

缺乏失效率数据时用定性分析。这时需要评定发生概率，以此分为以下 5 级：*A* 级——常发生。单一失效模式概率大于整个装置总失效概率的 20%。*B* 级——较常发生。单一失效模式概率大于总失效概率的 10%，但小于 20%。*C* 级——偶尔发生。单一失效模式概率大于总失效概率的 1%，但小于 10%。*D* 级——很少发生。单一失效模式概率大于总失效概率的 0.1%，但小于 1%。*E* 级——极少发生。单一失效模式概率小于总失效概率的 0.1%。

2. 定量分析

能提供正确的失效率数据时用定量分析，这时需要计算严重度数字。

1）失效后果概率

失效后果概率 β 也称损失概率，各种失效模式引起以下损失后果的 β 值，见表 4-2。

表 4-2　失效后果概率表

失效后果	β 值
必然损失	1.00
可能损失	$0.1<\beta<1$
很少损失	$0<\beta\leqslant 0.1$
无影响	0

2）失效模式严重度数字

失效模式严重度数字 C_m 是在一种严重性级别下由失效模式之一所占严重数字的份额，即

$$C_m=\beta\alpha\lambda_{\mathrm{p}}t\times 10^6 \tag{4-1}$$

式中，β 为失效后果概率；λ_{p} 为元件失效概率（$10^{-6}\mathrm{h}^{-1}$）；t 为某任务阶段的工作时间（h）；α 为失效模式相对频率。

3）产品严重度数字

一个产品项目的严重度数字 C，是在某一任务阶段内，同一严重性级别下，各失效模式严重度数字 C_m 之和。

$$C_t = \sum_{i=1}^{j} C_m = \sum_{i=1}^{j} (\beta\alpha\lambda_{\mathrm{p}} t \times 10^6), \quad n = 1, 2, \cdots, j \tag{4-2}$$

式中，n 为属于某一严重度的失效模式数；j 为产品在该严重度下的最后一个失效模式。

4.3.4　危害性矩阵图

危害性矩阵图（图 4-1）是为了把每一种失效模式的严重性与其他失效模式做比较。矩阵是将产品项目或失效模式的标号按严重性级别与失效模式的发生概率或严重度数字 C_t，进行排列。所得矩阵表明各产品项目失效模式的严重度分布情况，并成为确定补救措施优先顺序的工具。如果一种失效模式在矩阵中的位置沿着对角线离开原点越远（越靠近右上角），则严重度越大，而越迫切需要采取补救措施。纵坐标既可以是严重度数字，又可以是发生概率。严重度矩阵属于 FMECA 报告的一部分。

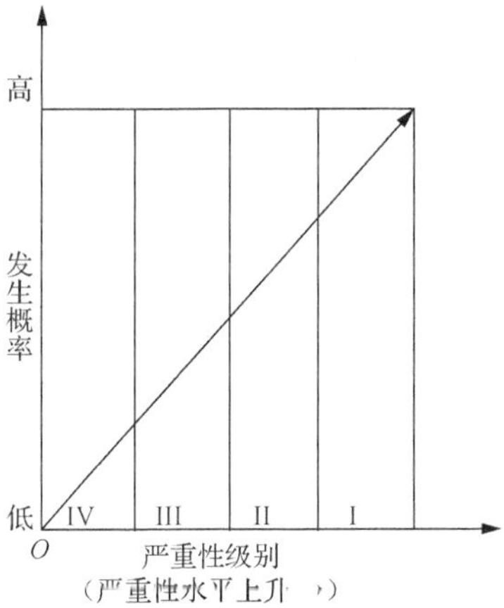

图 4-1　危害性矩阵图

4.4　FMECA 输出与注意的问题

实施 FMECA 应注意以下几个问题。

1．强调“谁设计、谁分析”的原则

“谁设计、谁分析”的原则，就是产品设计人员应负责完成该产品的 FMECA 工作，可靠性专业人员应提供分析必需的技术支持。

实践表明，FMECA 工作是设计工作的一部分。“谁设计、谁分析”、及时改进是进行FMECA的宗旨，是确保FMECA有效性的基础，也是国内外开展FMECA工作经验的结晶。如果不由产品设计者实施 FMECA，必然造成分析与设计的分离，也就背离了 FMECA 的初衷。

2. 重视 FMECA 的策划

实施 FMECA 前，应对所需进行的 FMECA 活动进行完整、全面、系统的策划，尤其是对复杂大系统，更应强调 FMECA 的重要性。其必要性体现在以下几方面：

结合产品研制工作，运用并行工程的原理，对所需的 FMECA 进行完整、全面、系统的策划，将有助于保证 FMECA 分析的目的性、有效性，以确保 FMECA 工作与研制工作同步协调，避免事后补做的现象。

对复杂大系统，总体级的 FMECA 往往需要低层次的分析结果作为输入，对相关分析活动的策划将有助于确保高层次产品 FMECA 的实施。

FMECA 计划阶段事先规定的基本前提、假设、分析方法和数据，将有助于在不同产品等级和承制方之间交流和共享，确保分析结果的一致性、有效性和可比性。

3. 保证 FMECA 的实时性、规范性、有效性

实时性：FMECA 工作应纳入研制工作计划，做到目的明确、管理务实；FMECA 工作与设计工作应同步进行，将 FMECA 结果及时反馈给设计过程。

规范性：分析工作应严格执行 FMECA 计划、有关标准/文件的要求。分析中应明确某些关键概念，比如：故障检测方法是系统运行或维修时发现故障的方法；严酷度是对故障模式最终影响严重程度的度量，危害度是对故障模式后果严重程度的发生可能性的综合度量，两者是不同的概念不能混淆。

有效性：对分析提出的改进、补偿措施的实现予以跟踪和分析，以验证其有效性。这个过程也是积累 FMECA 工程经验的过程。

4. FMECA 的剪裁和评审

FMECA 作为常用的分析工具，可为可靠性、安全性、维修性、测试性和保障性等工作提供信息，不同的应用目的可能会得到不同的分析结果。各单位可根据具体的产品特点和任务对 FMECA 的分析步骤、内容进行补充、剪裁，并在相应文件中予以明确。

5. FMECA 的数据

故障模式是 FMECA 的基础。能否获得故障模式的相关信息是决定 FMECA 工作有效性的关键。若进行定量分析时还需故障的具体数据，这些数据除通过试验获得外，一般需要通过相似产品的历史数据进行统计分析。有计划、有目的地收集、整理有关产品的故障信息，并逐步建立和完善故障模式及频数比的相关故障信息库，这是开展有效的 FMECA 工作的基本保障之一。

6. FMECA 应与其他分析方法相结合

FMECA 虽是有效的可靠性分析方法，但并非万能，不能代替其他可靠性分析工作。应注意 FMECA 一般是静态的、单一因素的分析方法，在动态方面还很不完善，若对系统实施全面分析还需与其他分析方法（如 FTA、ETA 等）相结合。

4.5　故障树分析和事件树分析

4.5.1　故障树分析

故障树指用以表明产品哪些组成部分的故障或外界事件或它们的组合将导致产品发生一种给定故障的逻辑图。故障树是一种逻辑因果关系图，构图的元素是事件和逻辑门。事件用来描述系统和元部件故障的状态。逻辑门把事件联系起来，表示事件之间的逻辑关系。

故障树分析（FTA）通过对可能造成产品故障的硬件、软件、环境、人为因素进行分析，画出故障树，从而确定产品故障原因的各种可能组合方式和（或）其发生概率；帮助判明可能发生的故障模式和原因；发现可靠性和安全性薄弱环节，采取改进措施，以提高产品可靠性和安全性；计算故障发生概率。发生重大故障或事故后，FTA 是故障调查的一种有效手段，可以系统而全面地分析事故原因，为故障“归零”提供支持，并指导故障诊断、改进使用和维修方案等[13]。

为了能正确建树，应先了解建树使用的符号，根据《故障树名词术语和符号》（GB/T 4888—2009）的规定常用符号有两类：一是事件符号，二是逻辑符号。

1. 事件符号

（1）矩形符号“□”，表示顶事件、中间事件。

顶事件：它是所分析系统的不希望发生的事件，位于故障树的顶端，因此它总是逻辑门的输出，而不可能是任何逻辑门的输入。

中间事件：除顶事件外，其他结果事件均属于中间事件。它位于顶事件和底事件之间，是某个逻辑门的输出事件，同时又是另一个逻辑门的输入事件。

（2）圆形符号“○”，表示底事件或基本事件。已知探明或未探明但不必进一步探明其发生原因的事件。位于故障树的底端，只能是某逻辑门的输入事件。

（3）菱形符号“◊”，表示省略事件，一般用以表示那些可能发生，但概率值很小，或者对此系统而言不需要再进一步分析的故障事件。这些事件在定性与定量分析中一般可以忽略不计。

（4）三角形符号“△”，表示故障事件的转移。在故障树分析中经常遇到条件完全相同或者同一个故障事件在不同位置出现，为了减少重复工作并简化树的内容，用三角符号转移。在三角形内加上标号以示从某处转入某处，也可以在树很大，一页纸画不下，需要移页时使用。

转移符号有相同转移符号和相似转移符号两种：正三角形符号“△”，表示相同转移；倒三角形符号“▽”，表示相似转移。

2. 逻辑门符号

（1）逻辑“与门”，如图 4-2（a）所示，$B_i(i=1,2,\cdots,n)$为门的输入事件，A为门的输出事件。B_i同时发生时，A必然发生，这种逻辑关系称为事件交，用逻辑“与门”描述，逻辑表达式为$A=B_1\cap B_2\cap B_3\cap\cdots\cap B_n$。

（2）逻辑“或门”，如图 4-2（b）所示，当输入事件中至少有一个发生时，输出事件A发生，称为事件并，用逻辑“或门”描述，逻辑表达式为$A=B_1\cup B_2\cup B_3\cup\cdots\cup B_n$。

（3）逻辑“禁门”，如图 4-2（c）所示，仅当“禁门打开条件”发生时，输入事件B发生才导致输出事件A发生；打开条件写入椭圆框内。

（4）逻辑“异或门”，如图 4-2（d）所示，输入事件B_1、B_2中任何一个发生都可引起输出事件A发生，但B_1、B_2不能同时发生。相应的逻辑代数表达式为$A=\left(B_1\cap\bar{B}_2\right)\cup\left(\bar{B}_1\cap B_2\right)$。

3. 最小割集

割集是指故障树中一些底事件的集合，当这些底事件同时发生时，顶事件必然发生；若将割集中所含的底事件任意去掉一个就不再成为割集了，这样的割集就是最小割集。

最小割集对降低复杂系统潜在事故风险具有重大意义。如果能使每个最小割集中至少有一个底事件恒不发生（发生概率极低），则顶事件就恒不发生（发生概率极低），系统潜在事故的发生概率降至最低。

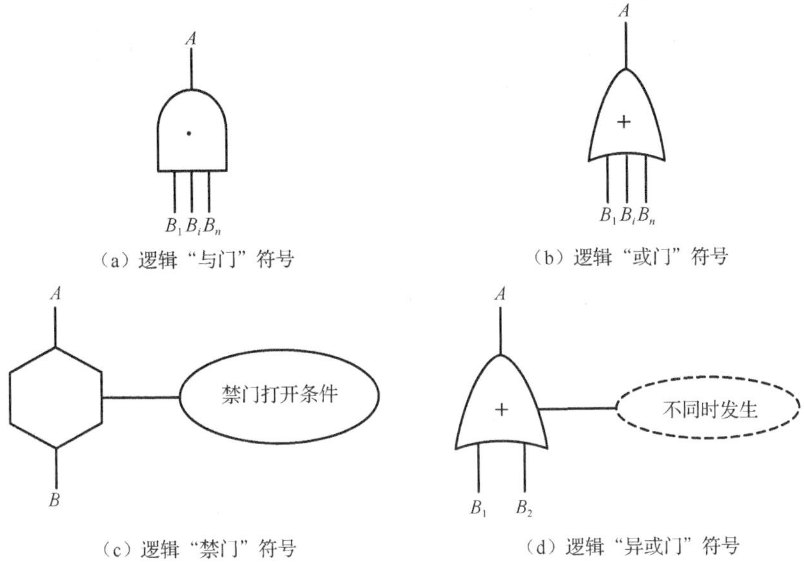

图 4-2　逻辑门符号

消除可靠性关键系统中的一阶最小割集，可消除单点故障。可靠性关键系统不允许有单点故障，方法之一就是设计时进行故障树分析，找出一阶最小割集，在其所在的层次或更高的层次增加“与门”，并使“与门”尽可能接近顶事件。

最小割集可以指导系统的故障诊断和维修。如果系统某一故障模式发生了，则一定是该系统中与其对应的某一个最小割集中的底事件全部发生了。进行维修时，如果只修复某个故障部件，虽然能够使系统恢复功能，但其可靠性水平还远未恢复。根据最小割集的概念，只有修复同一最小割集中的所有故障部件，才能恢复系统可靠性、安全性。

4.5.2　事件树分析

可能引发系统安全性后果的系统内部的故障或外部的事件，称作初因事件。

在初因事件发生后，可能相继发生的其他事件称作后续事件，这些事件可能是系统功能设计中所决定的某些备用设施或安全保证设施的启用，也可能是系统外部正常或非正常事件的发生。后续事件一般是按一定顺序发生的。

由初因事件和后续事件的发生或不发生所构成的不同的结果称作后果事件。

事件树的建造过程也是对系统的一个再认识过程。首先确定初因事件，确定和分析可能导致系统安全性后果的初因事件并进行分类，将那些可能导致相同事件树的初因事件划分为一类。确定和分析初因事件发生后可能相继发生的后续事件，并进一步确定这些事件发生的先后顺序，按后续事件发生或不发生（二态）分析各种可能的结果，找出后果事件。对所建完的事件树，收集、分析各事件的发生概率及其相互间的依赖关系，定量计算各后果事件的发生概率，并进一步分析，评估其风险。

实践中常常将故障树与事件树综合分析：如果事件树中的初因事件与后续事件是系统中的非正常事件（如某部件的故障），则以这些事件为顶事件建立故障树，如果事件树中的初因事件与后续事件是系统中的正常事件，则以其为顶事件建立事件树。以事件树中的后果事件为顶事件，按照一定的逻辑关系（一般情况下为逻辑与的关系）将与该后果事件相关的初因事件和后续事件连接成故障树。在事件树分析中找出与后果事件相同的分支，再以该事件为顶事件按照一定的逻辑关系（一般情况下为逻辑或的关系）建造一棵更大的故障树。最后通过故障树的定性定量分析求出系统中各类事件的发生概率。

第 5 章　可靠性模型、预计与分配

5.1　可靠性模型有关术语及定义

可靠性模型描述了系统及其组成单元之间的故障逻辑关系。

可靠性框图是为预计或估算产品的可靠性所建立的可靠性方框图和数学模型（图 5-1）。方框表示产品或功能；逻辑关系表示功能布局；连线表示系统功能流程的方向，无向的连线意味着是双向的；节点包括输入节点、输出节点和中间节点（节点可以在需要时加以标注），输入节点表示系统功能流程的起点，输出节点表示系统功能流程的终点。收音机的可靠性框图如图 5-1 所示。

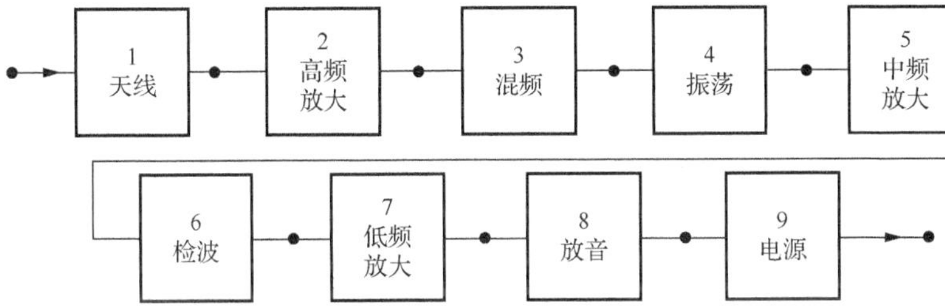

（a）可靠性框图

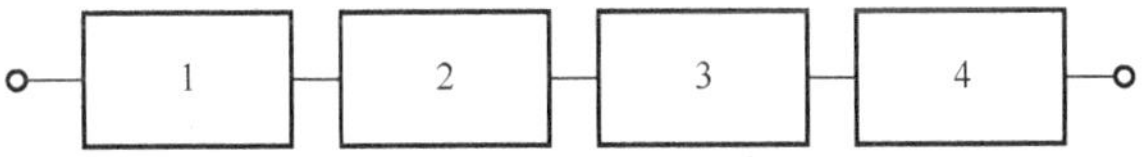

（b）数字模型

图 5-1　可靠性框图（收音机）

5.2　建立可靠性模型的程序

5.2.1　基本可靠性模型

基本可靠性模型是用以估计产品及其组成单元发生故障所引起的维修及保障要求的可靠性模型。它能度量使用费用，是一种全串联模型，储备单元越多，系统的基本可靠性（无故障持续时间和概率）越低。

5.2.2　任务可靠性模型

任务可靠性模型用以估计产品在执行任务过程中完成规定功能的概率（在规

定任务剖面中完成规定任务功能的能力)，描述完成任务过程中产品各单元的预定作用，是度量工作有效性的一种可靠性模型。该模型描述的是各单元之间的可靠性逻辑关系，系统中储备单元越多，其任务可靠性越高。图 5-2 为 F/A-18 战斗机的基本可靠性框图。

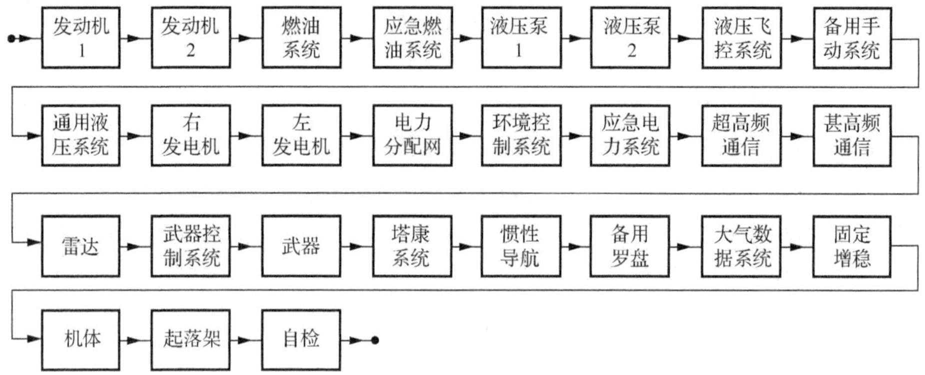

图 5-2　F/A-18 战斗机的基本可靠性框图

在进行设计时，根据要求同时建立基本可靠性及任务可靠性模型的原因在于需要在人力、物力、费用和任务之间进行权衡。设计者的责任就是在不同的设计方案中利用基本可靠性模型及任务可靠性模型进行权衡，在一定的条件下得到最合理的设计方案。为了正确地建立系统的任务可靠性模型，必须对系统的构成、原理、功能、接口等各方面有深入的理解。图 5-3 为 F/A-18 战斗机的任务可靠性框图。

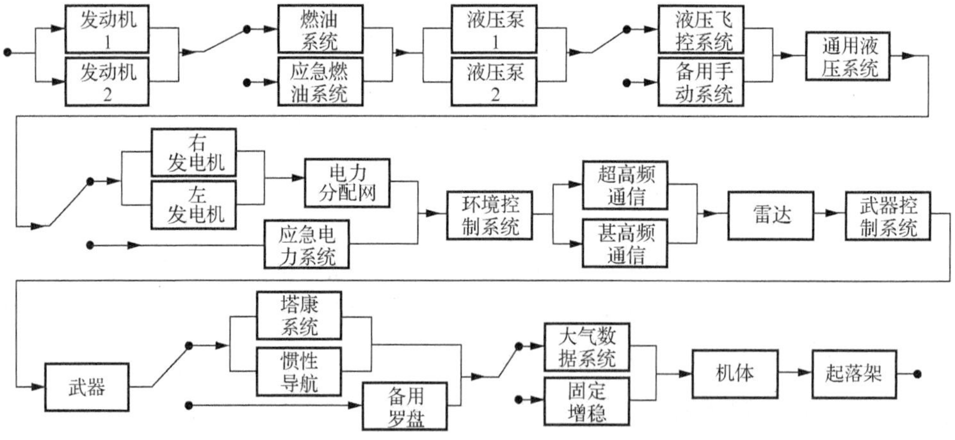

图 5-3　F/A-18 战斗机的任务可靠性框图

同时，我们在知道系统的原理图后可以通过可靠性框图来表示系统的逻辑关系，如图 5-4、图 5-5 所示。

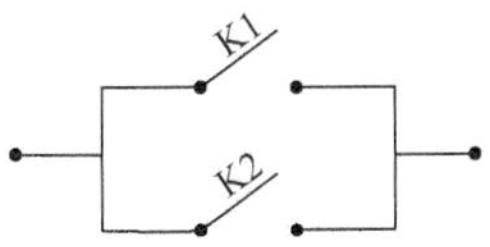

图 5-4　双开关系统原理图

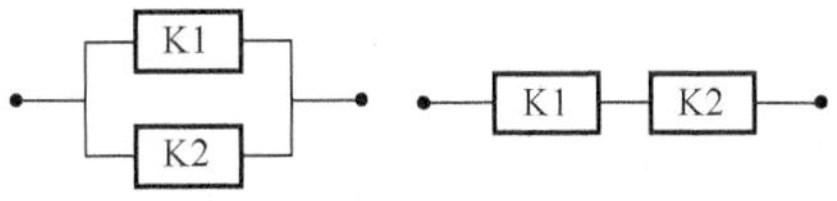

（a）电路导通　　（b）电路断开

图 5-5　双开关系统可靠性框图

5.2.3　建立系统任务可靠性模型的程序

在对系统的工作原理进行分析后，我们需要三个步骤来给出系统的可靠性模型：①规定产品的定义；②建立可靠性框图；③确定数学模型（表 5-1）。

表 5-1　建立可靠性模型程序表

建模步骤	具体步骤	
①规定产品的定义	（1）确定任务和功能	功能分析
	（2）确定工作模式	
	（3）规定性能参数及范围	故障定义
	（4）确定物理界限与功能接口	
	（5）确定故障判据	
	（6）确定寿命剖面及任务剖面	时间及环境条件分析
②建立可靠性框图	（7）明确建模任务并确定限制条件	
	（8）建立系统可靠性框图	
③确定数学模型	（9）确定未列入模型的单元	
	（10）系统可靠性数学模型	

5.2.4　系统功能的分解与分类

对系统的构成、原理、功能、接口等各方面进行深入的分析，是建立正确的系统任务可靠性模型的前导工作。

功能的分解：系统往往是多任务与多功能的，一个系统及功能是由许多分系统及功能实现的，通过自上而下的功能分解过程，可以得到系统功能的层次结构，功能的逐层分解可以细分到获得明确的技术要求的最低层次（如部件）为止。

进行系统功能分解可以使系统的功能层次更加清晰，同时也产生了许多低层次功能的接口问题。对系统功能的层次性以及功能接口的分析，是建立可靠性模型的重要一步。图 5-6 为系统的功能分解示意图。

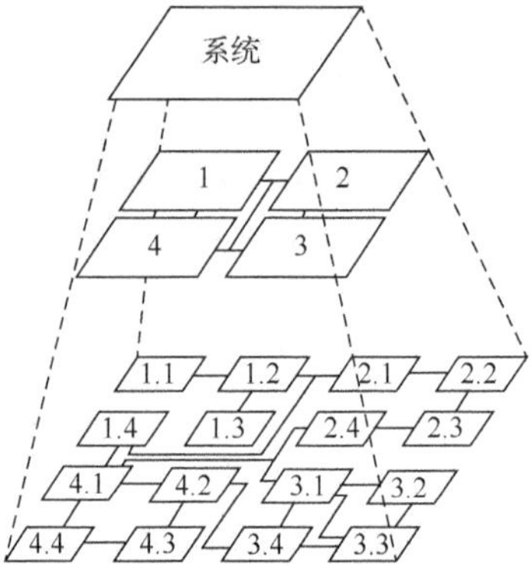

图 5-6　系统的功能分解示意图

功能的分类：在系统功能分解的基础上，可以按照给定的任务，对系统的功能进行整理，如表 5-2 所示。

表 5-2　系统功能整理表

分类		定义
按重要程度分	基本功能	起主要的必不可少的作用；担任主要的任务，实现其工作目的；它的作用改变了，就会产生整体性的变化
	辅助功能	针对某种特定的构思所必需的功能，或辅助实现基本功能所需要的功能；它相对于基本功能是次要的或从属的
按用户要求分	必要功能	对于用户的任务需求而言，是必要的和不可缺少的
	不必要功能	对于用户的任务需求而言，该功能并不是非有不可的

5.3　典型可靠性模型

典型可靠性模型的分类如图 5-7 所示。

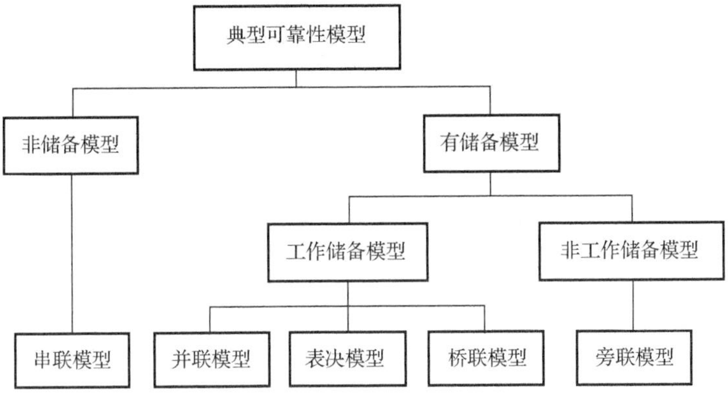

图 5-7　典型可靠性模型的分类

假设：①系统及其组成单元只有故障与正常两种状态，不存在第三种状态；②在框图中用一个方框表示的单元或功能发生故障就会造成整个系统的故障（有替代工作方式的除外）；③就故障概率来说，用不同方框表示的不同功能或单元，其故障概率是相互独立的；④系统的所有输入在规定极限之内，即不考虑由输入错误引起系统故障的情况；⑤当软件可靠性没有纳入系统可靠性模型时，整个软件是完全可靠的；⑥当人员可靠性没有纳入系统可靠性模型时，人员是完全可靠的，而且人员与系统之间没有相互作用问题。

5.3.1　串联系统

组成系统的所有单元中任一单元的故障都会导致整个系统故障的系统称为串联系统。串联系统是最常用和最简单的模型之一。串联系统的可靠性框图如图 5-8 所示。

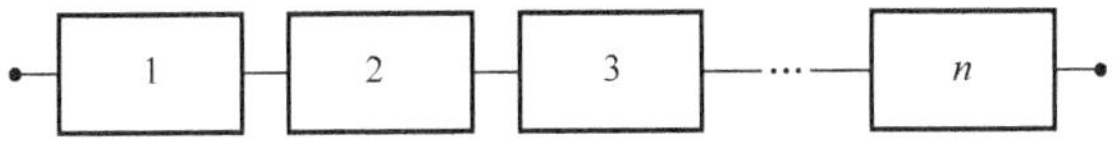

图 5-8　串联系统的可靠性框图

串联系统数学模型为

$$R_S(t)=\prod_{i=1}^{n}R_i(t)=\prod_{i=1}^{n}\mathrm{e}^{-\int_0^t \lambda_i(t)\mathrm{d}t} \qquad (5\text{-}1)$$

当各单元服从指数分布时，其可靠度为

$$R_S(t)=\prod_{i=1}^{n}\mathrm{e}^{-\lambda_i(t)}=\mathrm{e}^{-\sum_{i=1}^{n}\lambda_i(t)} \tag{5-2}$$

当各单元的寿命分布均为指数分布时，系统的寿命也服从指数分布，系统的故障率为单元的故障率之和：

$$\lambda_S=-\frac{\ln\left[R_S(t)\right]}{t}=-\sum_{i=1}^{n}\frac{\ln\left[R_i(t)\right]}{t}=\sum_{i=1}^{n}\lambda_i(t) \tag{5-3}$$

系统的平均故障间隔时间为

$$T_{BF_S}=\frac{1}{\lambda_S(t)}=\frac{1}{\sum_{i=1}^{n}\lambda_i} \tag{5-4}$$

当单元 X_1、X_2、X_3 串联时，串联系统可靠性关系图如图 5-9 所示。

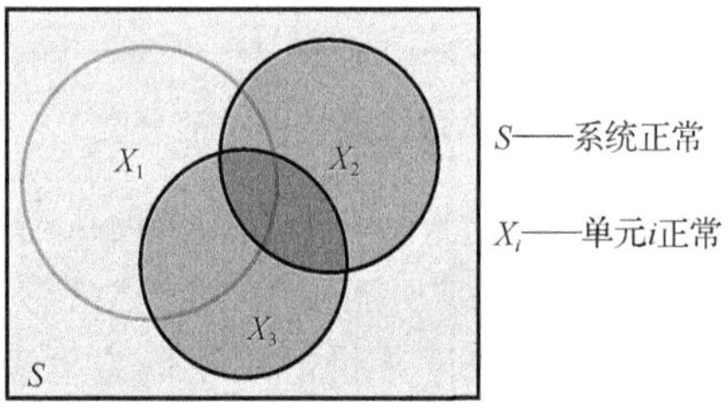

图 5-9　串联系统可靠性关系图

当几个单元相互独立时，其系统可靠度为

$$R_S(t)=P(S)=P(X_1)P(X_2)P(X_3)=R_1(t)R_2(t)R_3(t) \tag{5-5}$$

在设计时，为提高串联系统的可靠性，可从下列三方面考虑：①尽可能减少串联单元数目；②提高单元可靠性，降低其故障率；③缩短工作时间。

5.3.2　并联模型

组成系统的所有单元都发生故障时才发生故障的系统称为并联系统。

并联系统是最简单的冗余系统（有储备模型）。并联系统的可靠性框图如图 5-10 所示。

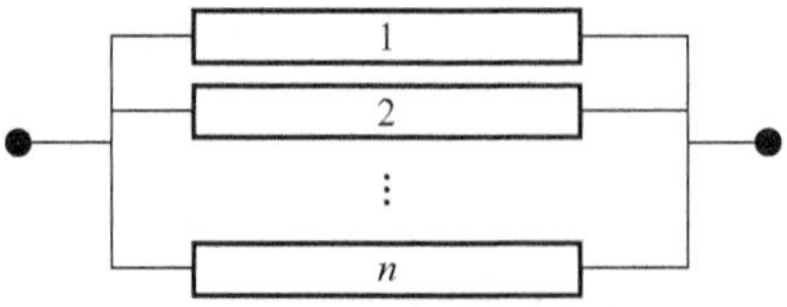

图 5-10　并联系统可靠性框图

其数学模型为

$$R_S(t)=1-\prod_{i=1}^{n}[1-R_i(t)] \tag{5-6}$$

并联模型的系统可靠性关系图如图 5-11 所示。

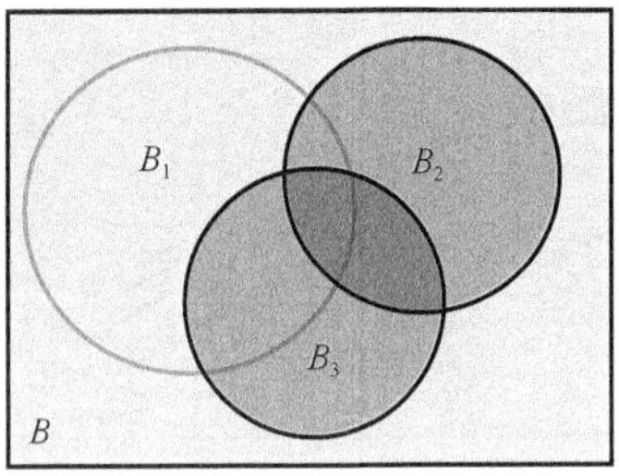

图 5-11　并联系统可靠性关系图

当各单元相互独立时，系统不可靠度为

$$F_S(t)=P(B)=P(B_1)P(B_2)P(B_3)=F_1(t)F_2(t)F_3(t) \tag{5-7}$$

当系统各单元的寿命分布为指数分布时，对于最常用的两单元并联系统，有

$$R_S(t)=e^{-\lambda_1 t}+e^{-\lambda_2 t}-e^{-(\lambda_1+\lambda_2)t}$$

$$\lambda_S(t)=\frac{\lambda_1 e^{-\lambda_1 t}+\lambda_2 e^{-\lambda_2 t}-(\lambda_1+\lambda_2)e^{-(\lambda_1+\lambda_2)t}}{e^{-\lambda_1 t}+e^{-\lambda_2 t}-e^{-(\lambda_1+\lambda_2)t}}$$

$$T_{BCF_S}=\int_0^{+\infty}R_S(t)\mathrm{d}t=\frac{1}{\lambda_1}+\frac{1}{\lambda_2}-\frac{1}{\lambda_1+\lambda_2} \tag{5-8}$$

即使单元故障率都是常数，而并联系统的故障率不再是常数。图 5-12 给出了并联模型故障率曲线图。

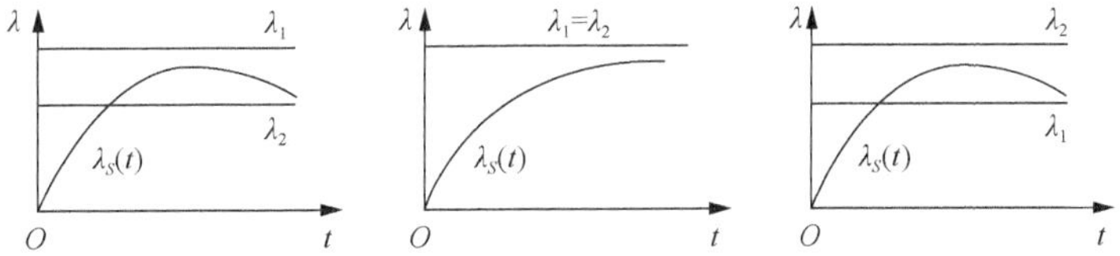

图 5-12　并联模型故障率曲线图

当系统各单元的寿命分布为指数分布时，对于 n 个相同单元的并联系统，有

$$R_S(t)=1-(1-e^{-\lambda t})^n$$

$$T_{BCF_S}=\int_0^{+\infty}R_S(t)\mathrm{d}t=\frac{1}{\lambda}+\frac{1}{2\lambda}+\frac{1}{n\lambda} \tag{5-9}$$

与无储备的单个单元相比，并联可明显提高系统可靠性（特别是 n=2 时），当并联过多时可靠性增加减慢。图 5-13 给出了不同单元数与系统可靠性之间的关系。

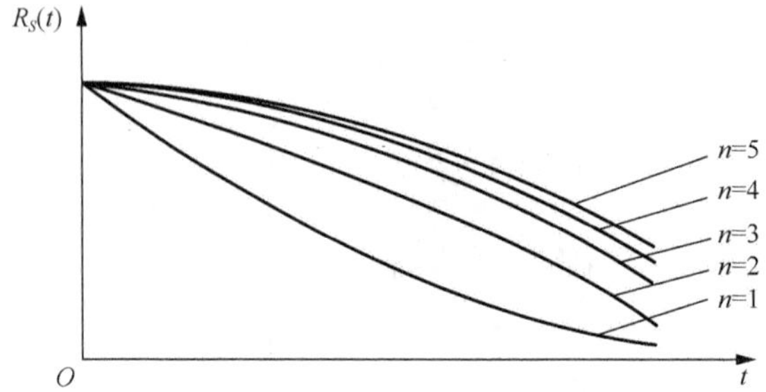

图 5-13　单元数与系统可靠度的关系

5.3.3　表决模型

组成系统的 n 个单元中，正常的单元数不小于 $r(1\leqslant r\leqslant n)$ 系统就不会发生故障，这样的系统称为 $r/n(G)$表决模型。它是工作储备模型的一种形式，可靠性框图如图 5-14 所示。

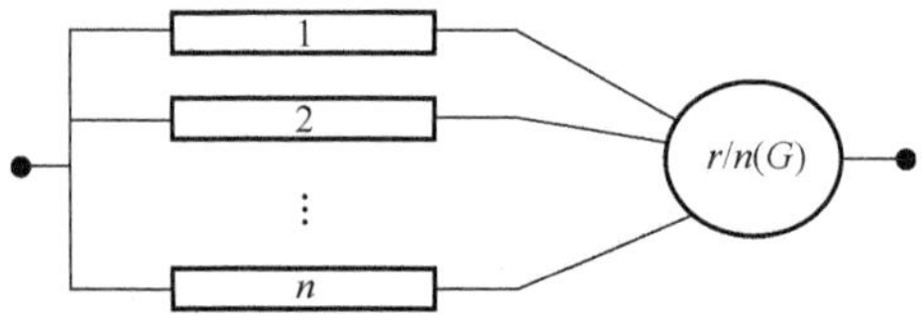

图 5-14　$r/n(G)$系统可靠性框图

若组成系统的各单元相同，每个单元的失效概率为 q，正常工作概率为 p，则 $r/n(G)$表决模型服从二项分布。

$$(p+q)^n=p^n+\begin{bmatrix}n\\n-1\end{bmatrix}p^{n-1}q+\cdots+\begin{bmatrix}n\\k\end{bmatrix}p^r q^{n-r}+\cdots+\begin{bmatrix}n\\0\end{bmatrix}q^n \tag{5-10}$$

系统可靠度（假设表决器完全可靠）为

$$R_S(t)=p^n+\begin{bmatrix}n\\n-1\end{bmatrix}p^{n-1}q+\cdots+\begin{bmatrix}n\\r\end{bmatrix}p^r q^{n-r} \tag{5-11}$$

当各单元的可靠度是时间的函数，且寿命服从故障率为 λ 的指数分布时，系统可靠度为

$$R_S(t)=R_m\sum_{i=r}^{n}C_n^i \mathrm{e}^{-i\lambda t}(1-\mathrm{e}^{-\lambda t})^{n-i} \tag{5-12}$$

当表决器的可靠度为 1 时，系统的致命故障间任务时间为

$$T_{BCF_S}=\int_0^{+\infty}R_S(t)\mathrm{d}t=\sum_{i=r}^{n}\frac{1}{i\lambda} \tag{5-13}$$

多数表决系统［2/3(G)表决模型］：在 $r/n(G)$模型中，当 n 必须为奇数（令 n 为 $2k+1$），且正常单元数必须大于 $n/2$（不小于 $k+1$）时系统才正常，这样的系统称为多数表决系统。多数表决系统是 $r/n(G)$系统的一种特例。

2/3(G)系统是常用的多数表决模型，其可靠性框图如图 5-15 所示。

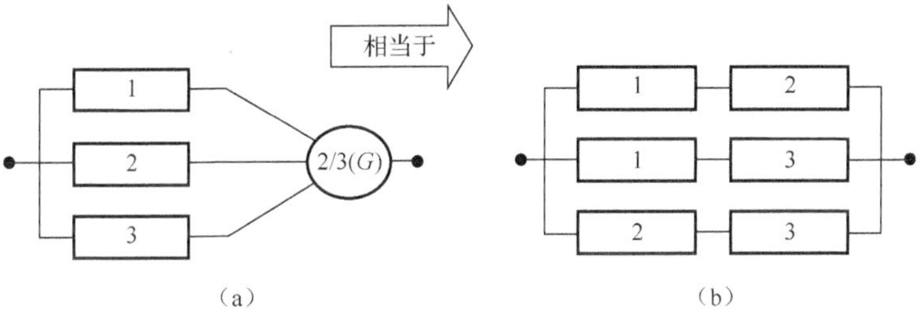

图 5-15　2/3(G)系统可靠性框图

其可靠性数学模型为（表决器可靠度为 1，组成单元的故障率均为常值λ）：

$$R_S(t)=\begin{pmatrix}3\\2\end{pmatrix}\mathrm{e}^{-2\lambda t}(1-\mathrm{e}^{-\lambda t})+\begin{pmatrix}3\\3\end{pmatrix}\mathrm{e}^{-3\lambda t}=3\mathrm{e}^{-2\lambda t}-2\mathrm{e}^{-3\lambda t}$$

$$T_{BCF_S}=\frac{1}{2\lambda}+\frac{1}{3\lambda}=\frac{5}{6\lambda}$$

表决系统特例（表决器的可靠度为 1）：当 $r=1$ 时，$1/n(G)$即为并联系统，当 $r=n$ 时，$n/n(G)$即为串联系统；系统的 $MTBCF_S$ 比并联系统小，比串联系统大。

5.3.4　非工作储备模型（旁联、冷储备）

组成系统的各单元只有一个单元工作，当工作单元故障时，通过转换装置接到另一个单元继续工作，直到所有单元都故障时系统才故障，称为非工作储备系统，又称旁联系统。

非工作储备系统的可靠性框图如图 5-16 所示。

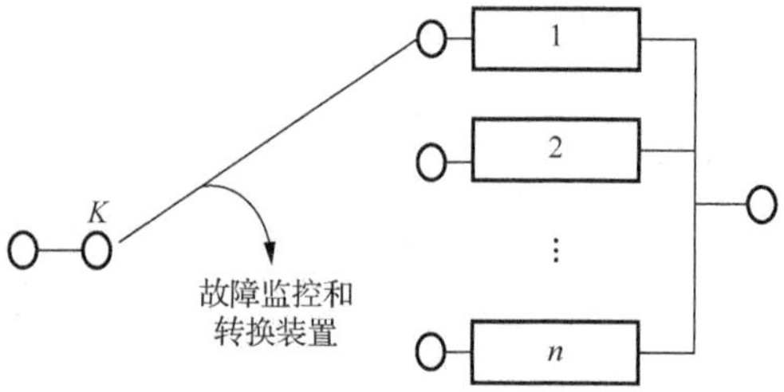

图 5-16　非工作储备系统的可靠性框图

非工作储备系统的可靠性数学模型如下。

假设 1：转换装置可靠度为 1，则系统的 $MTBCF_S$ 等于各单元 $MTBCF_i$ 之和。

$$T_{BCF_S}=\sum_{i=1}^{n}T_{BCF_i} \tag{5-14}$$

当系统各单元的寿命服从指数分布时，

$$T_{BCF_S}=\sum_{i=1}^{n}\frac{1}{\lambda_i} \tag{5-15}$$

当系统的各单元都相同时，

$$T_{BCF_S}=\frac{n}{\lambda}$$

$$R_S(t)=\mathrm{e}^{-\lambda_1 t}[1+\lambda t+\frac{(\lambda t)^2}{2!}+\cdots+\frac{(\lambda t)^{n-1}}{(n-1)!}] \tag{5-16}$$

对于常用的两个不同单元组成的非工作储备系统($n=2, \lambda_1\neq\lambda_2$)：

$$R_S(t)=\frac{\lambda_2}{\lambda_2-\lambda_1}\mathrm{e}^{-\lambda_1 t}+\frac{\lambda_1}{\lambda_1-\lambda_2}\mathrm{e}^{-\lambda_2 t}$$

$$T_{BCF_S}=\frac{1}{\lambda_1}+\frac{1}{\lambda_2} \tag{5-17}$$

假设 A 系统由 1、2 两个单元并联组成。A 为系统正常，A_1 为 1 单元正常，A_2 为 2 单元正常，则

$$A=A_1\cup(\overline{A_1}\cap A_2)$$

$$P(\overline{A_1} \cap A_2) = \int_0^t R_2(t-t_1)\mathrm{d}F_1(t_1) = \int_0^t \mathrm{e}^{-\lambda_2(t-t_1)}\lambda_1\mathrm{e}^{-\lambda_1 t_1}\mathrm{d}t_1$$

$$R_S(t) = \mathrm{e}^{-\lambda_1 t} + \lambda_1\mathrm{e}^{-\lambda_2 t}\int_0^t \mathrm{e}^{-(\lambda_1-\lambda_2)t_1}\mathrm{d}t_1 = \mathrm{e}^{-\lambda_1 t} + \frac{\lambda_1}{\lambda_1-\lambda_2}(\mathrm{e}^{-\lambda_2 t} - \mathrm{e}^{-\lambda_1 t}) \tag{5-18}$$

假设 2：转换装置的可靠度为常数 R_D，两个单元相同且寿命服从指数分布，则系统可靠度为

$$R_S(t) = \mathrm{e}^{-\lambda t}(1 + R_D\lambda t) \tag{5-19}$$

对于两个不相同单元，其系统可靠度为

$$R_S(t) = \mathrm{e}^{-\lambda_1 t} + R_D\frac{\lambda_1}{\lambda_1-\lambda_2}(\mathrm{e}^{-\lambda_2 t} - \mathrm{e}^{-\lambda_1 t})$$

$$T_{BCF_S} = \frac{1}{\lambda_1} + R_D\frac{1}{\lambda_2} \tag{5-20}$$

非工作储备的优点是能大大提高系统的可靠度。其缺点是：①由于增加了故障监测与转换装置而提高了系统的复杂度；②要求故障监测与转换装置的可靠度非常高，否则储备带来的好处会被严重削弱。

例 5-1　某两台发电机构成旁联模型，发电机的故障率 λ=0.001h^{-1}，切换开关的成功概率为 0.98，求运行 100h 的可靠度。

解：
$$R(t) = \mathrm{e}^{-0.001\times100}\times(1+0.98\times0.001\times100) = 0.9935$$

若两台发动机并联，则系统可靠度为

$$R(t) = 2\mathrm{e}^{-\lambda t} - \mathrm{e}^{-2\lambda t} = 2\mathrm{e}^{-0.001\times100} - \mathrm{e}^{-2\times0.001\times100} = 0.9909$$

若希望旁联可靠度大于并联，则

$$\mathrm{e}^{-\lambda t}(1+P_s\lambda t) \geqslant 2\mathrm{e}^{-\lambda t} - \mathrm{e}^{-2\lambda t}$$

因此，要求切换开关成功概率为

$$P_s \geqslant (1-\mathrm{e}^{-0.001\times100})/(0.001\times100) = 0.95$$

5.3.5　桥联模型

系统某些功能冗余形式或替代工作方式的实现，是一种非并联、表决或旁联的桥联形式，称为桥联模型。

示例：系统由 A、B、C、D、E 五个部分组成，当开关 E 打开时，电机 A 向设备 B 供电，电机 C 向设备 D 供电。如果电机 C 故障，合上开关 E，则由电机 A 向设备 B 和 D 供电。

系统的原理图和可靠性框图如图 5-17 所示。

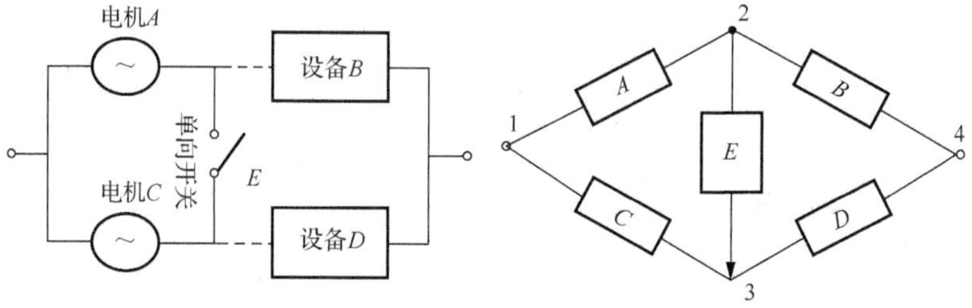

（a）原理图　（b）可靠性框图

图 5-17　桥联系统示例原理图及可靠性框图

从图中模型可以看出，在桥联模型中可靠性框图的单元带有流向，它反映了系统功能间的流程关系。

通过观察分析上面的可靠性框图可以得知，当单元 A 和 B，或单元 A、D 和 E，或单元 C 和 D 都正常时，系统的功能正常。系统可靠度的数学模型为

$$\begin{aligned}R_S(t) &= P(AB \cup ADE \cup CD)\\ &= P(AB)+P(ADB)+P(CD)-P(ABDE)-P(ABCD)-P(ACDE)+P(ABCDE)\\ &= R_AR_B+R_AR_DR_E+R_CR_D-R_AR_BR_DR_E-R_AR_BR_CR_D-R_AR_CR_DR_E+R_AR_BR_CR_DR_E\end{aligned} \tag{5-21}$$

虚单元是指把一些相互独立的单元组合在一起，构成一个虚拟的单元，达到简化可靠性框图的目的。虚单元内的所有单元与虚单元外的单元应是相互统计独立的；虚单元内的所有单元之间的逻辑关系不能仅用串联、并联及桥联模型来描述；虚单元应只有一个逻辑入口和一个逻辑出口。

划分虚单元，简化可靠性框图后，可以分步建立系统的可靠性数学模型：建立虚单元的可靠性数学模型，并把它作为虚单元的可靠度代入简化后的可靠性框图中；对简化后的可靠性框图建立数学模型。图 5-18 为某系统的任务可靠性框图，图 5-19 为进行虚单元划分后的该系统的任务可靠性框图，其中 1′、2′、3′ 分别为简化后的虚单元。

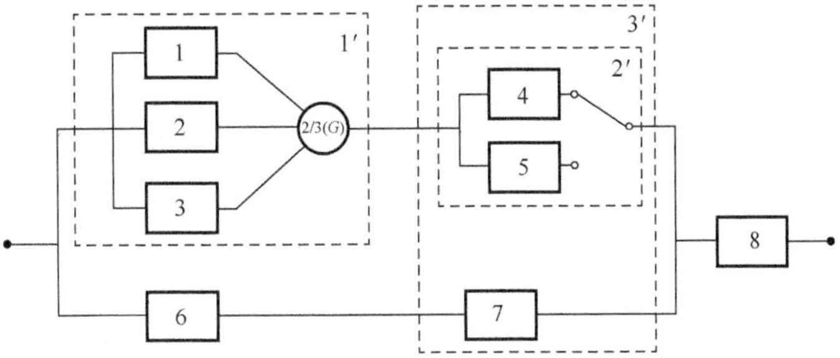

图 5-18　某系统任务可靠性框图

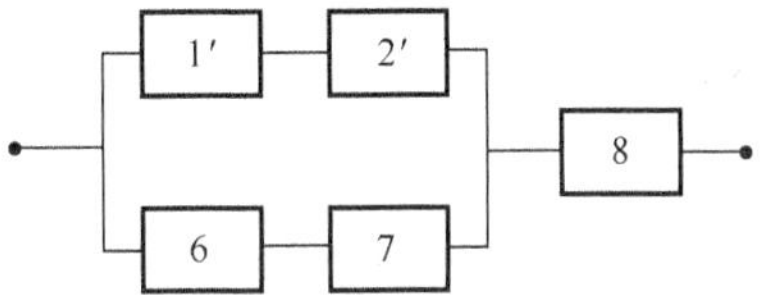

图 5-19　简化后的某系统任务可靠性框图

不含桥联的复杂系统任务可靠性模型为

$$R_1(t) = 3e^{-2\lambda t} - 2e^{-3\lambda t} \tag{5-22}$$

系统的可靠性数学模型为

$$R_2(t) = e^{-\lambda t}(1 + \lambda t) \tag{5-23}$$

含桥联的系统任务可靠性框图，在划分虚单元后得到的应是一个串联、并联和桥联的组合模型——网络可靠性模型。

含桥联的复杂系统任务可靠性框图如图 5-20、图 5-21 所示。其中，1′、2′ 分别代表虚单元。

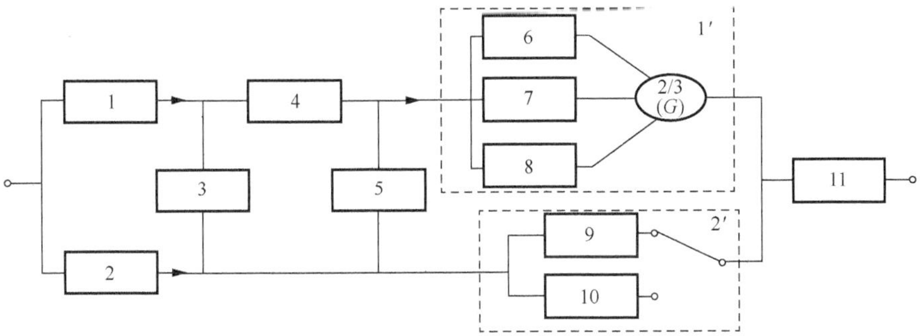

图 5-20　复杂系统任务可靠性框图

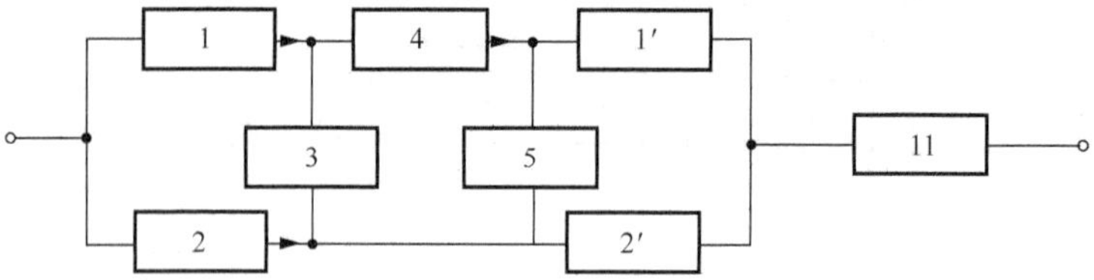

图 5-21　简化后的系统任务可靠性框图

5.4　可靠性预计

5.4.1　可靠性预计的目的、用途与分类

1. 目的与用途

可靠性预计的目的与用途包括：①评估系统可靠性，审查是否能达到要求的可靠性指标；②在方案论证阶段，通过可靠性预计，比较不同方案的可靠性水平，为最优方案的选择及方案优化提供依据；③在设计中，通过可靠性预计，发现影响系统可靠性的主要因素，找出薄弱环节，采取设计措施，提高系统可靠性；④为可靠性分配奠定基础。

2. 分类

可靠性预计可根据战术、技术中可靠性的定量要求和产品构成角度进行分类。

（1）根据战术技术中可靠性的定量要求可分为：①基本可靠性预计；②任务可靠性预计（任务剖面、工作时间及功能特性等）。

（2）从产品构成角度可分为：①单元可靠性预计；②系统可靠性预计。

5.4.2　可靠性预计的程序

可靠性预计的程序包括：①明确系统定义；②明确系统的故障判据；③明确系统的工作条件；④绘制系统的可靠性框图；⑤建立系统可靠性数学模型；⑥预计各单元的可靠性；⑦根据系统可靠性模型预计基本可靠性或任务可靠性。

5.4.3　单元可靠性预计

1. 单元可靠性预计的说明

单元可靠性预计包括：①系统可靠性是各单元可靠性的概率综合；②单元可靠性预计是系统可靠性预计的基础；③直接预计系统各单元的故障率或可靠度。

2. 常用的单元可靠性预计方法

常用的单元可靠性预计方法包括：相似产品法、评分预计法、应力分析法、故障率预计法、机械产品可靠性预计法。

1）相似产品法

相似产品法就是利用与该产品相似的现有成熟产品的可靠性数据来估计该产品的可靠性。成熟产品的可靠性数据主要来源于现场统计和实验室的试验结果。

相似产品法考虑的相似因素一般包括：产品结构、性能的相似性，设计的相似性，材料和制造工艺的相似性，使用剖面（保障、使用和环境条件）的相似性。

预计过程：确定相似产品，分析相似因素对可靠性的影响，确定相似系数，预计新产品可靠性。

例 5-2　某型号导弹射程为 3500km，已知飞行可靠性指标为 0.8857，各分系统可靠性指标：战斗部为 0.99，安全自毁系统为 0.98，弹体结构为 0.99，控制系统为 0.98，发动机为 0.9409。为了将导弹射程提高到 5000km，对发动机采取了三项改进措施：采用能量更高的弹药；发动机长度增加 1m；发动机壳体壁厚由 5mm 减为 4.5mm。试预计改进后的导弹飞行可靠性。

解：壁厚减薄会使壳体强度下降，会使燃烧室的可靠性下降从而影响发动机的可靠性。发动机长度和壳体厚度的变化都会改变发动机的结构可靠性，我们可以通过发动机的结构变化来求得采用改进措施前后发动机的强度，进而求得改进前后的发动机的形似系数 d。由结构力学的知识我们求得发动机改进前后的强度分别为 9.412×10^6 和 9.806×10^6。

相似系数 $d = 9.412\times10^6 / (9.806\times10^6)$。

发动机的可靠性 $R = 0.9409 \times d = 0.9033$。

2）评分预计法

在可靠性数据非常缺乏的情况下（可以得到个别产品的可靠性数据），通过有经验的设计人员或专家对影响可靠性的几种因素评分，对评分进行综合分析而获得各单元产品之间的可靠性相对比值，再以某一个已知可靠性数据的产品为基准，预计其他产品的可靠性。

时间基准：系统工作时间（一般）。

评分因素、评分原则：以产品故障率为预计参数，各种因素评分值范围为 1～10，评分越高说明可靠性越差。

复杂度：根据组成单元的元部件数量以及它们组装的难易程度来评定。

技术水平：根据单元目前技术水平的成熟程度来评定。

工作时间：根据单元工作的时间来评定（前提是以系统的工作时间为时间基准）。

环境条件：根据单元所处的环境来评定。

方法原理：

$$C_i = \omega_i / \omega^* \tag{5-24}$$

$$\lambda_i = \lambda^* C_i \tag{5-25}$$

$$\omega_i = \prod_{j=1}^{4} r_{ij} \tag{5-26}$$

例 5-3　某飞行器由动力装置、武器等六个分系统组成。已知制导装置故障率为 $284.5\times10^{-6}\text{h}^{-1}$，试用评分法求得其他分系统的故障率。

解：计算表格如表 5-3 所示。

表 5-3　系统的故障率计算表格

序号	单元名称	复杂度	技术水平	工作时间	环境条件	各单元评分数	各单元评分系数	单元的故障率 $/\times10^{-6}$
1	动力装置	5	6	5	5	750	0.300	85.4
2	武器	7	6	10	2	840	0.336	95.6
3	制导装置	10	10	5	5	2500	1.000	284.5
4	飞行控制装置	8	8	5	7	2240	0.896	254.9
5	机体	4	2	10	8	640	0.256	72.8
6	辅助动力装置	6	5	5	5	750	0.300	85.4

3）应力分析法

应力分析法、用于产品详细设计阶段的电子元器件失效率预计。

对某种电子元器件在实验室的标准应力与环境条件下，通过大量的试验，并对其结果统计而得出该种元器件的“基本失效率”。

在预计电子元器件工作失效率时，应根据元器件的质量等级、应力水平、环境条件等因素对基本失效率进行修正。

电子元器件的应力分析法已有成熟的预计标准和手册。

失效率模型：

晶体管和二极管的失效率计算模型为

$$\lambda_p = \lambda_b(\pi_E \pi_Q \pi_R \pi_A \pi_{S_2} \pi_C) \tag{5-27}$$

如果元器件为国产器件则查《电子设备可靠性预计手册》（GJB/Z 299C—2006），如果元器件为进口器件则查《电子设备可靠性预计手册》（MIL-HDBK-217F）来得到公式（5-28）中各系数。

4）故障率预计法

故障率预计法主要用于非电子产品的可靠性预计，其原理与电子元器件的应力分析法基本相同。对于非电子产品可考虑降额因子 D 和环境因子 K 对失效率的影响。非电子产品的工作失效率为

$$\lambda = \lambda_b KD \tag{5-28}$$

目前尚无正式可供查阅的数据手册。

5）机械产品可靠性预计法

看起来很相似的机械部件，其故障率往往是非常分散的。用数据库中已有的统计数据进行预计，其精度是无法保证的。目前预计机械产品可靠性尚没有相当于电子产品那样通用、可接受的方法。

现阶段参考：《机械设备可靠性预计程序手册（草案）》、《非电子零部件可靠性数据（NPRD—3）》。

5.4.4　系统可靠性预计

1. 系统可靠性预计的概念

系统可靠性预计以组成系统的各单元产品的预计值为基础，根据系统可靠性模型，对系统基本/任务可靠性进行预计。系统可靠性预计必须注意时间基准的问题。

2. 系统可靠性预计的分类

系统可靠性预计可分为基本可靠性预计和任务可靠性预计。任务可靠性预计又可分为：任务期间不可修系统的任务可靠性预计；任务期间可修系统的任务可靠性预计。

5.4.5　不同研制阶段可靠性预计方法的选取

不同研制阶段可靠性预计方法的选取依据表 5-4。

表 5-4　不同研制阶段可靠性预计方法表

研制阶段		方案设计	初步设计	详细设计	适用范围
预计方法	相似产品法	√	√	√	非电产品、有相似产品数据的改进改型产品
	专家评分法		√	√	非电产品、新研产品、无相似产品数据的改进改型产品
	元件计数法	√	√		电子产品
	应力分析法			√	电子产品

5.5　可靠性分配的目的、用途与分类

5.5.1　可靠性分配的目的与用途

可靠性分配的目的是使各级设计人员明确其可靠性设计要求，根据要求估计所需的人力、时间和资源，并研究实现这个要求的可能性及办法。同性能指标一样，可靠性分配是设计人员在可靠性方面的一个设计目标。

5.5.2　可靠性分配的分类

可靠性分配包括：基本可靠性分配、任务可靠性分配。这两者有时是相互矛盾的，提高产品的任务可靠性，可能会降低其基本可靠性，反之亦然；在可靠性分配时，要求两者之间符合权衡，或采取其他不相互影响的措施。

5.5.3　可靠性分配与可靠性预计的关系

可靠性分配结果是可靠性预计的依据和目标。可靠性预计相对结果是可靠性分配与指标调整的基础。图 5-22 给出了可靠性预计与可靠性分配之间的逻辑关系。

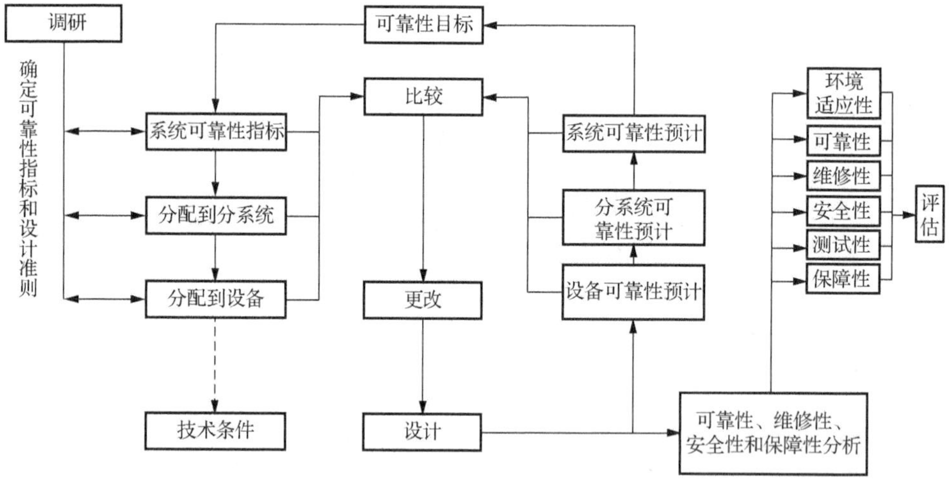

图 5-22　可靠性预计与可靠性分配的关系图

5.6　可靠性分配的程序、原理与准则、程序注意事项

5.6.1　可靠性分配的程序

可靠性分配的程序包括：①明确系统可靠性参数指标要求；②分析系统特点；③选取分配方法（同一系统可选多种方法）；④准备输入数据；⑤进行可靠性分配；⑥验算可靠性指标要求。

5.6.2　可靠性分配的原理与准则

可靠性分配的要求值应是成熟期的规定值。

为了减少分配的反复次数，并考虑到分配中存在忽略不计的其他因素项目，因此在可靠性分配时应该留出 15%～20%的余量。

某些非电子组件故障率很低，可以不直接参与可靠性分配，而归并在其他因素项目中考虑。

进行可靠性指标分配时，应保证基本可靠性指标分配值与任务可靠性指标分配值的协调，使系统的基本可靠性和任务可靠性指标同时得到满足。

可靠性分配应在研制阶段早期即开始进行，根据不同的研制阶段，选定不同的分配方法进行分配。

对于复杂度高的分系统、设备等，应分配较低的可靠性指标，因为产品越复杂，其组成单元就越多，要达到高可靠性就越困难并且成本更高。

对于技术不成熟的产品，应分配较低的可靠性指标。对这种产品提出高可靠性要求会延长研制时间，增加研制费用。

对于处于恶劣环境条件下工作的产品，应分配较低的可靠性指标，因为恶劣的环境会增加产品的故障率。

当把可靠度作为分配参数时，对于需要长期工作的产品，应分配较低的可靠性指标，因为产品的可靠性随着工作时间的增加而降低。

对于重要度高的产品，应分配较高的可靠性指标，因为重要度高的产品的故障会影响人身安全或任务的完成。

分配时还应结合维修性、保障性，如可达性差的产品，应分配较高的可靠性指标，以实现较好的综合效能等。

对于已有可靠性指标的货架产品或使用成熟的成品，不再进行可靠性分配。同时，在进行可靠性分配时，要从总指标中剔除这些单元的可靠性值。

5.6.3　可靠性分配程序的注意事项

（1）可靠性分配应在研制阶段早期即开始进行，使设计人员尽早明确其设计要求，研究实现这个要求的可能性。为外购件及外协件的可靠性指标提供初步依据。根据所分配的可靠性要求估算所需人力和资源等管理信息。

（2）可靠性分配应反复多次进行。在方案论证和初步设计工作中，分配是较粗略的。粗略分配后，应与经验数据进行比较、权衡，与不依赖于最初分配的可靠性预测结果相比较，确定分配的合理性，并根据需要重新进行分配。随着设计工作的不断深入，可靠性模型逐步细化，可靠性分配亦须随之反复进行。为了减少可靠性分配的次数，在规定的可靠性指标的基础上，可考虑留出一定的余量。这种做法为在设计过程中增加新的功能单元留下余地，因而可以避免为适应附加的设计而必须进行的反复分配。

5.7　可靠性分配的方法

可靠性分配的方法主要有无约束分配法和有约束分配法。

无约束分配法包括：等分配法、评分分配法、比例组合法、考虑重要度和复杂度的分配法、冗余系统的比例组合法、可靠度的再分配法。

有约束分配法包括：拉格朗日乘数法、动态规划法、直接寻查法。

5.7.1　等分配法

等分配法的原理：串联系统中各单元的可靠性水平相同

$$R_S=\prod_{i=1}^{n}R_i=R^n R_i^*=\sqrt[n]{R_S^*}\,,\qquad \lambda_i^*=\lambda_i/n \tag{5-29}$$

例 5-4　某型抗荷服是由衣面、胶囊、拉链三个部分串联组成。若要求该抗荷服的可靠度指标 R_S^* 为 0.9987，试用等分配法确定衣面、胶囊、拉链的可靠度指标。

$$R_{衣面}{}^*=R_{胶囊}{}^*=R_{拉链}{}^*=\sqrt[3]{R_S^*}=\sqrt[3]{0.9987}=0.99957 \tag{5-30}$$

5.7.2　评分分配法

在可靠性数据非常缺乏的情况下，通过有经验的设计人员或专家对影响可靠性的几种因素评分，对评分进行综合分析进而获得各单元产品之间的可靠性相对比值，根据评分情况给每个分系统或设备分配可靠性指标。

评分因素包括复杂度、技术水平、工作时间、环境条件。

各评分因素的评分原则如下。

复杂度：最复杂的评 10 分，最简单的评 1 分。

技术水平（成熟程度）：水平最低的评 10 分，水平最高的评 1 分。

工作时间：单元工作时间最长的评 10 分，最短的评 1 分。

环境条件：单元工作的环境条件极其恶劣而严酷的评 10 分，环境条件最好的评 1 分。

分配步骤：首先由专家按照评分原则给各单元打分，填写评分表格。再由负责可靠性分配的人员，将各专家对产品的各项评分加和求平均值，即每个单元的 4 个因素评分为各专家评分的平均值，填写在表格中。按公式分配各单元可靠性指标。

例 5-5　某飞机共由 18 个分系统组成，其中 5 个分系统是已使用过的成件并已知其平均故障间隔飞行小时（MFHBF），如表 5-5 所示。规定飞机的可靠性指标 MFHBF= 2.9h。试用评分分配法对其余 13 个分系统进行分配。

表 5-5　例 5-5 用表

分系统名称	已知的 MFHBF/h
发动机	50
前缘襟翼	80
应急系统	500
飞控系统	142
弹射救生系统	280
总　计	22.166

$$\text{MFHBF}^* = 1/(\frac{1}{2.9} - \frac{1}{22.166}) = 3.337$$

解：利用评分分配法对其余 13 个分系统进行可靠性分配，分配结果见表 5-6。

表 5-6　例 5-5 的可靠性分配表

分系统名称	复杂度	技术水平	工作时间	环境条件	各单元评分数	各单元评分系数	分配给各单元的 MFHBF/h
结构	8	4	10	4	1280	0.1276	26.15
动力装置	8	1	10	8	640	0.0638	52.30
发动机接口	3	2	8	4	192	0.0191	174.71
燃油系统	5	2	10	8	800	0.0797	41.87

续表

分系统名称	复杂度	技术水平	工作时间	环境条件	各单元评分数	各单元评分系数	分配给各单元的 MFHBF/h
液压系统	5	2	8	7	560	0.0558	59.80
前轮结构	4	5	8	3	480	0.0478	69.81
…	…	…	…	…	…	…	…
航空电子	9	7	8	7	3528	0.3516	9.49
其他	2	5	5	5	250	0.0249	134.02
总计					10034	1.0	3.337

5.7.3　比例组合法

比例组合法的原理。一个新设计的系统与老的系统非常相似，也就是组成系统的各单元类型相同。在对这个新系统提出新的可靠性要求时，可以根据老系统中各单元的故障率，按新系统可靠性的要求，给新系统的各单元分配故障率，即

$$\lambda_{i新}{}^{*} = \lambda_{s新}{}^{*}\frac{\lambda_{i老}}{\lambda_{s老}} \tag{5-31}$$

如果有老系统中各分系统故障数占系统故障数百分比的统计资料，可以按下式进行分配

$$\lambda_{i新}{}^{*} = \lambda_{s新}{}^{*}k_i \tag{5-32}$$

例 5-6　一个液压动力系统，原故障率为 256.0×10^{-6}/h，改进设计要求故障率为 200.0×10^{-6}/h，试把这个指标分配给各分系统。

解：利用比例组合法进行可靠性分配，分配结果如表 5-7 所示。

表 5-7　例 5-6 用表

序号	分系统名称	原故障率/10^{-6}h^{-1}	新故障率/10^{-6}h^{-1}
1	油箱	3.0	2.3
2	拉紧装置	1.0	0.78
3	油泵	75.0	59.0
…	…	…	…
8	联轴节	1.0	0.78
9	导管	3.0	2.3
10	启动器	67.0	52.0
总计（系统）		256.0	199.6

例 5-7　要求设计一种飞机，在 5h 的飞行任务时间内可靠度为 0.9。根据这种类型飞机各分系统故障百分比的统计资料，将指标分配给各分系统，分配结果如表 5-8 所示。

表 5-8　例 5-7 用表

序号	分系统名称	按历史资料占飞机故障数的百分比	新飞机分系统分配的故障率（1/h）	分配给分系统的可靠度指标
1	机身与货舱	12.0	0.002529	0.9874
2	起落架	7.0	0.001475	0.9927
3	操纵系统	5.0	0.001054	0.9947
4	动力装置	26.0	0.005479	0.9930
…	…	…	…	…
13	通讯、导航	5.0	0.001054	0.9947
14	其他各项	5.0	0.001054	0.9947
总计		100.0	0.021072	≈0.90

5.7.4　考虑重要度和复杂度的分配法

这种分配方法是既考虑重要度又考虑复杂度的一种分配方法。

假设系统由 k 个寿命服从指数分布的分系统组成，且分配的可靠性指标以 MTBF 表示，则分配给第 i 个分系统的可靠性指标为

$$(\mathrm{MTBF})_i = \frac{NW_i t_2}{n_i[-\ln R_S^*(t)]} \tag{5-33}$$

例 5-8　某机载电子设备要求工作 12h 的可靠度为 0.923，这台设备的各分系统（设备）的有关数据见下表，试对各分系统（设备）进行可靠度分配，见表 5-9。

表 5-9　例 5-8 用表

序号	分系统（设备）名称	分系统构成部件数	工作时间	重要度
1	发动机	102	12.0	1.0
2	接收机	91	12.0	1.0
3	起飞用自动装置	95	3.0	0.3
4	控制设备	242	12.0	1.0
5	电源	40	12.0	1.0
共计		570		

计算结果如下：

$$\theta_1=\frac{-570\times1.0\times12}{102\times\ln0.923}=837\text{h}\qquad \theta_2=\frac{-570\times1.0\times12}{91\times\ln0.923}=938\text{h}$$

$$\theta_3=\frac{-570\times0.3\times3}{95\times\ln0.923}=67\text{h}\qquad \theta_4=\frac{-570\times1.0\times12}{242\times\ln0.923}=353\text{h}$$

$$\theta_5=\frac{-570\times1.0\times12}{40\times\ln0.923}=2134\text{h}$$

$$R_1=\mathrm{e}^{-\frac{12}{837}}=0.9858\qquad R_2=\mathrm{e}^{-\frac{12}{938}}=0.9873$$

$$R_3=\mathrm{e}^{-\frac{3}{67}}=0.9562\qquad R_4=\mathrm{e}^{-\frac{12}{353}}=0.9666$$

$$R_5=\mathrm{e}^{-\frac{12}{2134}}=0.9944$$

$$R_S=\prod_{i=1}^{5}[1-\omega_{i(j)}(1-R_{i(j)})]=0.9232>R_S^*$$

重要度和复杂度概念示例说明，如图 5-23 所示。

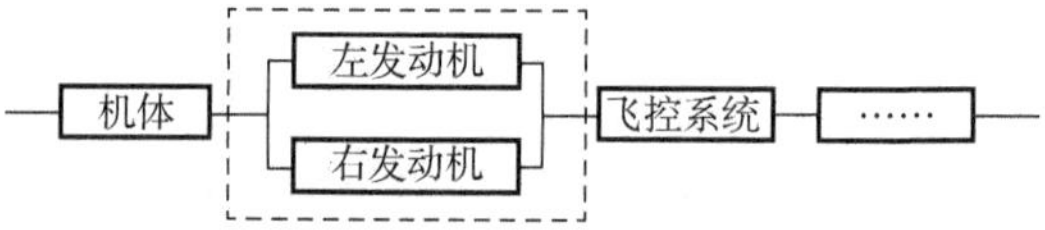

图 5-23　考虑重要度和复杂度的示例图

$$\omega_{21}=\frac{N_2}{\gamma_{21}}=\frac{N_2}{F_{21}N_0}=\frac{F_2N_2}{F_{21}N_0}=\frac{F_2}{F_{21}}\tag{5-34}$$

$$F_2=\omega_{21}F_{21}\tag{5-35}$$

$$R_2=1-\omega_{21}F_{21}\tag{5-36}$$

重要度关系分析为

$$R_S=\prod_{i=1}^{n}(1-\omega_{i(j)}t_{i(j)}/\theta_{i(j)})\approx\prod_{i=1}^{n}\mathrm{e}^{-\omega_{i(j)}t_{i(j)}/\theta_{i(j)}}=\mathrm{e}^{-\sum_{i=1}^{n}\omega_{i(j)}t_{i(j)}/\theta_{i(j)}}\tag{5-37}$$

$$R_i^*=\sqrt[n]{R_S^*}\approx\mathrm{e}^{-\omega_{i(j)}t_{i(j)}/\theta_{i(j)}}\tag{5-38}$$

$$\frac{1}{n}\ln R_S^*=-\omega_{i(j)}t_{i(j)}/\theta_{i(j)}\tag{5-39}$$

$$\theta_{i(j)}=\frac{n\omega_{i(j)}t_{i(j)}}{-\ln R_S^*}\tag{5-40}$$

复杂度分析为

$$C_i = n / N = n_i \Big/ \sum_{j=1}^{n} n_j \tag{5-41}$$

$$R^* = [(R_S^*)^{1/N}]^{n_i} = (R_S^*)^{n_i/N} \tag{5-42}$$

综合考虑重要度和复杂度分配给第 i 个分系统（第 j 个设备）的可靠性指标与该分系统的重要度成正比，与它的复杂度成反比。

$$R_i^* = \mathrm{e}^{-\omega_{i(j)} t_{i(j)} / \theta_{i(j)}} = [(R_S^*)^{1/N}]^{n_i} = (R_S^*)^{n_i/N} \tag{5-43}$$

$$-\omega_{i(j)} t_{i(j)} / \theta_{i(j)} = \frac{n_i}{N} \ln R_S^* \tag{5-44}$$

$$\theta_{i(j)} = \frac{N \omega_{i(j)} t_{i(j)}}{n_i(-\ln R_S^*)} \tag{5-45}$$

5.7.5　冗余系统的比例组合法

常规的比例组合法只适用于基本可靠性指标的分配，即只适用于串联模型。

对于简单的冗余系统来说，可采用的分配方法有：考虑重要度和复杂度的分配法、拉格朗日乘数法、动态规划法、直接寻查法等。

这些方法多是从数学优化的角度并考虑某些约束条件来研究系统的冗余问题，在工程上往往不是简易可行的，而且不能应用于含有冷储备等多种模型的情况。

下面介绍如何把比例组合法应用于含有串联、并联、旁联等混合模型的方法。

可靠性分配原理：

新系统各组成单元故障率的分配值与老系统相似单元的故障率的比值相等，即

$$\frac{\lambda_i^*}{\lambda_i} = k \tag{5-46}$$

系统各组成单元的寿命服从指数分布，即

$$R_i(t) = \mathrm{e}^{-k\lambda_i t} \tag{5-47}$$

$$f\left[\mathrm{e}^{-k\lambda_1 t}, \mathrm{e}^{-k\lambda_2 t}, \cdots, \mathrm{e}^{-k\lambda_n t}\right] = R_S^*(t)\big|_{t=t_0} \tag{5-48}$$

$$\lambda_i^* = k\lambda_i \tag{5-49}$$

分配举例：

某系统由 A、B、C、D、E 5 个单元组成，由相似系统可得各单元故障率，如图 5-24 所示，若要求的系统可靠度为 0.9（在任务时间内），试将此指标分配给各单元。

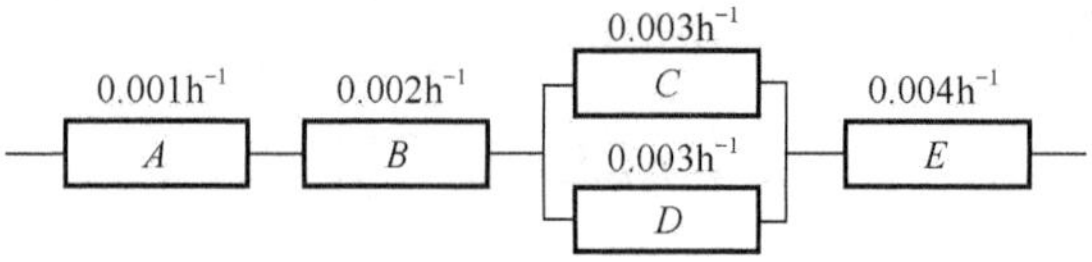

图 5-24　系统组成图

计算结果为

$$R_S(t)=f\left[R_A(t),R_B(t),\cdots,R_E(t)\right]=\mathrm{e}^{-\lambda_1 t}\mathrm{e}^{-\lambda_2 t}\left[1-\left(1-\mathrm{e}^{-\lambda_3 t}\right)^2\right]\mathrm{e}^{-\lambda_4 t}$$

$$\mathrm{e}^{-k\lambda_1 t}\mathrm{e}^{-k\lambda_2 t}\left[1-\left(1-\mathrm{e}^{-k\lambda_3 t}\right)^2\right]\mathrm{e}^{-k\lambda_4 t}=R_S^*=0.9$$

$$kt=14.78$$

$$R_A^*=\mathrm{e}^{-k\lambda_1 t}=0.9853$$

$$R_B^*=\mathrm{e}^{-k\lambda_2 t}=0.9709$$

$$R_C^*=R_D^*=\mathrm{e}^{-k\lambda_3 t}=0.9566$$

$$R_E^*=\mathrm{e}^{-k\lambda_4 t}=0.9426$$

第 6 章　可靠性试验

6.1　可靠性试验总要求

6.1.1　基本要求

结构和结构构件的设计、施工和维护应使其在设计工作寿命期内适用并且经济，特别是要求它们必须具有适当的可靠度以满足下列各项要求。

（1）在预期的全部作用下具有良好的性能，即满足结构使用极限状态的要求。

（2）在施工和正常使用期间必须能够承受可能出现的最大作用和多次的重复作用，即满足承载力极限状态的要求。

（3）对于各种偶然事件作用（如洪水、滑坡、火灾、爆炸、撞击或人为错误）产生的损坏，不应达到与起因不相称的程度，即结构满足坚固性要求。

6.1.2　可靠性要求

某一设备的工作可靠性要求应从整个系统考虑加以确定并以便于应用的指标来表示。

就验证试验来说，设备的可靠性要求应在有关试验条款中加以规定，并力求使试验得出的可靠性特征值与实际使用条件下的可靠性特征值之间达到一致。然而，必须了解实现试验与使用可靠性完全一致是困难的。当可靠性要求需经试验证实时，实际使用条件下的可靠性要求总是被转换为适用于可靠性验证试验的要求。

6.1.3　可靠性验证试验的要求

对设备可靠性验证试验的任何要求均应包括或硬性规定在设备合同或设备的产品标准中。这些要求应非常全面地规定可靠性验证试验的所有特殊细节，当按本标准拟订设备可靠性验证试验方案时，下列内容应予考虑[14]。

（1）受试设备及试验种类：①受试设备的商标、型号；②实施试验的类型，实验室试验或现场试验；③从中抽取试验样品的设备母体，如果需要还应规定抽取受试设备的专用程序。

（2）可靠性特征及统计试验方案：①适用的可靠性特征及接收值的规定，当可靠性特征是指一个系统的可靠性特征，并且由分别验证的各单元的可靠性特征推导出来时，应规定所采用的推导程序并应包括适当的可靠性框图；②采用的验证试验方案；③分布假设有效性的检验，（如有需要）拟采用的有效性检验和可能的风险考虑见有关标准。

（3）试验条件和试验周期：①工作及环境试验条件包括负载、电源条件以及实际操作；②试验期间采用的预防性维护；③上述①和②项的组合及顺序即为试验周期。

（4）受试设备的性能与失效：①试验过程中功能参数的监测及受试设备的失效判别；②需要立即做出拒收判决的失效类别；③应计入受试设备非相关失效的失效类别；④相关试验时间的确定；⑤每个受试设备的最小和（或）最大相关试验时间或工作次数。

（5）试验前的准备和故障检修：①可靠性试验前，受试设备的测试、调整、校准；②采用的故障检修程序，包括任何允许的失效部件、零件（元件）等的更换。

6.2　可靠性试验周期设计导则

6.2.1　专用术语

试验周期：有关产品标准所规定的、以实际使用为基础的各种试验条件（工作条件与环境条件）的组合顺序。

活动状态：设备本身具备的条件、使用的状态及设备遭受外部环境应力的情况。

工作参数或环境参数：设备经受的化学或物理的应力或各类应力的组合。例如：负荷、能源供给、环境温度、振动等。

工作参数或环境参数的严酷度：表示每个工作参数或环境参数的量值，它可以确定作用于设备的应力水平。例如：电压降低 100%、环境温度 70℃等。

严酷度等级：在相应严酷度范围内，两个规定极限之间的严酷度区间。例如：环境温度严酷度等级 15～35℃等。

环境条件：在一定时间内，由各单一环境参数及其严酷度的组合所构成的从外部作用于设备的物理、化学条件。

工作条件：由各单一工作参数及其严酷度的组合所构成并与设备运行有关的条件。

试验严酷度：在试验过程中，适用于产品的工作参数或环境参数的严酷程度。

代表性严酷度：是指经过判断而选定的试验严酷度。在该严酷度中，产品的失效率应近似地等于整个严酷度等级内的平均失效率。

6.2.2　试验条件的一般考虑

可靠性试验的目的通常是验证或测定设备的可靠性特征量。设备的可靠性特征量很大程度上取决于实际使用过程中工作条件与环境应力的恶劣程度。

一般来说，试验可靠性与使用可靠性应一致，因而试验条件应尽可能与对设备起支配作用的使用条件相一致。然而，实际使用条件是十分复杂的，不可能通过试验设施详细地重现这些条件。因此，只有细致地调查、分析与检定工作条件、单一与组合环境的影响及应力施加的顺序，并通过可靠性试验条件把重要的参数加以模拟，才有可能使两者之间的结果比较一致。

试验时，可以缩短低应力条件（例如空载、空转等）下的工作时间以压缩试验时间（日历时间），但一般应避免过应力条件下的加速试验。

大多数情况下，在恒定条件下进行试验从效果上看是不好的。必须设计一个试验周期，提供适当的若干不同工作条件与环境条件（它们有些是组合）的顺序。实际上，这样的试验周期也只能是实际使用条件的一种近似。

细致合理地设计试验周期，可以达到一种较接近使用条件的精模拟或粗模拟。粗模拟的试验周期可以十分简单，而精模拟的试验周期就较复杂，也更接近实际使用条件，但在试验中实现起来所花的费用也较大。当试验结果关系重大时（如设备失效会引起不安全或造成巨大的经济损失或环境污染等严重性后果），试验周期的设计建议采用精模拟；反之，若设备失效后果并不严重（如一般的录音机、电视机、收音机等），可采用粗模拟。

粗模拟周期与精模拟周期的设计程序基本相同，两者主要是对使用条件模拟精度上的差别。粗模拟周期可选择环境参数数目及其应力水平值，并对这些参数的组合与顺序、设备工作的功能模式等在一个或多个方面进行适当的简化。因此，粗模拟周期可由精模拟周期导出。

本书所叙述的试验周期设计程序主要是精模拟的。

试验周期的设计应遵循如下原则，在试验周期中，全部主要的环境参数与工作参数的组合及与这些参数有关的持续时间或频率，都应与设备使用寿命期中所出现的情况相似。并且，每一步都应当考虑模拟条件在技术上实现的可能性及所花的费用。

6.2.3　使用条件的详细说明

使用条件通常包括若干同时地或顺序地出现的工作参数与环境参数，其中每一参数的应力水平严酷度，都可能引起设备的失效。

1. 工作条件

应考虑的工作参数如下［可参见《可靠性试验 第 1 部分：试验条件和统计检验原理》（GB/T 5080.1—2012）］：①功能模式（设备不工作应作为功能模式之一）；②待处理的输入数据或资料；③负荷条件，如输出功率大小、静负荷等；④工作人员或维护人员的实际操作；⑤支援供给，如能源、冷却、润滑等。

工作参数的严酷度规定出工作时所受的应力。

2. 环境条件

起主要影响的环境参数分气候环境参数、机械环境参数及其他环境参数三组。所列参数虽不完全，但可用作核对一般有较重要影响的参数的检查清单。

必须考虑所有参数的严酷度及其持续时间或频率。在特殊情况下，还应对重要参数的应力水平加以详细说明（如应力水平的时间分布说明）。

极端环境条件的有关资料及环境参数与严酷度分类，详见《电工电子产品环境参数分类及其严酷程度分级》（GB/T 4796.1—2017）。

1）气候环境参数

气候环境参数应当包括室内与室外条件的各种气候环境参数。它们有些是紧密相关的，必须同时加以考虑。气候环境参数见表 6-1。

表 6-1　气候环境参数

参数	说明
环境温度	气候图
湿度	
温度变化率	范围、变化率
气压	范围
降水	种类 、速率
风	速度
太阳辐射	强度

2）机械环境参数

机械环境参数如表 6-2 所示。

表 6-2　机械环境参数

参数	说明
冲击	波形、峰值加速度、持续时间、方向
碰撞（重复冲击）	波形、峰值加速度、持续时间、方向
跌落与倾倒	跌落高度、着地点
自由跌落	下落高度、姿态
振动	波形、频率范围、幅度或加速度、方向
恒加速度	加速度、方向
噪声	声压级、频率范围

3）其他环境参数

某些情况下，如下参数亦应加以考虑：①传导或辐射电磁干扰、静电放电及雷电效应；②腐蚀性的大气污染或腐蚀性物质的影响，如灰尘、盐雾、工业大气等；③液体浸渍或液溅等；④核辐射、X 射线辐射等；⑤生物因素，如菌类、昆虫等。

4）工作参数与环境参数的关系

工作参数与环境参数在某种程度上常常是这一参数与另一参数的组合。在很多情况下，某些参数与其他参数同时出现或互相独立存在，并且与严酷度关系较大。同时，这些参数的严酷度也有类似关系。因此，当分析使用条件、设计试验周期时，工作参数与环境参数的关系必须加以考虑。

在设计试验周期时，找出应组合在试验周期中的参数与严酷度的关系是重要的。此外，还应考虑由两个或多个参数的组合或参数顺序所产生复合影响的程度。这些影响取决于引起设备失效并维持其失效的各种参数的情况。当这些组合对失效的影响较大时，有关参数在试验周期中应组合或保持正确的顺序；当组合对失效的影响不大时，这些参数在试验周期中可以不考虑。

6.2.4　试验周期的设计程序

某一设备的使用条件会在设备寿命期内随时间变化。试验周期的设计应考虑设备在此期间所遇到的使用条件的严酷度及其持续时间与顺序，从而反映这些变化。如有必要，可以考虑完全不同的特殊的使用条件，对某一设备及同类设备按需要设计独立的试验周期。

在使用条件较简单或对试验周期设计较有经验的情况下，下述步骤可参照选用。

第 1 步：活动状态的划分。

设备寿命的有关部分可按情况划分为性质不同的活动状态，以表示典型的工作与（或）环境分布。其目的是把总的使用条件分解为便于单独处理的某些组成部分，应确定每一活动状态的持续时间与设备寿命有关部分总时间的比例关系。这一比值同下述步骤中由其他相似的已知使用条件的相对持续时间一起，决定在试验周期中的相对持续时间。

第 2 步：工作参数与环境参数的鉴别及其关系。

应鉴别与每一活动状态有关的工作参数与环境参数。环境参数应尽可能按国家标准《电工电子产品基本环境试验规程》（GB 2421～2424—81）确定。值得注意的是：某些需要考虑的特殊参数尚未在表中全部列出。可以略去那些对设备可靠性影响不大或并不重要的工作参数与环境参数。在这一步中，最重要的是鉴别那些对设备有主要影响的参数，特别要注意查清那些有疑问的参数，某些参数可以按要求分别以短期环境试验来论证设备对某一环境的适应性，而不一定把它们全部包括在可靠性试验之中。

每一重要参数的持续时间或出现次数（如碰撞等），应通过估计其出现的概率或频率，把它们与活动状态的持续时间联系起来。

参数间的关系，应做定量的分析和注释，其结果可供第 4 步使用。

第 3 步：严酷度的估计。

应当估计每一活动状态中每种工作参数与环境参数的严酷度。对每一参数的预期严酷度范围，应划分为若干“严酷度等级”并分别以试验严酷度（或代表性严酷度）表示。代表性严酷度应有一标准化程序或分类等级。可依照 GB 2421—81 中的有关符号表示各种环境参数，用限定严酷度等级数以达到简化试验周期的结果是可行的。

第 4 步：组合的估计。

如本部分所述，有关工作参数与环境参数常常是同时出现的，如果是这样的话，这些参数在试验周期中组合时，应优先选用。当怀疑是复合影响时，只要在技术上和经济上做得到，就必须进行组合。应估计对设备失效率有重要影响的严酷度等级与参数的关系，以便使它们能适当地表示在试验周期中。对重要的组合，应当加以必要的说明，并估计每一重要组合的持续时间与活动状态的持续时间之比。

各组合的相对持续时间一定要根据相互关系的类型进行选择。

第 5 步：全部活动状态的累加。

试验周期的设计可用系统逼近法，用表格表示每一活动状态每一严酷度等级（代表性严酷度）的持续时间或发生次数的组成是可行的。汇总表将为制定试验周期提供定量的数据。

在这些累加中，从每一活动状态至某一等级的持续时间（或频率）乘以 t（活动状态）/*t*（总），因而这些累加与总持续时间有关。如果全部活动状态中的参数及严酷度等级使用同样的定义，则这些累加可以简化，单一与组合参数的所有严酷度等级应有选择地包含在这一步之中。单一参数的持续时间，根据它们在组合中出现的情况可以简化。

在复杂的情况下，对所有组合的每一参数的简化计算是相当困难的，甚至在简单的情况下，这样做也不容易。各组合中，单一的某一等级的持续时间或频率，在第 7 步设计最后的试验周期时，可用叠加法以其总的出现次数来表示。然而，在这种情况下，累加的检查一定要做适当修改，且其总和将会超过 1。

第 5 步最后形成的表格，除了完全保持单一因素与不划分为活动状态之外与第 4 步是相似的。在此程序中，省去的各种活动状态将不会再在此程序或试验周期中出现。在复杂的情况下，把第 5 步暂时分为两步或更多步是有用的。

第 6 步：关键环节的检查。

在着手设计试验周期之前，应对第 5 步制定的表格内容进行检查并减少环境参数与严酷度等级。

减少的原则是，在一定程度上，不会使失效率发生显著的变化。应特别注意检查代价昂贵的或难于产生的环境参数与组合环境。在这一步中，亦应考虑各参数顺序、严酷度等级及其在试验周期中的组合。当选取相连的参数顺序时（特别是潮湿后接着低温），应注意到会引入附加影响的条件的配对和分组，此时可制成修正表。

第 7 步：试验周期设计。

第 6 步的修正表构成了可靠性试验周期设计的基础。决定试验周期的长短是否适当时应当考虑到：①试验周期的长度应足够长，以便使试验切实可行；其长度通常由第 6 步表内相对持续时间的最小值所决定；②对以时间为基础的试验来说，试验周期又不能太长。

然后，所有相对持续时间通过周期长度按比例增加的办法，转换为适用于某一周期的持续时间并修正周期的完整性及周期中的碰撞次数。最后，进行试验周期设计与检查。为了获得合适的试验周期长度，引入未被包含在表格中的组合是必要的，然而应尽可能从技术可行性和经济性等方面简化试验程序。在试验周期中，一定要设置合适的维护点，以便执行预防性维护计划。同时，应标出具体试验方案所要求的性能检测点。

6.2.5　试验周期的文件汇总

为判断试验周期是否已包含了受试设备可能出现的典型应用情况，并使其在实验室试验中具有必要的再现性，试验周期应给出有关资料。

有关资料标题与内容如下。

应用范围：应详细清楚地明确和限定试验周期的应用范围。

模拟等级：假如有同样适用的其他试验周期，应做出必要说明。

设备寿命的有关部分：对试验周期中各种活动状态应加以说明。在某些情况下，还应指出不予考虑的活动状态。

确定严酷度的基本假设：应说明确定试验周期严酷度所使用的参考资料来源与有关假设；注释特殊重要参数与被忽略参数及严酷度范围的极限。给出用作设计试验周期的基本相对持续时间及与之有关的表格。

试验周期的说明：试验周期的每一时间周期、严酷度应加以详细说明。如果是参考适用的有关标准进行试验的，亦应说明。

有关简化的注释：试验周期最后的设计（第 7 步）如有简化，应予说明。适用性的可能效果与基本假设，亦应指出。

试验周期图：应绘出试验周期图。

6.3　可靠性试验的目的与分类

6.3.1　可靠性试验的目的

可靠性试验是通过施加典型环境应力和工作载荷的方式，用于剔除产品早期缺陷、提高或测试产品可靠性水平、检验产品可靠性指标、评估产品寿命指标的一种有效手段。可根据需要达到的目的，在产品的设计、研制、生产和试用阶段，开展不同类型的可靠性试验。

可靠性试验是对产品的可靠性进行调查、分析和评估的一种手段。它不仅仅是为了用试验数据来说明产品可靠性（可以接受或拒收、合格与不合格等），更主要的目的是对产品在试验中发生的每一个故障的原因和后果都要进行细致的分析，并且应该研究可能采取的有效的纠正措施。可靠性试验主要有以下 3 个方面的作用。

（1）发现产品在设计、元器件、零部件、原材料和工艺等方面的各种缺陷。产品的可靠性是设计出来的，因此实现产品可靠性的关键首先是充分利用各种可靠性设计和分析技术对产品进行严格设计。但即便是经验丰富的、功底深厚的设计师设计的产品也难免存在缺陷，而这些缺陷仅靠设计师的设计分析、已有经验教训并无法确保都能找出来，即便采取常温测试、通电老炼、环境试验等常规检测手段，也仍有不少缺陷无法暴露出来。整个产品研制过程都伴随着“试验—分析—改进”的反复迭代过程（TAAF 过程）。可靠性试验对于发现产品在设计、元器件、零部件、原材料和工艺等方面的缺陷具有不可替代的作用。

（2）确认是否符合可靠性定量要求或评价产品的可靠性水平。从确定装备可靠性是否符合合同要求和了解产品装备研制过程中可靠性变化情况以进行相应的决策的需要出发，验证研制生产的产品的可靠性水平是一件最为基本的、必不可少的工作。在对产品进行设计定型或工艺定型时，必须知道产品的可靠性水平是否已符合合同中的规定值或最低可接受值，以便为做通过设计定型转入批生产的决策提供依据。这就意味着要对产品进行可靠性鉴定试验，从而对设计定型进行把关，以防可靠性设计欠佳、固有可靠性没有达到合同规定的要求的产品转入批生产。同样，在产品投入批生产以后，对拟出厂的产品也要抽样进行可靠性验收试验，以防止受制造和工艺过程偏离的影响而达不到规定可靠性要求的产品交付客户。无论是可靠性鉴定试验还是可靠性验收试验，通常是在实验室环境条件可控的情况下进行的，其施加的环境应力往往能覆盖和代表全寿命周期、使用区域范围内、各项典型任务状态下承受的环境。在许多货架产品的竞标中，往往需要通过可靠性试验来对竞争的产品在未来的使用环境中的可靠性水平做出相应评价或比较，实验室可靠性试验也是一个评价手段。现场使用中进行的使用可靠性试验也是验证产品可靠性的一个重要手段，这种验证是在真实的使用环境中进行的，因此在有条件的情况下专门组织安排使用可靠性试验进行外场验证是十分必要的。当产品交付用户后，应通过有计划地收集产品在使用期间的可靠性数据，甚至组织专门的试验即可靠性试验或外场可靠性试验来评估产品。使用可靠性进行评估往往是很困难的，由于收集数据的时间往往很长，数据的准确性和代表性难以控制和覆盖，现场环境条件无法控制，现场工作状况难以控制，有限的现场试验也无法充分验证产品的可靠性水平。因此，实验室试验和现场使用试验各有利弊，互为补充地成为验证产品可靠性水平的重要手段。

（3）提供其他各种有用信息。如前所述，试验是获取信息的过程。各种可靠性试验特别是可靠性研制试验中，还可获取产品对应力的响应特性信息、产品薄弱环节信息和产品性能变化趋势、产品寿命信息等。这些信息能够使人们对产品的特性有更为全面的了解，从而有助于产品的完好率、可用度和任务成功性评估和改善，其他使用环境的选择和确定，产品研制过程后续试验大纲的设计，产品的备件和维修计划制订，保障资源的分配及后续产品的研制。

6.3.2 可靠性试验的分类

按试验场地、施加应力的原则、应用阶段、试验的目的和性质等各种不同的分类方式，可将可靠性试验分为不同的类别。

1. 按试验场地分类

按试验场地分类，可靠性试验可分为实验室可靠性试验（简称实验室试验）和现场使用可靠性试验（简称现场使用试验）两大类。实验室可靠性试验是在实验室中模拟产品实际使用、环境条件，或实施预先规定的工作应力与环境应力的一种试验。现场使用可靠性试验是对在现场使用的产品进行数据收集和评估产品可靠性的一种试验。

可靠性试验可以在实验室进行，也可以在现场进行，以获得所需的信息，以对产品的初始使用可靠性和后续使用可靠性进行评估。

现场使用试验是在真实的现场环境中进行的，其环境应力、负载、接口、操作、维修及测量和记录等各种因素均较真实，试验结果应能更准确地代表实际使用的可靠性水平。但是，这种试验实施比较困难，主要问题是环境应力无法控制，特别是极限应力往往无法考核。正是基于现场实验条件的不可控性、实验结果的不及时性和改进产品可靠性的不现实性等情况，可靠性试验工作项目中尚没有规定现场使用试验工作项目，仅规定了实验室可靠性试验工作项目。与现场使用试验相比，实验室可靠性试验有如下优点。

（1）试验的环境条件或环境应力可控制。这种环境条件可以模拟现场条件，也可以不模拟现场条件，能充分考核各类极限应力和典型应力，具体取决于试验的目的和类型。

（2）试验过程可控，结果及时，可用性强。实验室可靠性试验可安排在产品的设计、研制和生产各个阶段，试验过程严格控制应力施加、检测排放、纠正措施，严格采取故障归零管理与控制措施，能有效暴露产品故障，提升产品可靠性水平。另外，实验室试验方案多样，可设计性强，因而实验室试验是产品研制生产过程中的重要组成部分。

实验室可靠性试验不可能实现对使用环境的真实模拟，其试验结果的准确性取决于实验条件的真实性；一些大设备和系统往往难以在实验室内进行实验，此时不得不采取严格控制；而且环境应力主要取决于受试装备的工作剖面或任务剖面的外场验证试验，如果让使用方严格按试验大纲设计的典型任务剖面工作，则往往受到气候、地理和人为因素的影响而变得很困难；此外，现场的操作、维修、测量、记录及故障判别等也会受参试人员水平的影响而难以控制，从而使实验结果受到影响。现场使用试验因涉及人员面广、时间长、经费高、组织管理复杂等众多因素，其应用大受限制，从而使可靠性评估所需的信息来源主要依托于日常的信息收集，而不是依靠专门安排的现场使用试验。此外现场使用试验是使用阶段的试验，因而不可能及时提供对产品可靠性的分析和评价结论，更不用提为改进产品可靠性提供参考了；如果试验中发现了一些故障，要想采取措施改进可靠性已不可能，至多只能为后续改型产品提供借鉴。

实验室试验和现场使用试验的比较如表 6-3 所示。

表 6-3　实验室试验和现场使用试验的比较

比较内容	实验室试验	现场使用试验
试验条件	可以严格控制，但在实验室中很难全部模拟产品的真实环境条件及使用情况	结合用户使用进行，其环境条件和使用情况真实
试验数据	数据的收集和分析较方便，容易获得所需信息	数据记录的完整性和准确性较差
受试产品的限制	由于试验设备的限制，大型系统和设备无法做试验	特别适合武器装备、大型复杂系统的试验
故障发现与纠正	可以较早地通过试验发现故障，进行纠正	产品在现场试验或使用时才发现故障，纠正时机较晚
子样数	能专门用于试验的子样数少	结合装备的现场试验与用户使用，可用的子样数较多
费用	综合环境应力试验设备较昂贵，试验时人、财、物开支较大	结合装备的现场试验与用户使用，费用较低

2. 按施加应力的原则分类

按施加应力的原则分类可将可靠性试验分为激发试验和模拟试验。

（1）激发试验是指不模拟实际使用环境的加速应力试验。通过施加应力将产品内部的潜在缺陷加速发展变成故障，进而检测出来，从而为修改设计和工艺提供信息。环境应力筛选、可靠性强化试验、可靠性模拟增长试验属于激发试验。

（2）模拟试验是指施加的环境应力模拟真实环境应力的大小、时序和时间比例的试验。通过对产品施加这种应力并统计产品在这种应力作用下的故障情况，验证和评估产品的可靠性水平。可靠性鉴定试验和可靠性验收试验均属于模拟试验的范畴。可靠性增长试验使用的应力与可靠性鉴定试验一样模拟真实环境，虽然应力不高，但也可以以较慢速度激发一部分缺陷并评估产品可靠性水平，基本属于模拟试验。

3. 按应用阶段分类

按应用阶段分类，可将可靠性试验分为可靠性研制试验、可靠性增长试验、可靠性鉴定试验和寿命试验、环境应力筛选、可靠性验收试验和寿命试验，其目的和应用阶段分别在表 6-4 中列出。

表 6-4　可靠性试验按应用阶段分类

试验名称	目的	应用阶段
可靠性研制试验	发现产品设计缺陷，提高产品固有可靠性水平	工程研制阶段的前期
可靠性增长试验	发现产品设计缺陷，将产品可靠性增长到规定的标准	工程研制阶段的中后期
可靠性鉴定试验和寿命试验	评估产品的可靠性水平和寿命，为设计定型提供决策依据	工程研制阶段结束前、定型阶段
环境应力筛选	发现和剔除早期故障，提高产品使用可靠性或排除早期故障对其他试验可能造成的干扰	研制阶段、生产阶段和产品出厂前
可靠性验收试验和寿命试验	评估产品的可靠性和寿命是否保持设计定型水平，为验收提供决策依据	批生产产品出厂前

4. 按试验的目的和性质分类

按试验的目的和性质分类，可将可靠性试验分为工程试验和统计试验。

（1）环境应力筛选、可靠性研制试验和可靠性增长试验属于工程试验。工程试验的目的是暴露产品在设计、工艺、元器件、原材料等方面存在的缺陷，采取措施加以改进、排除，以提高产品的可靠性。这种试验主要由承制方进行，受试产品是研制的样机或在线产品。发现受试产品故障等于找到了对产品进行改进设计或修理的机会，因此工程试验是一种使产品增值的试验，是可靠性实验的重点。

（2）统计试验的目的是验证产品的可靠性或寿命是否达到规定的要求，如可靠性鉴定试验、可靠性验收试验、寿命试验等。由于产品的可靠性指标确实存在但难以真正获得，因此只能应用统计的方法估计产品可靠性指标真值所在的范围。可靠性鉴定试验和可靠性验收试验又称为可靠性验证试验。

应该指出，产品可靠性验证工作是可靠性试验与评价工作中的一个组成部分，它是指在设计定型阶段和试用阶段，对产品的可靠性是否达到研制总要求或合同规定的要求给出结论性意见所需进行的鉴定、考核或评价工作的总称。在 GJB 540B—2021 规定的可靠性试验与评价 7 个工作项目中，可靠性鉴定试验、可靠性验收试验、寿命试验和可靠性分析评价 4 个工作项目均可用于可靠性验证。

6.4　可靠性增长试验

6.4.1　可靠性增长试验的基本过程

1. 可靠性增长

可靠性增长试验是为暴露产品可靠性薄弱环节，有计划、有目标地对产品施加模拟实际环境的综合环境应力及工作应力，以激发故障、分析故障和改进设计工艺，并验证改正措施有效性而进行的试验。从此定义可以看出，可靠性增长试验是一个有计划地试验、分析及确定问题和改进产品可靠性的过程。在产品研制、生产过程中的各层次都应促进可靠性增长。因此，从原理上说，按可靠性增长试验计划需要进行可靠性试验的部件、分机、设备，在研制阶段产品生产出来后就应进行可靠性增长试验。

1）可靠性增长的概念

可靠性增长是通过逐步改进产品设计、制造中的缺陷，不断提高产品可靠性的过程。

由于产品复杂性的增加和新技术的应用，产品设计需要有一个不断深化认识、逐步改进完善的过程。研制或初始生产的产品可能存在某些设计和工艺方面的缺陷，从而导致在试验和初始使用中故障和问题较多，需要通过有计划地采取纠正措施，根除故障产生的原因，从而提高产品的可靠性，逐步达到规定的可靠性要求。可靠性增长就是一个通过逐步改正产品设计和制造中的缺陷，不断提高产品可靠性的过程，它贯穿于产品的寿命周期。可靠性增长的基本过程如图 6-1 所示。

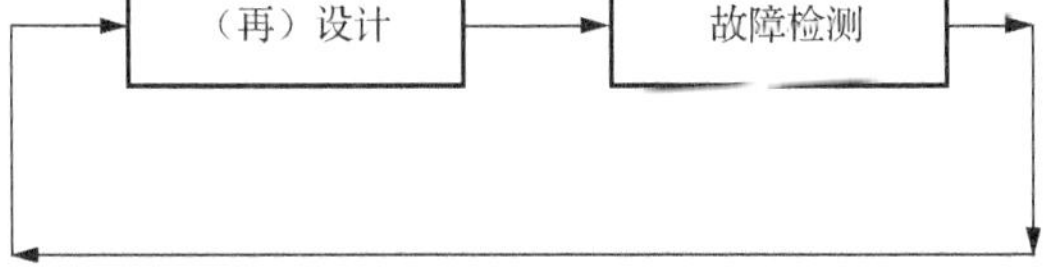

图 6-1　可靠性增长的基本过程

从图 6-1 可以看出，可靠性增长的基本过程是一个反馈过程。它表明可靠性增长是一个不断反复设计的过程。当产品设计（包括可靠性设计）完成后，应借助各种运行或试验，诱发产品故障，并通过故障分析找出发生故障的原因（这种过程称为故障机理检测），然后将信息反馈给设计，再设计工作应针对这些故障，即通过改进产品管理、设计和排除制造中的缺陷，或通过研究故障机理，使故障彻底消除，或者削弱导致故障的内外因素的作用而使故障率明显下降。再设计后的故障检测，除检测新故障机理外，还用作验证再设计的有效性。

可靠性增长的速度取决于分析、试验，发现问题的反馈以及采取的改正措施三要素完善的程度。在多数情况下，故障源是通过试验发现的，因此可靠性增长过程实际上就是“试验—分析—改进”的过程。

可靠性增长可分为研制过程、生产过程和使用过程中的可靠性增长。国内外的工程实践表明：在工程研制阶段，可靠性增长可使产品更有把握地达到预期的可靠性目标；在生产过程中，可靠性增长主要通过对产品的筛选或老炼排除产品中的不良元器件、部件和工艺来实现；在使用阶段，可靠性增长可使产品的可靠性有一定程度的提高，改善产品原有的战备完好性。可靠性增长已发展成为可靠性工程技术中的重要工作项目，但要注意以下几点。

（1）可靠性增长是针对产品的可靠性，或者针对产品的故障而言的。在研制阶段，针对产品战术性能和功能进行的设计改进，虽然也可改进产品设计和纠正制造中的缺陷，有时也会使产品可靠性有所提高，但是这不能称为可靠性增长。

（2）产品可靠性通过可靠性增长后所得到的提高，必须由相应手段进行验证，确认验证的手段可以是产品的试运行、外场使用，也可以是各种试验，尤其是各种可靠性试验。通常，验证的手段与故障发现时的使用条件是一致的。

因此，如果承制方根据某项试验中发现的故障，在故障分析后对产品设计和制造中的缺陷进行了改正，但是没有实施相应的验证确认或只对该产品的局部组成部分进行了简单的验证，那么该承制方的可靠性增长工作是不完善的。

2）常见的可靠性增长方法

常见的可靠性增长是指国内外已付诸工程实践的可靠性增长。原则上讲，只要对产品缺陷、故障采取有效的设计、工艺、制造改进措施，均可使产品的可靠性得到增长。下面介绍几种常见的可靠性增长方法。

（1）一般性可靠性增长。它是指事先未给出明确的可靠性增长目标，对产品在试验或运行中发生的故障，根据可用于可靠性设计分析技术（如可靠性预计FMEA、FTA 等）以及良好的信息库支持，选择一部分或全部故障，实施改进设计加以纠正，使产品可靠性得以提高。它一般不制订计划增长曲线，也不跟踪增长过程，仅是采用一两次集中纠正故障的方式，使产品的可靠性得到实际上的提高。我国某些航空产品军用设备的定寿、延寿的后期工作，都属于一般性可靠性增长。

（2）可靠性增长管理。可靠性增长管理是指通过拟定可靠性目标，制订可靠性增长计划并对产品可靠性增长过程进行跟踪与控制，把有关试验和可靠性试验纳入“试验—分析—改进”过程的综合管理之下，实现预定的可靠性目标。它是一种有计划、有目标的可靠性增长工作，绝不能狭隘地理解为可靠性增长过程中的管理工作。可靠性增长管理是产品寿命周期中一项全局性的可靠性增长，是一项为达到预期的可靠性指标，对时间和其他资源进行系统安排，并在估计值和计划值比较的基础上依靠重新分配资源对实际增长率进行控制的可靠性增长项目。

可靠性增长管理有如下特点。

1）有一系列逐步提高的可靠性增长目标

对装备实施可靠性增长除在工程研制、生产、使用阶段转段处设定可靠性增长目标外，还应在这三个阶段中根据实际情况设定若干个小阶段，以及每个小阶段的进入点与出口也设置可靠性增长目标。这可使可靠性增长目标构成一个逐步提高的系列，有助于严格管理并极大地减少达不到预期可靠性目标的风险。

2）充分利用寿命周期内的各项试验和运行结果

产品寿命周期中除了有各项可靠性试验外，还有各种非可靠性试验和各种运行、人员培训，这些工作都能提供故障信息，用作可靠性增长的故障机理检测。可靠性增长管理在对这些试验、运行和培训的分析和权衡基础上，选择其中一部分纳入自己的管辖范围内，与可靠性试验一起构成一个整体，使产品可靠性逐步增长达到预期目标。

2. 可靠性增长试验

可靠性增长试验是可靠性增长中常见的应用较广泛的一种方法，国内外已积累了较多的实践经验。以下讨论其有关内容。

1）可靠性增长试验的概念

前已述及，可靠性增长试验是一个有计划的“试验—分析—改进”的反复循环的过程。在这个过程中，产品处在实际环境、模拟环境或加速变化的环境下经受试验，以暴露设计中的缺陷。

可靠性增长试验通过发现、分析和纠正故障，以及对纠正措施的有效性检验来增强系统的可靠性，一般称为“试验—分析—改进”。增长试验包含了对产品的性能监测、故障检测、故障分析及其对减少故障再现的设计改进措施的检验。

可靠性增长试验本身并不能提高产品的可靠性，只有采取了有效措施来防止产品在现场工作期间出现重复的故障之后，产品可靠性才能真正提高。

2）可靠性增长试验的任务

可靠性增长试验是产品研制阶段单独安排的一个可靠性工作项目，作为研制阶段的组成部分，可靠性增长试验的任务是通过可靠性增长来保证产品进入批量生产前的可靠性达到预期目标。

为了有效完成规定任务，可靠性增长试验通常安排在工程研制阶段基本完成之后和可靠性鉴定试验之前。这样安排是兼顾了故障机理检测时故障信息的时间性与确实性。在这个时机，产品的性能与功能已基本达到设计要求，产品的结构与布局已接近批生产时的结构与布局，所以故障信息的确实性较高。由于产品尚未进入批量生产，故障信息的时间性尚可，因此这时还来得及对产品设计和制造做必要的、较重大的变更。

3）可靠性增长试验的适用范围

可靠性增长试验耗费的资源和时间相当巨大，仅试验总时间通常为产品预期 MTBF 目标值的 5～25 倍，所以并不是任何一个产品都适宜于安排可靠性增长试验。

新研制的复杂产品，尤其是那些引入较多当代高新技术的产品，宜于安排可靠性增长试验。如果该产品又是关键产品，那么更应当安排可靠性增长试验。这类产品应当安排严格的可靠性设计与相应的管理。只有进行严格的可靠性设计，对潜在故障有较深刻的认识与分析，才能保证有效地实施可靠性增长试验。

4）可靠性增长试验对受试产品的要求与处理

可靠性增长试验要求受试产品具有“最新”的结构与布局，即要求在此之前所有规定要实施的产品设计与制造的更改都已实施；要求受试设备具备技术要求的性能和功能，并通过环境试验；如果产品中选用的材料与元器件还有早期故障，那么在进行可靠性增长试验之前应实施早期故障筛选予以排除。

经过可靠性增长试验的受试产品，原则上不能再用于别的试验，如可靠性鉴定试验等，更不能作为生产产品交付订购方。因为在可靠性增长试验中，产品的结构有可能变更较大，试验时间又较长，受试产品很可能已带有较大的残余应力和耗损。应当指出，可靠性增长试验达到预期目标后，应把可靠性增长试验过程中实施的设计和制造更改纳入产品的设计与技术要求中。

5）可靠性增长试验与鉴定试验的关系

可靠性鉴定试验是作为产品工程研制阶段全部可靠性工作成果的考核，虽不能直接提高产品可靠性，但在可靠性工作项目要求中，即使规定有可靠性增长试验，仍将可靠性鉴定试验作为一个重要工作项目列入可靠性工作计划中。但是，当产品可靠性工作计划中有可靠性增长试验时，由于它能使产品可靠性得到提高，并能用数理统计的方法进行评估。因此，当可靠性增长试验成功后，经订购方同意，可用可靠性增长试验代替可靠性鉴定试验。

6）判定可靠性增长试验成功的标准

判定可靠性增长试验获得成功至少应满足下列条件：①可靠性增长试验具有可靠性鉴定试验所规定的环境条件；②可靠性增长过程的步骤应是严格的，且故障记录完整；③有完善的 FRACAS，并对故障纠正过程有详尽可追溯的记录；④可靠性增长试验的最终结果的评估应是可信的，即评估用的数学方法恰当，置信水平选取符合要求，评估结果产品可靠性高于或等于计划的可靠性增长目标。

6.4.2 可靠性增长试验的基本方法

1. 试验、分析与改进试验

试验、分析与改进试验（test、analysis and fix 试验，TAAF 试验）是工程研制中普遍采用的有效方法。可靠性增长试验吸收了 TAAF 试验，并构成可靠性增长试验基本方法的核心部分。

在可靠性增长试验中，TAAF 试验以纠正故障为目标，其工作步骤如下。

（1）借助模拟实际使用条件的试验诱发故障，充分暴露产品的问题和缺陷（在一般性可靠性增长中，这步工作也可利用产品的各种运行来完成，在可靠性增长管理中，还可利用各种非可靠性试验）。

（2）对故障定位进行故障分析，找出故障机理。

（3）根据故障分析结果，设计并制定改进产品设计和纠正制造中缺陷的措施。

（4）制造新设计的有关硬件。

（5）对新硬件继续试验，一面暴露产品的新问题和缺陷，一面验证纠正措施的有效性。

TAAF 试验就是这样一种反复试验、分析和纠正故障的过程，并达到逐步提高产品可靠性的目标。而可靠性增长试验要在限定资源下，使产品可靠性达到预期目标，在 TAAF 试验上还必须配以有关技术与管理方法。

2. 计划、跟踪与控制

预期的可靠性增长应表现在各研制阶段和生产过程中都有相应的增长目标值，因此应制订一个完整的可靠性增长试验计划。以对预期的增长目标、增长规律与所需资源做出明确的规定与估算，并有一套与此相关的技术和方法，并能按试验程序跟踪监测进展情况。跟踪过程是指导 TAAF 试验中每一次故障与故障纠正所反映出来的产品可靠性水平量化的表达，以使产品可靠性增长具有透明度，便于安排进度和订购方的监督与评审。

可靠性增长试验计划应包括以下主要内容：①试验的目的和要求；②受试产品及每台产品应进行的试验项目；③试验条件、环境、使用状况、性能和工作周期；④试验进度安排；⑤试验装置、设备的说明及要求；⑥用于改进设计所需工作时间和资源的要求；⑦数据的收集和记录要求；⑧故障报告、分析和纠正措施；⑨试验产品的最后处理；⑩其他有关事项。

应特别指出，在可靠性增长试验过程中，把关联故障分为 A 类故障和 B 类故障。

① A 类故障——不予以纠正的故障。指受当前国内外技术水平限制无法纠正，或该故障率在容许范围而纠正措施费用很高，或早期故障可采取环境应力筛选消除。

② B 类故障——应予以纠正故障。指故障率超过了容许水平，经权衡纠正措施的费效比后，应予以纠正。

3. 可靠性增长模型

可靠性增长模型是描述可靠性增长试验过程中可靠性增长规律的数学模型，它是制定可靠性增长曲线的依据。

1）可靠性增长曲线

描述“试验—分析—改进—再试验”的过程，即可靠性随时间增长过程的曲线称为可靠性增长曲线，如图 6-2 所示。

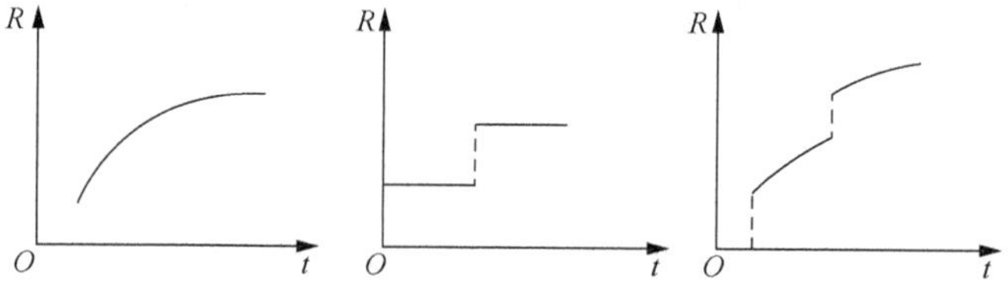

（a）　（b）　（c）

图 6-2　可靠性增长曲线

图中纵坐标为可靠度 R 或平均故障间隔时间，描述产品可靠性的指标；横坐标为达到这个指标所对应的累积试验时间 t。

（1）可靠性增长曲线主要应该根据同类产品预研过程中所得的数据制定。应该对这些数据进行分析，以便确定可靠性增长试验时期的长度，并且使用监测试验过程的方法对增长计划进行管理。

（2）对订购方规定的系统或主要分系统的可靠性指标（如系统的 MTBF、任务的成功率等），做点估计来拟定可靠性增长曲线，而且应指出计划的各种试验。

（3）可靠性增长曲线的起始点可用日历时间或试验时间标注。计划的可靠性增长曲线应描绘出可靠性增长达到的水平，并且应该与可靠性工作计划的评审工作协调一致。在试验达到终点或在终止试验之前应该达到或超过规定的可靠性指标。

（4）对预定的增长率应给以说明。如果预计的增长率是由以前类似产品的数据得出的，则应详细阐明历史数据与现有计划之间的相同点和不同点。可靠性增长的速率（曲线斜率），取决于分析解决问题的速度和采取改正措施的有效度。图 6-2（a）所示为出现问题立即改进，然后再试验。这时增长曲线为一条近似月牙形的平滑曲线。适用于问题明显易于改正的过程。图 6-2（b）所示为试验过程中发现问题，先记录下来，在一个阶段试验结束后，根据各种失效模式集中改进产品，在再试验中产品可靠性有一个较大突跃。这种改正措施称为延缓改正措施。图 6-2（c）所示为上述两种办法的综合，试验过程中发现的问题有的立即解决，有的则集中解决。产品可靠性在试验过程中平滑增长的同时，在下一阶段开始时又有一个飞跃。为了逐步评价和达到管理控制的目的，在产品的设计和研制过程中考察可靠性增长，指出可靠性指标所能达到的上限或通过足够的试验以一定置信水平保证（或确认）产品可靠性能够满足或超过要求的 MTBF，这对于系统及各元、部件都是至关重要的。由于在反复试验和改进过程中，系统或单元、部件的可靠性水平在不断改进。因此，反映系统或元、部件质量的总体水平也在变动中。前面所说的统计分析方法，只能用于不变总体的情况。而可靠性增长所遇到的就是变动总体的统计分析方法。描述这种可靠性增长过程的数学模型有杜安模型、AMSAA 模型等。以下只介绍杜安模型。

2）可靠性增长模型

（1）可靠性增长模型的功用。可靠性增长试验必须有增长模型，以便和可靠性增长试验相配合。

可靠性增长模型依据可靠性增长试验过程中提供的故障次数或故障时间序列，在跟踪过程中应能评估产品当前的可靠性水平，在试验结束后能评估产品最终达到的可靠性水平，而不必在产品每一次改进、可靠性水平发生改变后单独安排可靠性鉴定试验来验证其变动后的实际水平。

另外，可靠性增长试验是一项有目标、有计划的可靠性增长。在制订可靠性增长计划时必须知道产品在可靠性增长试验中的增长规律，然而，就具体产品、具体承制方而言，只有当可靠性增长试验结束后才能知道其可靠性增长规律，因此必须选定可靠性增长模型后，才能解决上述矛盾。

（2）可靠性增长模型的选用。可靠性增长模型是一个数学式，它描述了在可靠性增长试验过程中产品可靠性增长的规律。增长模型可以是承制方可靠性增长试验的经验总结，也可以是适用的某个理论模型。目前已有近十种可靠性增长模型。为此，选用可靠性增长模型时要注意以下三点：①首先要选用经过实践验证的增长模型；②由于每个增长模型都会有未知参数，所以在选用时应选择那些参数有明显的物理或工程意义的增长模型，以便可能归纳出这些参数的取值范围和选取原则，使之更接近实际的可靠性增长计划；③要根据产品特点来选取增长模型。

（3）杜安模型。目前较为成熟且应用广泛的可靠性增长模型有杜安模型、AMSAA 模型。杜安模型是目前对可修产品进行可靠性增长试验常用的一种模型，而有时为使杜安模型的适合性和最终评估结果具有坚实的统计学根据，也可用 AMSAA 模型作为补充，以下介绍杜安模型。

美国的杜安经过大量试验研究发现，产品的平均故障间隔时间的变化与试验时间具有如下的规律，即

$$\theta_R = \theta_I (T_t / T_I)^m \tag{6-1}$$

式中，θ_R 是产品应达到的 MTBF，h；θ_I 是产品试制后初步具有的 MTBF，h；T_I 是增长试验前预处理时间，h；T_t 是受试设备瞬时的 MTBF 达到要求的 MTBF 的时刻；m 是增长率，$0 < m < 1$。

对式（6-1）取对数，得

$$\lg\theta_R = \lg\theta_I + m\left(\lg T_t - \lg T_I\right) \tag{6-2}$$

采用双对数坐标纸作图，以 MTBF 为纵坐标，累积试验时间为横坐标，则式（6-2）是一条直线，其斜率即增长率，如图 6-3 所示。

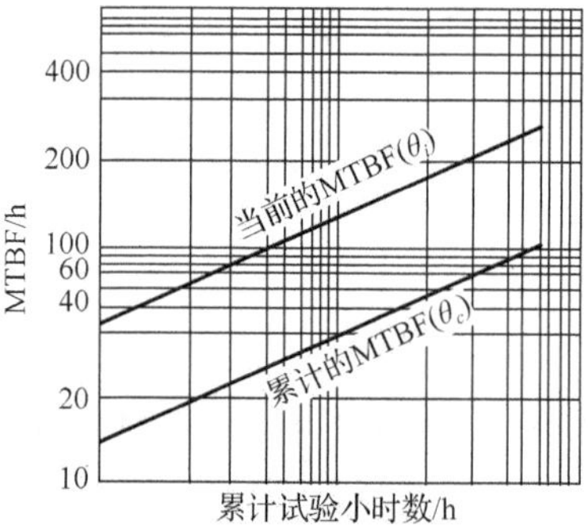

图 6-3　杜安模型

图 6-3 中当前的 MTBF（用 θ_i 表示）与累积的 MTBF（用 θ_c 表示）的关系为

$$\theta_i = \theta_c / (1 - m) \tag{6-3}$$

式中，θ_i 是当停止可靠性增长，继续做试验时，当前正在受试产品所具有的 MTBF。

在进行可靠性增长试验之前，必须制定一个计划的增长曲线作为监控试验数据依据。按杜安模型［式（6-3）］制定计划增长曲线，首先必须选择 θ_1、T_1、m 等参数，而后即可根据规定的可靠性要求 θ_R，确定增长试验时间 T_1。

① 产品初始 MTBF$\left(\theta_1\right)$可根据类似产品研制经验或已做过的一些试验（如功能、环境试验）的信息确定。一般为产品可靠性预计值$\left(\theta_P\right)$的 10%～30%。

② 增长试验前预处理时间 T_I 根据受试产品已有的累积试验时间确定。一般情况下，当 $\theta_p \leqslant 200\text{h}$ 时，T_I 取100h；当 $\theta_p > 200\text{h}$ 时，T_I 取 50%的 θ_P。

③ 增长率 m 根据是否采取有力的改进措施以及消除故障的速度和效果确定，一般取 0.3～0.7。当 m=0.1 时，说明增长过程中基本没有采取改进措施；当 m=0.6～0.7 时，说明在增长过程中采取了强有力的故障分析和改进措施，得到预期的最大增长效果。

杜安模型有很多优点：①形式简单；②模型参数的物理意义容易理解，便于制订增长计划；③增长过程跟踪简便；用工程方法可以方便地对最终结果做出评估。所以，杜安模型在可靠性增长试验中得到广泛应用。但杜安模型也有不足之处，主要是模型中未考虑随机现象，因而对最终结果不能提供依据数理统计的评估。

6.4.3 可靠性增长试验的步骤

可靠性增长试验可按照《可靠性增长试验》（GJB 1407—1992）提供的方法步骤，结合具体产品进行。一般包括以下几个步骤。

1. 制订试验计划

制订试验计划是可靠性增长试验的第一步，试验计划包括计划增长曲线，它是可靠性增长试验的基准，也是对可靠性增长过程进行控制的依据。制定计划增长曲线必须先选择合适的增长模型，注意增长的潜力。

2. 试验前的准备

在制订增长试验计划后，实施 TAAF 试验前，要进行如下准备工作：①试验设备的调试与检测；②受试产品的安装、调试与检测；③电子类受试产品的可靠性预计；④受试产品通过性能试验与环境试验；⑤受试产品通过环境应力筛选；⑥受试产品初始可靠性的评审或测定；⑦故障报告闭环系统能配合运转。

3. 试验、跟踪、控制与决策

在 TAAF 试验过程中，要实施对试验的紧密跟踪，并采取措施对增长过程进行控制。当试验实际增长过程远高或远低于计划增长过程时，要采取重大决策，不断运用 TAAF 试验技术、增长模型提供的评估方法、故障报告闭环系统以及故障分类方法，对试验进行控制。

4. 中间评审

为保证可靠性增长试验成功，对总试验时间较长而又缺少可靠性增长试验经验的研制项目，在制订增长试验计划时可安排一次或几次中间评审。

5. 产品可靠性最终评估

当 TAAF 试验结束后，要对产品最终达到的可靠性水平做出评估，以确定可靠性增长试验的成功性。

6. 结束工作

当试验结束后，除应对受试产品的性能进行测试外，还应对可靠性增长试验资料、数据进行归档，撰写可靠性增长试验总结，尤其是增长规律的总结。

6.5 可靠性加速试验

随着科学技术的进步、市场竞争的日益激烈及用户对产品质量和可靠性的要求越来越高，传统实验室的寿命试验和可靠性试验已经不能满足产品的研制与生产需求。为了快速评价产品的寿命与可靠性、短时间内暴露产品缺陷、缩短研制周期、减少产品研制费用，需要研究新的试验技术和方法。加速试验技术正是在这样的背景下应运而生的。

由于加速试验技术起步较晚，其类型众多，因此目前国际上还没有统一的加速试验的定义。

俄罗斯国家标准Г OCT12815—80 给出的加速试验的定义是："所有的试验实施方法和条件保证能比在正常试验下更短时间内获得可靠性信息的实验室（试验台）试验。"

美国军用标准 MIL—PRF—13830B 对加速试验的定义是："加速试验的目的在于利用远高于正常情况下的试验条件，在给定时间内获得更多可靠性信息。"

我国国家军用标准 GJB 451B—2021 给出的加速寿命试验的定义是："为缩短试验时间，在不改变故障模式和失效机理的条件下，用加大应力的方法进行的寿命试验。"

我国国家标准《可靠性试验　第 1 部分：试验条件和统计检验原理》（GB/T 5080.1—2012）给出的定义是："为缩短观测产品应力相应所需持续时间或放大给定持续时间内的相应，在不改变基本的故障模式和失效机理或它们的相对主次关系的前提下，施加的应力水平选取超过规定的基准条件的一种试验。"

由此可见，加速试验是一种在给定的试验时间内获得比在正常条件下（可能获得的信息）更多的信息的方法。它是通过采用比产品在正常使用中所经受的环境更为严酷的试验环境来实现这一点的。

6.5.1　加速试验的目的

加速试验的目的有以下几点：①快速暴露产品的设计和工艺缺陷，并通过相应的纠正措施，提高产品的质量与可靠性；②快速评价评价与验证产品的可靠性水平；③消除产品的早期缺陷。

6.5.2　加速试验的分类

加速试验是一种内场试验。从试验目的来看，加速试验可分为工程加速试验与统计加速试验。工程加速试验包括高加速寿命试验（highly accelerated life testing，HALT）、加速可靠性增长试验（accelerated reliability growth testing，ARGT）、高加速应力筛选（highly accelera ted stress screening，HASS）等。统计加速试验包括加速寿命试验（accelerated life testing，ALT）、加速退化试验（accelerated degradation testing，ADT）等。从对试验结果的处理方式来看，加速试验又可分为定量加速试验和定性加速试验。其中，加速可靠性增长试验、加速寿命试验和加速退化试验都属于定量加速试验，而可靠性强化试验和高加速应力筛选则属于定性加速试验。

6.5.3　加速试验的技术核心

目前，国内外对加速试验技术的研究与应用主要集中在高加速寿命试验、加速寿命试验和加速退化试验，分别对应了高可靠性的增长与长寿命的评价需求，构成了加速试验技术的核心，也代表了可靠性试验技术的技术发展方向。

1. 高加速寿命试验

由于高加速寿命试验应用于研制阶段，它能以较短的时间促使产品的设计和工艺缺陷暴露出来，从而在设计阶段对产品进行改进，实现高效可靠增长。波音公司在应用该技术时称之为可靠性强化试验（reliability enhancement testing，RET），目前国内广泛采用这一术语。

高加速寿命试验是由美国 Hobbs 工程公司总裁 Gregg K. Hobbs 博士于 1988 年首先提出来的。高加速寿命试验的理论依据是故障物理学，把故障或失效当作研究的主要对象，通过发现、研究和根治故障达到提高可靠性的目的。

高加速寿命试验针对各种类型的单一或综合环境因素，采用步进应力的方法依次使产品经受强度水平越来越高的应力，找出产品设计缺陷和薄弱环节，并加以改进，使产品越来越可靠，最终提高产品可靠性水平。

从上述内容可以看出，高加速寿命试验的关键是用高应力快速将产品内部的设计和工艺缺陷激发出来，变成可检测到的故障，对故障进行分析并采取纠正措施改进设计，从而使产品更为可靠。实际上，高加速寿命试验是产品设计强化工作的组成部分。由于该试验使用步进应力方法，一步一步地用更高的应力进行“激发缺陷—设计改进”过程，直到达到基本极限和经费、进度等条件不允许为止。因此，应用高加速寿命试验设计的产品，已成为在经费、进度和技术条件允许下的最为可靠的产品。由于步进应力的高端应力远远超过规范规定的应力或使用现场可能遇到的最高应力，因此在投入使用后，经过高加速应力试验的产品一般不会出现故障。

高加速寿命试验的一个基本组成部分是根因分析，以及为确保产品完整性进行的纠正措施，从而提高产品的可靠性和设计可靠性。只有发现和确定了产品的薄弱环节，才能达到提高裕度的目的。根因分析是高加速的寿命试验最复杂的一个环节，因为为了确定产品在试验中暴露出来的潜在问题，接着需要分析这些问题在现场使用时是否会发生，或是它仅仅是由于试验过程中超出了产品技术要求或改变了失效机理而产生的。

2. 加速寿命试验与加速退化试验

美国罗姆航展中心于 1967 年首次给出了加速寿命试验的统一定义：加速寿命试验是在进行合理工程及统计假设的基础上，利用与物理失效规律相关的统计模型对在超出正常应力水平的加速环境下获得的可靠性信息进行转换，得到试件在额定应力水平下可靠性特征的可复现的数值估计的一种试验方法。加速寿命试验采用加速应力进行时间的寿命试验，从而缩短了试验时间，提高了试验效率，降低了试验成本，其研究使高可靠、长寿命产品的可靠性评定成为可能。

对于某些高可靠、长寿命产品，即使采用加速寿命试验，有时也难以得到失效数据，使得基于失效数据分析的加速寿命试验得不到预期结果，因此基于故障退化模型的加速退化试验技术应运而生。加速退化试验通过提高应力水平来加速性能退化，收集在高应力水平下的性能退化数据，利用这些数据来预测常规使用应力下的退化寿命。加速退化试验克服了加速寿命试验在零失效方面的应用困难，是目前新兴的长寿命预测方法，在高可靠、长寿命研究中具有广阔的应用前景。一般认为，加速退化试验是加速寿命试验的一个分支。加速寿命试验和加速试验为高可靠、长寿命工程提供了长寿命的预测与验证技术。

6.5.4 整机加速试验与快速评价的整体解决方案

随着工业技术水平不断提高，产品对可靠性的需求已越来越强烈，高可靠、长寿命的复杂系统可靠性指标快速评估已成为诸多产品面临的共性技术难题。由于整机可靠性指标的要求不断提高，传统的可靠性试验与评估方法已难以满足产品可靠性评估的需求。同时，由于民用产品组成日益复杂，整机可靠性指标的小幅提升为分系统及零部件的可靠性评估带来了巨大挑战。

加速试验是一种在给定的试验时间内获得比在正常条件下更多的信息的方法，它通过采用比正常使用中所经受的环境更为严酷的试验环境达到快速评价产品可靠性指标和寿命指标的目的。相对传统试验，加速试验通常因具有较大的加速效应，能够比传统试验缩短数十分之一甚至百分之一的试验时间，可以在短短几百小时内完成上万小时的可靠性评价指标和寿命指标，从而缩短了试验时间，提高了试验效率，降低了试验成本，是解决高可靠、长寿命产品可靠性指标评定的有效方法。

加速试验与快速评价的思路是在加速试验的基础上，综合利用整机历史数据评估和预测整机的使用可靠度、充分利用加速试验得到的各个关键件的寿命、利用特征检测分析确定各型板级电路和元器件的薄弱部位、充分利用整机—关键件—板级电路—元器件各层次的信息进行系统寿命的定性或定量综合评价。最终，形成五位一体的整机寿命综合评价方案：①整机外场信息统计分析；②关键件加速试验分析；③板级电路寿命特征检测分析；④元器件寿命特征检验分析；⑤整机可靠性综合评价。

整机加速试验与快速评价主要包括以下工作。

（1）整机外场信息统计分析。从整机外场信息中获得整机检测结果、使用时间、故障时间、故障部位，对其可靠度进行评估与预测，并初步确定出整机中薄弱的关键部件，为系统开展加速试验对象的选取提供参考。

（2）关键件加速试验分析。针对关键和薄弱关键件开展加速试验，初步预测关键件的寿命；针对关键件开展加速退化试验，获得其关键性能参数变化趋势，预测关键组件的性能参数超差时间，为整机修理时进行参数调整和更换寿命件提供依据。

（3）板级电路寿命特征检测分析。针对完成试验的部件，分解出各类板级电路，选取关键和薄弱的板级电路开展寿命特征检测分析，深入检测板级电路内部可能潜在的缺陷和失效，纳入板级电路的薄弱环节。

（4）元器件寿命特征检验分析。针对关键和薄弱的元器件，开展寿命特征检测分析，包括外观检查、关键性能检测与寿命状态检测等，找出元器件的潜在缺陷和失效，纳入元器件的薄弱环节。

（5）整机可靠性综合评价。结合整机加速寿命试验、关键件加速退化试验、板级电路和元器件寿命特征检测的分析结果，综合评价系统寿命，并给出系统的薄弱环节，结合修理经验和样机原理，给出更换维修策略。

6.6　可靠性研制试验

可靠性研制试验（reliability development test，RDT）的目的是通过对产品施加适当的环境应力、工作载荷，寻找产品中的设计缺陷，以改进设计，提高产品的固有可靠性水平。在研制阶段的前期，试验目的侧重于充分暴露产品的缺陷，通过采取纠正措施，以提高可靠性，因此大多数采用加速的环境应力，以激发故障。在研制阶段的中后期，实验的目的侧重于了解产品的可靠性与规定要求的接近程度，并对发现的问题，通过采取纠正措施，进一步提高产品的可靠性。

可靠性研制试验是一个“试验—分析—改进”的过程。这种试验事先不需要确定可靠性增长模型，不需要确定定量的可靠性增长目标，试验后也不要求对产品的可靠性做出定量评估。它以找出产品的设计、材料与工艺缺陷和对采用的纠正措施的有效性进行试验验证为主要目的，它对试验样机的技术状态、试验用的环境条件等无严格的要求。产品在研制、生产过程中都可开展可靠性研制试验，但在研制阶段的前期进行更适宜。可靠性研制试验可在实际的、模拟的或加速的环境下进行，试验中所用应力的种类、量值和施加方式可根据受试产品本身的特性、预期使用环境的特性和可提供的试验设备的能力等来决定。可靠性研制试验的实施过程如图 6-4 所示。

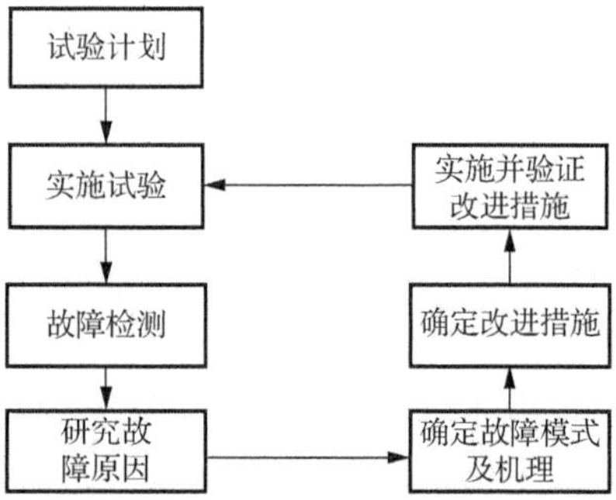

图 6-4　可靠性研制试验的实施过程图

在工程实践中，可靠性研制试验的应用更多采用加速应力的方法，以快速激发设计缺陷的研制性试验。由于可靠性研制试验具有实用性和广泛性，但往往在研制过程中易被忽视。

可靠性研制试验是一个典型的 TAAF 过程，用于产品研制的前期。目前，国外广泛开展的可靠性强化试验和高加速寿命试验实际上就是可靠性研制试验。

6.6.1 可靠性研制试验的特点

目前，可靠性研制试验没有一个规范化的试验设计方案和实施方法，而在工程中，只是根据实际情况选取应力、施加应力，对激发出来的缺陷采取纠正措施，直到自己认为适当的时候结束试验，所以急需制定相应的标准来指导如何实施。

6.6.2 可靠性研制试验的发展

由于可靠性研制试验能与设计结合，并能经济有效和及时地提高产品的可靠性，因此在工程中得到了越来越多的应用，并形成了两种相对规范化的试验方法。

一种试验方法就是可靠性增长试验（reliability growth test，RGT）。这种试验就其本质而言，与可靠性研制试验没有区别，都是为了暴露产品的设计缺陷并加以改进，以提高产品的固有可靠性，但增加了定量目标要求，导致增加了试验中监视可靠性增长和试验后评估达到了可靠性水平的内容。为了确保评估结果的准确性，明确规定试验条件要模拟真实环境，因而应力强度较低，激发设计缺陷的能力较差。这些要求使该试验的实施时机向研制阶段的后期移动，常常作为可靠性鉴定试验前评定产品可靠性的手段，其结果作为是否进行可靠性鉴定试验决策的根据之一。

另一种试验方法就是高加速寿命试验（highly accelerated life testing，HALT）。这种试验属于一个典型的 TAAF 过程，该实验不去评估试验后达到的可靠性水平，但期望通过施加高加速应力激发和消除现场中可能出现的所有故障模式，以得到使用中不出现故障的产品。

6.6.3 可靠性研制试验的应用对象

可靠性研制试验没有明确的定量目标，且对施加的环境应力、载荷及其时间也无明确的规定，因此试验方法自主性较大，试验对象也没有明确的约束条件。要想通过施加应力来帮助激发产品内部的设计和工艺缺陷，使可靠性有切实提高的产品都可应用这一试验，因而可靠性研制试验适用于所有的研制产品。

需要指出的是，产品按设计图纸制成硬件后，要经历功能、性能和环境试验，安全性试验乃至电磁兼容性试验，在这些试验中必然会发现一些设计和工艺缺陷，通过对这些缺陷采取纠正措施，不仅可促使产品达到这些试验考核的目标，同时也可提高产品的可靠性。这些试验可以看作研制试验的组成部分，但并不是可靠性研制试验。

6.6.4 可靠性研制试验的应用时机

从理论上讲，可靠性研制试验的最佳应用时机应是在创造出样机之后，而且其功能和性能在实验室环境条件（常温、静态）下满足设计规范要求并经过环境鉴定试验。鉴于产品的可靠性和环境适应性均与环境应力和载荷应力密切相关，而且环境适应性与可靠性高的产品必然可靠，在工程实践中，常常将环境适应性研制试验和可靠性试验一起进行，从而在样机制成且其功能和性能在实验室条件下满足规范要求后，与环境适应性研制试验一起开始进行可靠性试验。研制阶段前期的环境适应性研制试验及可靠性研制试验实质上都属于工程研制试验。两者的区别在于，传统的环境适应性研制试验有一组环境极值（环境适应性要求）作为目标，但无论是环境应力还是可靠性水平，可靠性研制试验均无具体的目标值或约束条件。

6.6.5 可靠性研制试验所用的应力

可靠性研制试验作用的应力可以根据产品特性、可靠性的提高幅度、试验设备条件、经费和进度等资源确定。一般采取温度应力、振动应力、湿度应力和产品特别敏感的其他应力进行依次单独、组合或综合施加的方式，可以模拟或不模拟真实环境，也可以使用不加速或加速应力。但为了快速激发产品的内在缺陷，一般采用不模拟实际环境的加速应力。以往的可靠性研制试验，其施加应力一般不会超过规范或合同环境适应性要求中规定的最大环境应力，但近年来，施加应力已远远超出规定的应力值，且又不会激发出现场使用中不会出现的故障，这一思路已在高加速寿命试验中得到广泛应用。

6.6.6 可靠性研制试验的工作要点及注意事项

1. 工作要点

（1）承制方在研制阶段应尽早开展可靠性研制试验，通过 TAAF 过程来提高产品的可靠性。

（2）可靠性研制试验是产品研制试验的组成部分，应尽可能与产品的研制试验结合进行。

（3）承制方应制定可靠性研制试验方案，并对可靠性关键产品尤其是新技术含量较高的产品实施可靠性研制试验。必要时，可靠性研制试验方案应经订购方认可。

（4）可靠性研制试验可采用加速应力进行，以尽快找出产品的薄弱环节或验证设计余量。

（5）对试验中发生的故障均应纳入失效报告、分析与纠正措施系统（FRACAS），并对试验后产品的可靠性状况做出说明。

2. 注意事项

（1）订购方应在合同工作说明中明确建议进行可靠性研制试验的产品。

（2）需提交相关的材料项目。

6.7　可靠性定型试验

可靠性定型试验分为可靠性设计定型试验和可靠性生产定型试验。可靠性设计定型试验一般是产品的样机生产出来之后，对样机的可靠性进行鉴定，判断是否达到可靠性指标要求。可靠性生产定型试验是指产品进入批生产阶段，判断生产稳定性的试验。

6.7.1　可靠性设计定型试验

可靠性设计定型试验是在经过产品工程设计阶段、样机制造之后，对设计定型样机的可靠性进行考核验证的试验。可靠性设计定型试验的目的是考核、评定产品的可靠性指标是否符合设计指标的要求。可靠性设计定型试验的试验方法按照可靠性鉴定试验的方法来进行。

6.7.2　可靠性设计定型试验程序

可靠性设计定型试验按照设计定型试验的程序来进行，一般按照下列工作程序进行：①申请可靠性设计定型试验；②制定可靠性设计定型试验大纲；③组织可靠性设计定型试验；④申请可靠性设计定型试验；⑤组织可靠性设计定型试验审查；⑥审批可靠性设计定型试验。

6.7.3　可靠性设计定型试验前的条件

军工产品符合下列要求时，承研承制单位可以申请可靠性设计定型试验：①通过软件测试，证明产品的关键技术问题已经解决，主要战术技术指标能够达到研制总要求；②产品的技术状态已确定，样品经检验合格；③样品数量满足可靠性设计定型试验的要求；④配套的保障资源已通过技术审查，保障资源主要有保障设施、设备，维修（检测）设备和工具，必需的备件备品、技术资料等；⑤具备可靠性设计定型试验所必需的技术文件，主要有产品研制总要求、承研承制单位技术负责人签署批准并经总军事代表签署同意的产品规范、产品研制验收

（鉴定）试验报告、工程研制阶段标准化工作报告、技术说明书、使用维护说明书、软件使用文件、图物一致的产品图样、软件源程序及试验分析评定所需的文件资料。

1. 可靠性设计定型试验的实施

可靠性设计定型试验由承试单位严格按照批准的可靠性试验大纲组织实施。可靠性设计定型试验要求精确地模拟全寿命周期的典型飞行剖面的环境应力。

可靠性设计定型试验样品：验收合格的正式样机按抽样方案随机选取样品，特殊情况样品数不少于两台（套）。

失效：试验中允许失败，但统计的可靠性特征值必须满足设计要求。

可靠性设计定型试验顺序一般如下：①先静态试验，后动态试验；②先室内试验，后外场试验；③先技术性试验，后战术性能试验；④先单项、单台（站）试验，后综合、网系试验，只有单项、单台（站）试验合格后方可转入综合、网系试验；⑤先部件试验，后整机试验，只有部件试验合格后方可转入整机试验；⑥先地面试验或系泊试验，后飞行试验或航行试验，只有地面试验或系泊试验合格后方可转入飞行试验或航行试验。

2. 可靠性设计定型试验的中断和恢复处理

试验过程中出现下列情形之一时，承试单位应中断试验并及时报告，同时通知有关单位：①出现安全、保密事故征兆；②试验结果已判定关键战术技术指标达不到要求；③出现影响性能和使用的重大技术问题；④出现短期内难以排除的故障。

承研承制单位对试验中暴露的问题采取改进措施，经试验验证和军事代表机构或军队其他有关单位确认问题已解决，承试单位应向军工产品类别区分的各类军工产品定型委员会提出恢复或重新试验的申请，经批准后，由原承试单位实施试验。

6.7.4 可靠性生产定型试验

可靠性生产定型试验一般称为生产定型可靠性鉴定试验。可靠性生产定型试验是通过了可靠性设计定型试验之后，进入生产定型阶段进行的考核可靠性指标的试验。可靠性生产定型试验的目的是考核、评定按已设计定型的技术文件进行生产的工厂的工艺条件、工艺装备、受理及生产人员的水平，试验设备及方法是否能保障长期稳定地生产出满足设计定型可靠性指标的产品。

1. 可靠性生产定型试验程序

可靠性生产定型试验按照生产定型试验的程序来进行，一般按照下列工作程序进行：①组织工艺和生产条件考核；②申请部队使用；③制定部队试用大纲；④组织部队试用；⑤申请可靠性生产定型试验；⑥制定可靠性生产定型试验大纲；⑦组织可靠性生产定型试验；⑧申请可靠性生产定型；⑨组织可靠性生产定型审查；⑩审批生产定型。

2. 可靠性生产定型试验大纲的制定

可靠性生产定型试验大纲由承试单位依据研制总要求规定的战术技术指标、作战使用要求、维护保障要求和有关试验规范拟制，并征求分管有关装备的部门、研制总要求论证单位、军事代表机构或军队其他有关单位、承研承制单位的意见。

可靠性生产定型试验大纲应满足考核产品的战术技术指标、作战使用要求和维修保障要求，保证试验的质量和安全，贯彻有关标准的规定，通常应包括如下内容：①编制大纲的依据；②试验目的和性质；③被试品、陪试品、配套设备的数量和技术状态；④试验项目、内容和方法（含可靠性实施方案和统计评估方案）；⑤主要测试、测试装备的名称、精度、数量；⑥试验数据处理原则、方法和合格判定准则；⑦试验组织、参试单位及试验任务分工；⑧试验网络图和试验的保障措施及要求；⑨试验安全保证要求。

3. 产品生产定型应符合的标准和要求

产品生产定型应符合下列标准和要求：①具备成套批量生产条件，工艺、工装、设备、测试工具和仪器齐全，符合批量生产的要求，产品质量稳定；②经工艺和生产条件考核、部队试用、生产定型试验，未发现重大质量问题，出现的质量问题已经得到解决，相关技术资料已修改完善，产品性能符合批准设计定型的要求和部队作战使用要求；③生产和验收的技术文件和图样齐备，符合生产定型要求；④配套设备和零部件、元器件、原材料、软件等质量可靠，并有稳定的供货来源；⑤承研承制单位具备有效的质量管理体系和国家认可的装备生产资格。

4. 可靠性生产定型试验方案

可靠性生产定型试验方案依照可靠性鉴定试验方法来做。

试验时间：需要生产定型的产品，在完成设计定型并经小批量试生产、正式批量生产前，应进行可靠性生产定型试验。军工产品生产定型试验的条件和时间，由军工产品定型委员会在批准设计定型时明确。

试验样品：按试验方案随机抽样，特殊情况样品数也不能少于两台（套）。

失效：试验中允许失效，但总的统计可靠性特征值必须达到或超过设计定型的数值。

6.8 寿命试验

寿命试验的目的：一是发现产品中可能过早发生损耗的零部件，以确定影响产品寿命的根本原因和可能采取的纠正措施；二是验证产品在规定条件下的使用寿命、储存寿命是否达到规定的要求。

6.8.1 试验依据

（1）型号研制合同中的有关规定。

（2）《装备可靠性工作通用要求》（GJB 450B—2021）。

6.8.2 适用范围与适用时机

本节提出的方法适用于具有损耗特性的机械类产品等的使用寿命和储存寿命的试验与评估。有关大型装备结构（如飞机结构）的寿命试验与评估方法请见相关手册。寿命试验与评估工作适用于产品设计定型阶段、试用阶段。

6.8.3 产品寿命参数

产品的耐久性是指产品在规定的使用、储存与维修条件下，达到极限状态之前完成规定功能的能力，一般用寿命参数度量。极限状态是指由于耗损（如疲劳、磨损、腐蚀、变质等）使产品从技术或从经济上考虑，都不宜再继续使用而必须大修或报废的状态。

产品主要的寿命参数如下。

（1）首次大修期限：在规定条件下，产品从开始使用到首次大修的寿命单位数，也称首次翻修期限。

（2）使用寿命：产品使用到无论从技术上考虑还是从经济上考虑都不宜再使用而必须大修或报废时的寿命单位数。

（3）大修间隔期限：在规定条件下，产品两次相继大修间的寿命单位数，也称翻修间隔期。

（4）总寿命：在规定的条件下，产品从开始使用到报废的寿命单位数。

（5）储存寿命：产品在规定的储存条件下能够满足规定要求的储存期限。

（6）可靠寿命：给定的可靠度所对应的寿命单位数。

对于不同的武器装备系统，根据上述参数可以派生出不同的寿命参数，应参照相关标准给以定义。

6.8.4　产品寿命试验分类及方法

寿命试验是为了验证产品在规定条件下，处于工作（使用）状态或储存状态时，其寿命到底有多长，即要了解产品在一定应力条件下的寿命。根据工作状态、储存状态，产品寿命试验分为使用寿命试验、储存寿命试验。

除模拟正常使用状态或储存状态进行寿命试验外，对高可靠性产品而言，寿命试验时间很长。为了缩短试验时间，在不改变故障模式和故障机理的条件下，用大应力的方法进行寿命试验，这一试验称为高加速寿命试验。按照增加应力的方式，加速寿命试验可以分为恒定应力加速寿命试验、步进应力加速试验、序进应力加速试验 3 种。

6.8.5　实验室使用寿命试验

使用寿命试验就是在一定环境条件下加负荷，模拟使用状态的试验。其目的是验证产品首次大修期限或使用寿命指标。

1. 寿命试验方案

一般采用工程经验法。

（1）试验条件：它是产品的环境条件、工作条件和维护条件的总称。进行设备寿命试验时，应尽可能模拟实际的使用条件。

（2）试验时间：对于航空装备的机载产品，一般取产品首次大修期限的 1～1.5 倍的时间作为试验时间；对于其他武器装备的产品，可根据其使用特点确定试验时间。

（3）受试产品的选择：对于新研制的产品，应选取具备定型条件的合格产品作为受试产品；对于已定型或现场使用的产品，应选取在现场使用了一定时间的产品作为受试产品。

（4）受试产品数量：一般不少于两台（套）。

2. 寿命试验评估

（1）关联故障。对于可修复的产品，凡发生在耗损期内的并导致产品翻修的耗损性故障为关联故障。对于不可修复的产品，发生在耗损期内的并导致产品翻修的耗损性故障和偶然故障均为关联故障。

（2）数据处理。

① 如果受试产品寿命试验到T截止时，全部产品均未发生关联故障，则应按如下公式评估产品的首次大修期限或使用寿命T_0。

$$T_0 = \frac{T}{K} \tag{6-4}$$

式中，T为每台受试产品的试验时间；K为经验修正系数。

② 如果受试产品寿命试验到t_0截止时，有r个关联故障发生，则应按如下公式评估产品的首次大修期限或使用寿命T_{0r}。

$$T_{0r} = \frac{\sum_{i=1}^{r} t_i + (n-r)t_0}{nK_0} \tag{6-5}$$

式中，t_i为第i个受试产品发生关联故障的时间；n为受试产品数量；r为发生的关联故障数；K_0为经验修正系数。

③ 如果受试产品寿命试验到t_n截止时，全部受试产品先后发生关联故障，则应按如下公式评估产品的首次大修期限或使用寿命T_{0n}。

$$T_{0n} = \frac{\sum_{i=1}^{n} t_i}{nK_1} \tag{6-6}$$

式中，K_1为经验修正系数。

6.8.6 分布类型的假设检验

分布类型的判断有理论法和统计法两种。

理论法是根据失效机理制定的数学模型或根据某种分布的性质推导出来的。例如，失效率为常数的寿命分布为指数分布；失效由“最弱”环节决定的寿命分布为极值分布；受很多独立随机因素的影响，且没有一个因素起主导作用，这种分布为正态分布；等等。

统计法是根据大量试验数据经统计求得的，很多同类性能在以往大量试验的基础上已经验证了其分布。例如，几何尺寸、材料性能、硬度等多服从正态分布；金属的疲劳寿命则服从对数正态分布或威布尔分布等。下面仅介绍统计法：在使用统计法时，对分布不明的情况应做大样本的试验以判定其分布类型；对已有经验参考的情况则可做较小样本的试验，假设其分布类型再进行相应的拟合性检验。

下面给出通用的卡方检验法和 K-S 检验法。

卡方检验法一般只用于大样本，计算理论频数与实际频数间的差异，将检验统计量卡方的观测值与临界值做比较。

满足下列条件，接受原假设；否则，拒绝原假设。

$$\chi^2=\sum_{i=1}^{k}\frac{(v_i-np_i)^2}{np_i}\leqslant\chi_\alpha^2(k-m-1) \tag{6-7}$$

式中，n 为样本大小；k 为分组数，按样本大小宜取 $k=7\sim14$；v_i 为第 i 组的实际频数 $v_i\geqslant5$；p_i 为第 i 组的理论频数（概率）；m 为未知参数的数目；α 为显著性水平。

例 6-1　220 个某产品的失效时间记录列于表 6-5 中。试检验该产品的寿命是否服从指数分布。

表 6-5　某产品失效时间的数据记录

时间 t / h	0～100	100～200	200～300	300～400	400～500	500～600	600～700	700～800	800～900
失效数 r_i	39	50	35	32	28	18	12	4	2

解：假设该产品的寿命服从指数分布，$\hat{\bar{t}}$ 为产品平均寿命的点估计，参数 λ 未知。取组中值作为该组时间的代表值 t_i，则 λ 的点估计为

$$\hat{\bar{t}}=\frac{1}{n}\sum_{i=1}^{k}t_iv_i=\frac{1}{220}(50\times39+150\times50+\cdots+850\times2)=293$$

$$\hat{\lambda}=\frac{1}{\hat{\bar{t}}}=\frac{1}{293}$$

假设 H_0 为

$$F(t)=1-\mathrm{e}^{\frac{1}{293}}$$

使用卡方检验法，首先按规定分组。由于每组中实际频数不宜少于 5，故将前 7 段时间各作为一组，最后两段时间合为一组，总计组数 k=8，正好在 7～14 范围内。表 6-6 给出了例 6-1 的计算用值。

表 6-6　例 6-1 的列表计算

组号 i	$np_i = 200p_i$			$v_i - np_i$		
1	39	0.2827	62.194	−23.194	537.962	8.650
2	50	0.2055	45.210	4.790	22.944	0.507
3	35	0.1461	32.140	2.860	8.180	0.254
4	32	0.1039	22.858	9.142	83.576	3.656
5	28	0.0738	16.236	11.764	138.392	8.524
6	18	0.0525	11.550	6.450	41.603	3.602
7	12	0.0373	8.206	3.794	14.394	1.754
8	6	0.0917	20.174	−14.174	200.90	9.958
Σ						36.905

K-S 检验法（亦称 d 检验法）适用于小样本的情况，K-S 检验法要求所检验的分布中不含未知参数。当指定分布中含有未知参数时，对某些分布应该用专门的临界值表。

K-S 检验法是将 n 个试验数据由小到大依次排列。根据假设的分布，计算每个数据对应的 $F_0(x_i)$，将其与经验分布函数 $F_n(x_i)$ 相比较。其中，差的最大绝对值就是检验统计量 D_n 的观测值。将 D_n 与临界值 $D_{n,\alpha}$ 比较，满足下列条件，接受原假设；否则，拒绝原假设。

$$D_n = \sup_{-\infty<x<+\infty} |F_n(x) - F_0(x)| = \max\{d_i\} \leqslant D_{n,\alpha}$$

式中，$F_0(x)$ 为原假设的分布函数；$F_n(x)$ 为经验分布函数；$D_{n,\alpha}$ 为临界值。

$$F_n(x) = \begin{cases} 0, x < x_1 \\ \dfrac{i}{n}, x_i < x \leqslant x_{i-1} \\ 1, x \geqslant x_n \end{cases} \quad d_i = \max\left\{F_0(x_i) - \frac{i-1}{n}, \frac{i}{n} - F_0(x_i)\right\}$$

根据显著性水平 α 的取值，通过查表 6-7 可得 $D_{n,\alpha}$ 的值。

表 6-7　临界值 $D_{n,\alpha}$

序号 i	x_i	α=0.20	α=0.10	α=0.05	α=0.02
1	405	0.0630	0.000	0.111	0.0301
2	416	0.2119	0.111	0.222	0.1009
3	419	0.2743	0.222	0.333	0.0587
4	423	0.3707	0.333	0.444	0.0733
5	429	0.5279	0.444	0.556	0.0839
6	432	0.6064	0.556	0.667	0.0606
7	436	0.7091	0.667	0.778	0.0761
8	440	0.7881	0.778	0.889	0.1009
9	453	0.9525	0.889	1.000	0.0635

例 6-2　某合金 9 个试件测得的强度极限为 453N/mm²、436N/mm²、429N/mm²、419N/mm²、405N/mm²、416N/mm²、432N/mm²、423N/mm²、440N/mm²。检验该合金的强度极限是否服从均值 $\mu = 28\text{N/mm}^2$ 、标准差 $\sigma = 15\text{N/mm}^2$ 的正态分布。

解：令该合金的强度极限 $\sigma b = X$ ，将数据按由小到大的次序排列。假设 X 服从正态分布函数，则

$$F(x) = \int_{-\infty}^{x} \frac{1}{15\sqrt{2\pi}} e^{-\frac{(x-428)^2}{2\times 15^2}} dx = \Phi(\frac{x-428}{15})$$

式中的 $\Phi(*)$ 查标准正态分布表即可，计算结果见表 6-8。

由上述中计算结果知， D_n 的观测值按下式。

$$D_n = \max\{d_i\} = 0.1009$$

取显著性水平 $\alpha = 0.10$ ， 由表 6-8 查得 $D_{n,\alpha} = 0.38764$ 。

由于 $D_n < D_{n,\alpha}$ ，故接受原假设，即认为该合金的强度极限服从 $\mu = 28\text{N/mm}^2$ ， $\sigma = 15\text{N/mm}^2$ 的正态分布。

表 6-8　***K-S*** 检验临界值表

序号 i	α=0.20	α=0.10	α=0.05	α=0.02	α=0.01
1	0.90000	0.95000	0.97500	0.99000	0.99500
2	0.68377	0.77639	0.84189	0.90000	0.92929
3	0.56481	0.63604	0.70760	0.78456	0.82900

续表

序号 i	α=0.20	α=0.10	α=0.05	α=0.02	α=0.01
4	0.49265	0.56522	0.62394	0.68887	0.73424
5	0.44698	0.50945	0.56328	0.62718	0.66853
6	0.41037	0.46799	0.51926	0.57741	0.61661
7	0.38148	0.43607	0.48342	0.53844	0.57581
8	0.35831	0.40962	0.45427	0.50654	0.54179
9	0.33910	0.38746	0.43001	0.47960	0.51332
10	0.32260	0.36866	0.40925	0.45662	0.48893

回归分析法：回归分析法就是图解分析法的解析。

在直角坐标纸上描得几个试验点$(x_1, y_1), (x_2, y_2), \cdots, (x_n, y_n)$，如图 6-5 所示，按最小二乘原理确定直线。

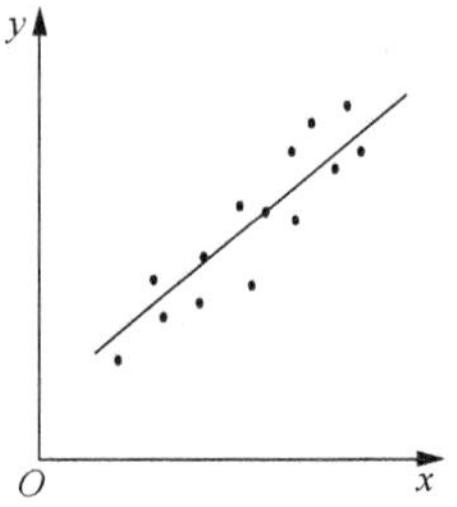

图 6-5　x, y 散点图和回归直线

$$\hat{y} = \widehat{A} + \widehat{B}x \tag{6-8}$$

$$\widehat{B} = \frac{\sum_{i=1}^{n} x_i y_i - n\overline{xy}}{\sum_{i=1}^{n} x_i^2 - n\overline{x}} \tag{6-9}$$

$$\widehat{A} = \overline{y} - \widehat{B}\overline{x} \tag{6-10}$$

$$\overline{x} = \frac{1}{n}\sum_{i=1}^{n} x_i \tag{6-11}$$

$$\overline{y} = \frac{1}{n}\sum_{i=1}^{n} y_i \tag{6-12}$$

能反映出试验点散布状态的一条最佳直线，称为回归直线。斜率$\widehat{B}$称为回归系数，截距$\widehat{A}$为常数项。

各试验点是否在一直线上，即是否具有线性相关的关系，可用相关系数检验法进行检验。相关系数为

$$\hat{p}=\frac{\sum_{i=1}^{n}x_i y_i - n\overline{xy}}{(\sum_{i=1}^{n}x_i^2-n\overline{x}^2)^{0.5}(\sum_{i=1}^{n}y_i^2-n\overline{y}^2)^{0.5}} \tag{6-13}$$

当 $|\hat{p}|>\rho_\alpha$ 时，则认为具有线性相关的关系。

ρ_α 是显著性水平为 α 时的相关系数起码值，见表 6-9，查表时取自由度 $v=n-2$。

对于可靠性分析中常用的概率分布，其分布函数与自变量之间一般在直角坐标上并不呈线性关系，因此应先进行适当的变换。几种常用概率分布的变换关系列于表 6-10 中。

表 6-9　相关系数起码值

序号 i	α=0.10	α=0.05	α=0.02	α=0.01	α=0.001
5	0.6694	0.7545	0.8329	0.8745	0.95007
6	0.6215	0.7067	0.7887	0.8343	0.9249
7	0.5822	0.6664	0.7498	0.7977	0.8982
8	0.5494	0.6319	0.7155	0.7646	0.8721
9	0.5214	0.6021	0.6851	0.7348	0.8471
10	0.4973	0.5760	0.6581	0.7079	0.8233

表 6-10　几种常用概率分布的变换关系

名称	分布函数	y	x	B	A
指数分布	$1-e^{-\lambda t}$	$\ln\frac{1}{1-F(t)}$	t	λ	0
威布尔分布	$1-e^{\left(\frac{t-a}{b}\right)^k}$	$\ln\frac{1}{1-F(t)}$	$\ln(t-a)$	$\frac{1}{\sigma}$	$-k\ln b$
正态分布	$\int_{-\infty}^{t}\frac{1}{\sigma\sqrt{2\pi}}e^{\frac{(t-\mu)^2}{2\sigma^2}}dt$	$\frac{t-u}{\sigma}=\Phi^{-1}[F(t)]$	t	$\frac{1}{\sigma}$	$-\frac{\mu}{\sigma}$
对数正态分布	$\int_{0}^{t}\frac{1}{t\sigma\sqrt{2\pi}}e^{\frac{(\ln t-\mu)^2}{2\sigma^2}}dt$	$\frac{\ln t-u}{\sigma}=\Phi^{-1}[F(t)]$	$\ln t$	$\frac{1}{\sigma}$	$-\frac{\mu}{\sigma}$

在使用回归分析法时，首先将试验获得的 n 个数据按由小到大的次序排列，即 $t_1 < t_2 < \cdots < t_n$，取中位秩作为各试验点相应的分布函数，即

$$\hat{F}\left(t_i\right) \approx \frac{i-0.3}{n+0.4} \tag{6-14}$$

其中，i 为第 i 次的试验数据。

假设一种分布，按表 6-10 进行变换后即可用式（6-14）～式（6-18）进行计算，若相关系数检验通过则接受原假设，估计得 B、A 后再按表 6-10 中关系估计原分布函数的参数。

例 6-3　某合金材料在某应力水平下做疲劳寿命试验，10 个试件的疲劳寿命分别为 211、229、272、276、295、303、332、354、382、409 千次。试进行分布类型的判断并进行参数估计。

解： 一般金属疲劳寿命多较好地服从对数正态分布，故先假设该材料疲劳寿命服从对数正态分布。按表 6-10 得

$$y = \frac{\ln N - \mu}{\sigma}, \quad x = \ln N, \quad B = \frac{1}{\sigma}, \quad A = -\frac{\mu}{\sigma}$$

$$\bar{x} = \frac{1}{n}\sum_{i=1}^{n} x_i = \frac{57.046}{10} = 5.7046, \quad \bar{y} = \frac{1}{n}\sum_{i=1}^{n} y_i = 0$$

相应的计算结果如表 6-11 所示。

表 6-11　计算结果

序号	N_i	$x_i = \ln N_i$	$\hat{F}(N_i) \approx \frac{i-0.3}{n+0.4}$	$y_i = \phi^{-1}[\hat{F}(N_i)]$	x_i^2	y_i^2	$x_i y_i$
1	211	5.352	0.067	−1.500	28.642	2.250	−8.028
2	229	5.434	0.162	−0.985	29.525	0.970	−5.352
3	272	5.606	0.295	−0.645	31.425	0.416	−3.616
4	276	5.620	0.356	−0.370	31.589	0.137	−2.080
5	295	5.687	0.452	−0.120	33.342	0.014	−0.682
6	303	5.714	0.548	0.120	32.647	0.014	0.686
7	332	5.805	0.644	0.370	33.700	0.137	2.148
8	354	5.869	0.741	0.645	34.445	0.416	3.786
9	382	5.945	0.838	0.985	35.348	0.970	5.856
10	409	6.014	0.933	1.500	36.165	2.250	9.021
Σ		57.046		0	325.828	7.574	1.739

相关系数检验：

$$p=\frac{\sum_{i=1}^{n}x_iy_i-n\overline{xy}}{(\sum_{i=1}^{n}x_i^2-n\overline{x}^2)^{\frac{1}{2}}(\sum_{i=1}^{n}y_i^2-n\overline{y}^2)^{\frac{1}{2}}}=\frac{1.739-0}{(325.828-10\times 5.7046)^{\frac{1}{2}}(7.574-0)^{\frac{1}{2}}}$$
$$=0.9949$$

由表 6-9 可知，当 $v=n-2=8$，$\alpha=0.05$，查得 $\rho_{0.05}=0.6319$，$\hat{\rho}>\rho_{\alpha}$，故接受疲劳寿命服从对数正态分布的假设。

$$\hat{B}=\frac{\sum_{i=1}^{n}x_iy_i-n\overline{xy}}{\sum_{i=1}^{n}x_i^2-n\overline{x}}=\frac{1.739-0}{325.828-10\times 5.7046^2}=4.311$$

$$\hat{A}=\overline{y}-\hat{B}\overline{x}=0-4.311\times 5.7046=-24.5925$$

估计分布参数 μ 和 σ，由表 6-10 知：$B=\frac{1}{\sigma},A=-\frac{\mu}{\sigma}$

$$\hat{\sigma}=\frac{1}{\hat{B}}=\frac{1}{4.311}=0.232$$

$$\hat{\mu}=-\hat{A}\hat{\sigma}=-(-24.5925\times 0.232)=5.70546$$

6.8.7　指数分布的分析法

拟合性检验：这种检验法适用于截尾试验、全数试验和有中止的试验。计算检验统计量：

$$\chi^2-2\sum_{k=1}^{d}\ln\frac{t_{\Sigma}}{T_k} \tag{6-15}$$

式中，t_{Σ} 为总累积试验时间；$d=\begin{cases}r-1,\text{定数截尾或定时截尾},t_r=t_0\\ r,\qquad\text{定时截尾},t_r<t_0\end{cases}$，$t_0$ 为指定的定时截尾时间，t_r 为指定的定数截尾时间。

满足下列条件则接受指数分布的假设，否则拒绝指数分布的假设。

$$\chi^2_{1-\frac{\alpha}{2}}(2d)\leqslant\chi^2\leqslant\chi^2_{\frac{\alpha}{2}}(2d) \tag{6-16}$$

式中，T_k 为第 $k(k=1,2,3,\cdots,\Gamma)$ 次失效时的累积试验时间；α 为显著性水平；$\chi^2(2d)$ 为自由度为 $2d$ 的 χ^2 分布的分位数，查表 6-12。

总累积的试验时间 t_{Σ} 是所有投入试验的试样（包括失效的、中止的、截尾未失效的）试验到规定时间的试验时间总和。当开始投入 n 个试样同时试验，试验中有 b 个中止，中止时间为 $\tau_j(j=1,2,\cdots,b)$；有 r 个失效，失效时间为 $t_i(i=1,2,\cdots,r)$。到规定试验 t_0 停止试验，则试验总累积时间为

无替换：
$$t_{\Sigma}=\sum_{i=1}^{r}t_i+\sum_{j=1}^{b}\tau_j+(n-r-b)t_0 \tag{6-17}$$

有替换：
$$t_{\Sigma}=\sum_{j=1}^{b}\tau_j+(n-b)t_0 \tag{6-18}$$

t_k 为第 k 次试验的时间；b_k 为试验中止次数。第 k 次失效时的累积试验时间为

无替换：
$$t_{\Sigma}=\sum_{i=1}^{r}t_i+\sum_{j=1}^{b_k}\tau_j+(n-r-b)t_k \tag{6-19}$$

有替换：
$$t_{\Sigma}=\sum_{j=1}^{b_k}\tau_j+(n-b_k)t_k \tag{6-20}$$

式中，t_{Σ} 为总累积试验时间；r 为观测失效数。

表 6-12　区间估计

区间估计种类	定时截尾	定数截尾
单侧置信下限 $\bar{t}_L$	$\dfrac{2t_{\Sigma}}{\chi^2_{\alpha}(2r+2)}$	$\dfrac{2t_{\Sigma}}{\chi^2_{\alpha}(2r)}$
双侧置信下限 $\bar{t}_L$	$\dfrac{2t_{\Sigma}}{\chi^2_{\frac{\alpha}{2}}(2r+2)}$	$\dfrac{2t_{\Sigma}}{\chi^2_{\frac{\alpha}{2}}(2r)}$
双侧置信上限 $\bar{t}_U$	$\dfrac{2t_{\Sigma}}{\chi^2_{1-\frac{\alpha}{2}}(2r+2)}$	$\dfrac{2t_{\Sigma}}{\chi^2_{1-\frac{\alpha}{2}}(2r)}$

参数 λ 的区间估计：先由表 6-12 计算平均寿命的置信限；λ 的置信下限 $\lambda_L=\dfrac{1}{\bar{t}_U}$；可靠度的点估计 $\hat{R}(t)=\mathrm{e}^{-\lambda t}=\mathrm{e}^{-\frac{1}{\hat{t}}}$；$\lambda$ 的置信上限 $\lambda_U=\dfrac{1}{\bar{t}_U}$；可靠度的置信下限 $R_L(t)=\mathrm{e}^{-\lambda_U t}=\mathrm{e}^{-\frac{1}{\bar{t}_L}}$。

6.8.8　正态及对数正态分布的分析法

1. 拟合性检验

假设 $F_0(x;\bar{x};s_x^2)=\int_{-\infty}^{x}\frac{1}{s_x\sqrt{2\pi}}e^{-\frac{(x-\bar{x})^2}{2s_x^2}}$ 与 K-S 检验法类似，满足下列条件则接受原假设，否则拒绝原假设。

$$\tilde{D}_n=\sup_{-\infty<x<+\infty}\left|F_0(x;\bar{x};s_x^2)-F_x(x)\right|=\max\{\tilde{d}_i\}\leqslant\tilde{D}_{n,\alpha}\tag{6-21}$$

$$\tilde{d}_i=\max\{F_0(x;\bar{x};s_x^2)-\frac{i-1}{n},\frac{i}{n}-F_0(x;\bar{x};s_x^2)\}\tag{6-22}$$

临界值 $D_{n,\alpha}$ 可按表 6-13 查得。

表 6-13　$\tilde{D}_{n,\alpha}$——临界值表

α		0.20	0.15	0.10	0.05	0.01
n	5	0.285	0.299	0.315	0.337	0.405
	8	0.233	0.244	0.261	0.285	0.331
	10	0.215	0.224	0.239	0.258	0.294
	15	0.177	0.187	0.201	0.220	0.257
	20	0.160	0.166	0.174	0.190	0.231
	30	0.131	0.136	0.144	0.161	0.187

2. 完全样本的参数估计

完全样本的点估计公式如下：

$$\begin{cases}\hat{\mu}=\bar{x}=\dfrac{1}{n}\sum\limits_{i=1}^{n}x_i\\ \sigma=s_x=\left[\dfrac{1}{n}\sum\limits_{i=1}^{n}(x_i-\bar{x})^2\right]^{0.5}\end{cases}\tag{6-23}$$

完全样本的区间估计公式如下：

$$\begin{cases}\mu_L=\bar{x}_L=\bar{x}-\dfrac{s_x}{\sqrt{n}}t_{\frac{\alpha}{2}}(v)\\ \mu_U=\bar{x}_U=\bar{x}+\dfrac{s_x}{\sqrt{n}}t_{\frac{\alpha}{2}}(v)\end{cases}\tag{6-24}$$

式中，α 为显著性水平，$1-\alpha$ 为置信水平；n 为样本大小；v 为自由度。

当标准差σ已知，s_x用σ代替，则$v=+\infty$；当标准差为点估计s_x，则$v=n-1$；

$$\sigma_L = S_{xL} = \left[\frac{n-1}{\chi^2_{\frac{\alpha}{2}}(v)}\right]^{\frac{1}{2}} s_x \tag{6-25}$$

$$\sigma_U = S_{xU} = \left[\frac{n-1}{\chi^2_{\alpha}(v)}\right]^{\frac{1}{2}} s_x \tag{6-26}$$

式中，v为自由度，当均值μ已知时，$v=n$；当μ未知时，$v=n-1$。

若随机变量y服从对数正态分布，即$Y \sim \ln(\mu,\sigma^2)$，则$\ln Y \sim N(\mu,\sigma^2)$，故取$x=\ln y$。

3. 截尾寿命试验的参数估计

（1）极大似然估计：

失效时间$x_1 \leqslant x \leqslant \cdots \leqslant x_r \leqslant x_0$。

$$\hat{\mu} = \overline{x} = \hat{\mu} = \overline{x}_r + \frac{S_x^2 - S_r^2}{d}\hat{\sigma} = S_x = \frac{d}{g\left(D, \frac{r}{n}\right)} \tag{6-27}$$

$$\overline{x}_r = \frac{1}{r} = \sum_{i=1}^{r} X_i, \qquad S_r^2 = \frac{1}{r}\sum_{i=1}^{r}(x_i - \overline{x}_r)^2 \tag{6-28}$$

$$d = x_0 - \overline{x}_r, \qquad D = \frac{d^2}{d^2 + S_r^2} \tag{6-29}$$

其中，S_x为样本的标准差；S_r为失效的标准差。具体估计用表见表 6-14。

（2）最佳线性无偏估计：

$$\hat{\mu} = \overline{x} = \sum_{j=1}^{r} D\left(n,r,j\right)x_j, \qquad \hat{\sigma} = S_x = \sum_{j=1}^{r} C'\left(n,r,j\right)x_j \tag{6-30}$$

式中，n为样本大小；r为失效数；j为寿命由小到大排列的次序；x_j为第j个寿命值；$D(n,r,j)$为μ的最佳线性无偏估计系数；$C'(n,r,j)$为σ的最佳线性无偏估计系数。具体估计用表见表 6-15。

（3）简单线性无偏估计：

$$\hat{\mu} = \overline{x} = x_r - E(Y_{r,n})\hat{\sigma}, \qquad \hat{\sigma} = s_x = \frac{1}{nk_{r,n}}\left[rx_r - \sum_{j=1}^{r} x_j\right] \tag{6-31}$$

式中，$nk_{r,n}$为系数，查表 6-16 可得；$E\left(Y_{r,n}\right)$为系数，查表 6-17；其余同前。

（4）可靠寿命和可靠度的估计：

指定可靠度 R，可靠寿命的点估计为

$$\hat{x}(R)=\overline{x}-z_R S_x \tag{6-32}$$

式中，z_R 为标准正态化。

指定寿命 x 的可靠度 R 的点估计为

$$\hat{R}(x)=\varPhi(z_R),\qquad z_R=\frac{\overline{x}-x}{S_x} \tag{6-33}$$

指定可靠度 R_L 的可靠寿命置信下限为

$$x_L(R)=\overline{x}-z_{R_y}S_x \tag{6-34}$$

$$z_{R_y}=\frac{z_R+z_y[\dfrac{1}{n}(1-\dfrac{Z_\gamma^2}{2n-2})+z_R^2]}{1-\dfrac{Z_\gamma^2}{2n-2}} \tag{6-35}$$

指定寿命 x_L 的可靠度置信下限 $R_L=\varPhi\left(z_{R_L}\right)$

$$z_{R_L}\approx z_{R_\gamma}-z_\gamma(\frac{1}{n}+\frac{Z_{R_\gamma}^2}{2n-2})^{\frac{1}{2}},\qquad z_{R_\gamma}=\frac{\overline{x}-x_L}{S_x} \tag{6-36}$$

应该指出，这里的 x 并不限于寿命，也可以是服从正态分布的其他特性值，例如材料的机械强度等。

表 6-14　极大似然估计用表（正态及对数正态分布）

	0.01	0.10	0.30	0.50	0.70	0.90	0.99
0.02	0.119803	0.128283	0.134006	0.137323	0.139833	0.141919	0.142766
0.04	0.158428	0.174515	0.185809	0.192542	0.197737	0.202128	0.203929
0.06	0.184441	0.207584	0.224359	0.234588	0.242612	0.249489	0.252337

表 6-15　最佳线性无偏估计用表（正态及对数正态分布）

n	r	j	$C(n,r,j)$	$D(n,r,j)$	n	r	j	$C(n,r,j)$	$D(n,r,j)$
5	2	1	−1.4971	−0.7411	7	5	1	−0.4370	0.0465
		2	1.4971	1.7411			2	−0.1943	0.1072

表 6-16　简单线性无偏估计用表（正态及对数正态分布）

n	r	$E(v_{r,n})$	$nk_{r,n}$
20	4	−0.9210	1.6431
	5	−1.1123	2.0213
	8	−0.3149	4.9065
	10	−0.6043	5.5602
	12	0.1870	9.6694
	15	−0.2151	10.2049
	16	0.7454	17.2531
	20	0.1428	16.2884
	25	0.5208	24.6235
22	5	−0.8153	2.2796
	10	−0.1699	6.7158
	30	0.9979	37.5731

表 6-17　不同置信水平 γ 时的 z_γ

γ	0.50	0.60	0.70	0.80	0.90	0.95	0.99	0.995	0.999
z_γ	0.00	0.2534	0.5244	0.8416	1.2820	1.6450	2.3260	2.5760	3.0900

第 7 章　以可靠性为中心的维修性分析

7.1　以可靠性为中心的维修性分析的一般要求

7.1.1　新研制装备和改型装备

以可靠性为中心的维修分析主要用于工程研制阶段，寿命周期各阶段的要求和时机如下[15]。

（1）在论证阶段应提出减少装备维修或便于装备维修的设计要求，确定进行以可靠性为中心的维修分析的准则、预定的装备预防性维修工作间隔期及建议的维修级别等。

（2）在方案开始阶段进行以可靠性为中心的维修分析，并根据具体要求生成初始的预防性维修大纲（或类似文件）。

（3）在工程研制阶段全面展开以可靠性为中心的维修分析，在该阶段结束时应提供以可靠性为中心的维修分析结果，并根据具体要求生成预防性维修大纲（或类似文件）。

（4）在生产和使用阶段应开展必要的预防性维修工作间隔期探索，按实际使用情况对预防性维修大纲进行修正和完善。

在部署前，应提供或制定基于以可靠性为中心的维修分析的预防性维修大纲；在部署后，应采用相关技术探索预防性维修工作间隔期和装备故障特性，必要时按实际使用情况修订装备预防性维修大纲。

7.1.2　以可靠性为中心维修分析的内容

以可靠性为中心的维修分析包括下列四个方面：①系统和设备以可靠性为中心的维修分析；②结构以可靠性为中心的维修分析；③区域检查分析；④以可靠性为中心的维修分析结果的组合。

以可靠性为中心的维修分析过程可根据装备的类型进行剪裁。

7.1.3　以可靠性为中心的维修分析的组织实施

应由订购方在有关文件和合同中，提出以可靠性为中心的维修分析要求和现行的维修制度、已知和预计的维修资源等约束条件，并负责对承制方的以可靠性为中心的维修分析工作实施有效的监督和控制，对承制方分析的结果进行评审。应由承制方根据订购方要求实施有关以可靠性为中心的维修分析工作，并对转承制方以可靠性为中心的维修分析工作实施有效的监督和控制。应由订购方和承制方双方代表共同组成以可靠性为中心的维修分析的管理组织，对以可靠性为中心的维修分析过程进行管理与协调，确保以可靠性为中心的维修分析工作的正确实施。

7.2 系统和设备以可靠性为中心的维修分析

7.2.1 维修分析的目的

确定系统和设备的预防性维修要求，包括需要进行预防性维修的产品（项目）、工作类型、间隔期并提出维修级别的建议。

7.2.2 维修分析的适用对象

适用于装备、功能系统、分系统和各类设备以及其他相似产品。

7.2.3 维修分析所需的信息

根据分析进程需要，应收集下列信息：①产品的概况，如产品的构成、功能（含隐蔽功能）和冗余等；②产品的故障信息，如产品的功能故障模式、故障原因和故障影响，产品可靠性与使用时间的关系，预计的故障率，潜在故障判据，产品由潜在故障发展到功能故障的时间，功能故障或潜在故障可能的检测方法；③产品的维修保障信息，如维修的方法和所需人力、设备、工具、备件、材料、油液等；④费用信息，包括产品预计或计划的研制费用、维修费用，以及维修所需保障设备的研制和维修费用；⑤相似产品上述几方面的信息。

7.2.4 维修分析的步骤与方法

1. 系统和设备以可靠性为中心的维修分析的步骤

以可靠性为中心的维修分析一般应包括下列步骤。

（1）确定以可靠性为中心的维修分析项目。

（2）对以可靠性为中心的维修分析项目按 GJB/Z 1391—2006《故障模式、影响及危害性分析指南》进行故障模式和影响分析。分析时应重点考虑以可靠性为中心的维修分析项目的功能、功能故障、故障原因和故障影响。

（3）应用逻辑决断图确定预防性维修工作类型，如图 7-1 所示。针对以可靠性为中心的维修分析项目各功能故障原因，应按逻辑决断图的流程进行分析，选择适用且有效的预防性维修工作类型；对于没有找到适用的和有效的维修工作类型的项目，应根据其故障后果的严重程度确定是否更改设计。

（4）确定预防性维修工作间隔期。应依据零部件、元器件的可靠性数据、类似项目的经验或生产商的建议，确定预防性维修工作的间隔期。对于没有这些数据的，可根据工程判断暂定其初始间隔期。对于有安全性或重大任务性和经济性后果的故障，确定其预防性维修工作间隔期时，应建立相应的模型，定量评估。

（5）提出预防性维修级别的建议，预防性维修级别的选择可参照《修理级别分析》（GJB 2961—97），并结合装备的作战和使用要求、维修的经济性等条件提出建议，除特殊需要外，一般应将预防性维修工作确定在耗费最低的维修级别。

（6）对非重要功能产品，应按以往类似项目的经验或承制方建议，确定是否进行预防性维修工作，如果需要，应确定其所需预防性维修工作的类型和间隔期，提出维修级别的建议。

2. 以可靠性为中心的维修分析项目的确定

1）重要功能产品

（1）确定原则。装备中满足下列条件之一的产品应确定为重要功能产品：①该产品的故障可能影响安全；②该产品的故障可能影响任务完成；③该产品的故障可能导致重大的经济损失；④该产品的隐蔽功能故障与另一有关的或备用产品的故障的综合可能导致上述一项或多项影响；⑤该产品的故障可能引起的从属故障将导致上述一项或多项影响。

（2）确定步骤。确定重要功能产品是一个自上而下的、粗略的过程，如果没有准确的信息表明某一产品是否为重要功能产品，应将该产品暂时划为重要功能产品。确定过程中，对产品故障后果一般应采用工程判断方法进行决断。重要功能产品的确定一般应按如下步骤进行：①从系统级开始至可在装备上直接更换或修复的最低层次上的单元为止，逐层列出各个产品，形成装备的结构框图；②从系统级开始自上而下地对各个层次上的产品进行重要功能产品判定。如果某一产品被确定为重要功能产品，则应继续判定其下一层次的产品是否为重要功能产品，此过程反复进行直至非重要功能产品或可在装备上直接更换或修复的最低层次上的单元为止。

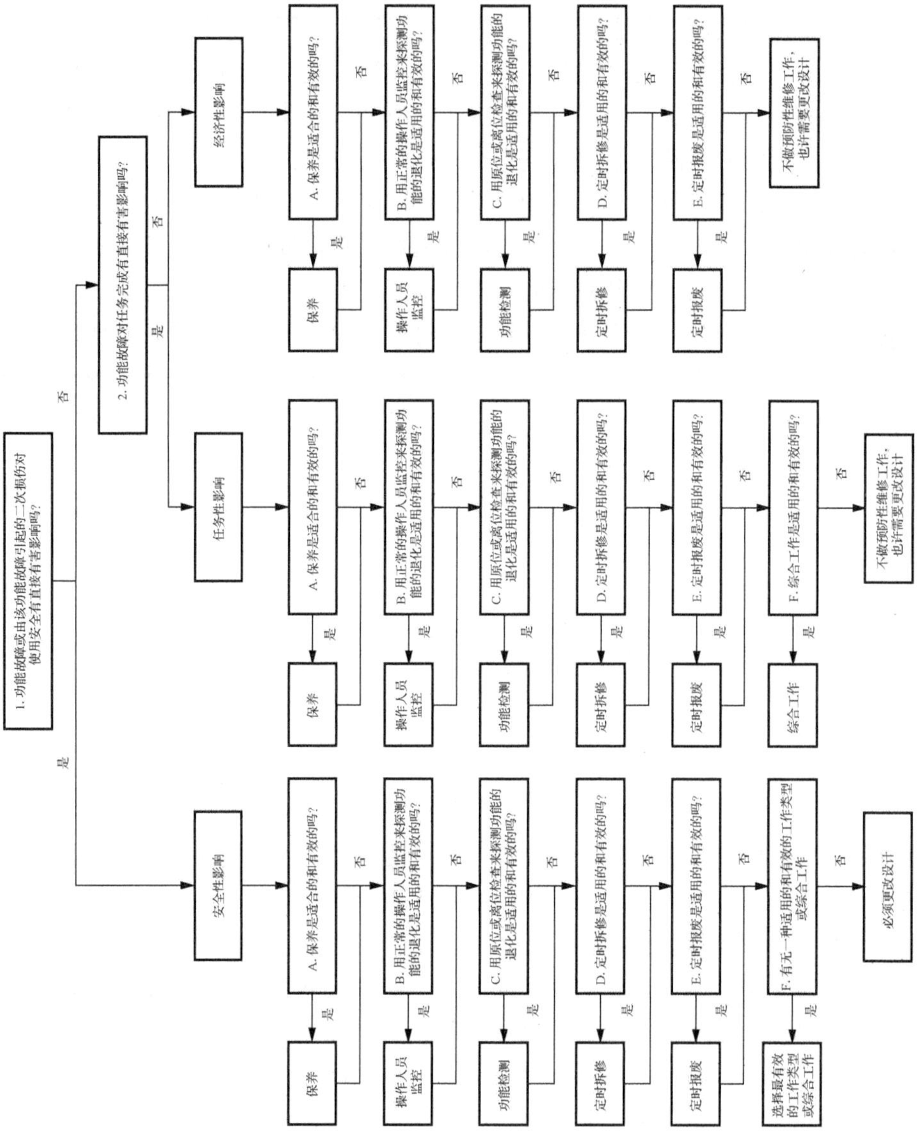

（a）功能故障的发生对正常使用操作设备的操作人员有明显影响

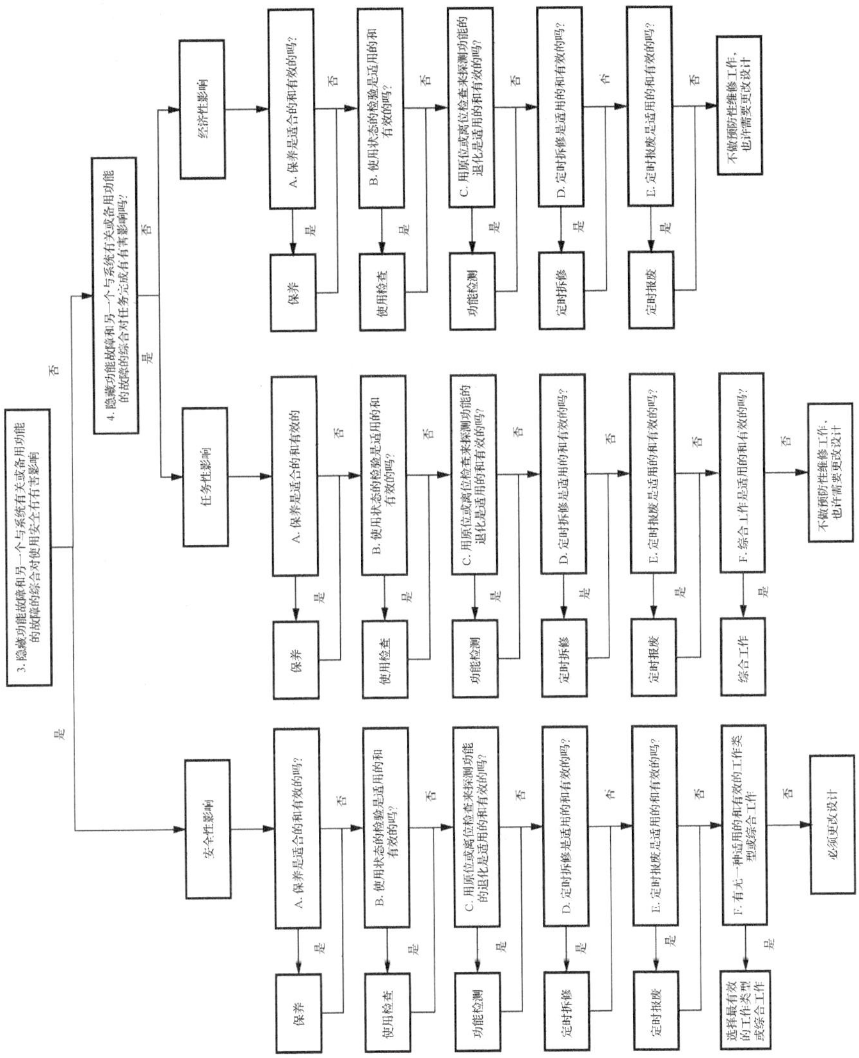

（b）功能故障的发生对正常使用操作设备的操作人员无明显影响

图 7-1　系统和设备以可靠性为中心的维修分析逻辑决断图

2）以可靠性为中心的维修分析项目

应选择合理层次上的重要功能产品作为以可靠性为中心的维修分析项目。一般情况下将最低层次重要功能产品的上一层产品确定为以可靠性为中心的维修分析项目。对这些确定的项目进行列表并编号，提交管理组织审查认可后进行后续的分析。对于列为非重要功能的产品，则不要求进行以可靠性为中心的维修分析，但必须提交管理组织审查认可。

3. 预防性维修工作类型的确定

1）预防性维修工作类型的划分

预防性维修工作类型可按所进行的预防性维修的内容及其时机划分。预防性维修工作类型通常划分为以下几类。

（1）保养。为保持项目固有的设计性能而进行的表面清洗、擦拭、通风、添加油液或润滑剂、充电、充气、紧固和调整等作业，但不包括功能检测和使用检查等工作。

（2）操作人员监控。操作人员在正常使用装备时对其状态进行的监控，其目的在于发现项目的潜在故障，包括：①对装备所做的使用前检查；②对装备仪表的监控；③通过感觉辨认异常现象或潜在故障，如通过对气味、声音、振动、温度、外观、操作力等变化的辨识及时发现异常现象或潜在故障。

（3）使用检查。按计划进行的，以检查隐蔽功能故障为目的维修工作，用于确定项目能否执行规定功能。

（4）功能检测。按计划进行的，以检查潜在故障为目的的维修工作，用于确定项目功能状态是否在规定限度内。

（5）定时拆修。项目使用到规定的时间予以拆修，使其恢复到规定的状态。

（6）定时报废。项目使用到规定的时间予以废弃，更换新品或符合规定要求的项目。

（7）综合工作。实施两种或多种类型的预防性维修工作。

2）各种预防性维修工作类型的适用性

应按照下列条件判断各种预防性维修工作类型的适用性（对于有多款条件的必须同时满足）。

（1）保养的适用条件：应能降低项目功能的退化速度。

（2）操作人员监控的适用条件：①项目功能退化必须是可探测的；②项目应存在一个可定义的潜在故障状态；③项目从潜在故障发展到功能故障之间应存在一个合理的和稳定的间隔期；④必须是操作人员正常工作的组成部分。

（3）使用检查的适用条件：项目功能故障应是隐蔽功能故障，且其故障状态应是可鉴别的。

（4）功能检测的适用条件：①项目功能退化应是可测的；②项目应存在一个可定义的潜在故障状态；③项目从潜在故障发展到功能故障应存在一个合理的和稳定的间隔期。

（5）定时拆修的适用条件：①项目应有可确定的耗损期；②大部分项目均能正常工作到该可鉴别的使用时间；③应有可能将项目修复到规定状态。

（6）定时报废的适用条件：①项目应有可确定的耗损期；②大部分项目均能正常工作到该可鉴别的使用时间。

（7）综合工作的适用条件：所综合的预防性维修工作类型应都是适用的。

3）各种预防性维修工作类型的有效性

应根据各种预防性维修工作类型对项目故障后果的消除程度判定其有效性[16]：①对于有安全性和任务性影响的功能故障，若该类型预防性维修工作能将故障或多重故障发生的概率降到规定的可接受水平，则认为是有效的；②对于有经济性影响的功能故障，若该类型预防性维修工作的费用低于项目故障引起的损失费用，则认为是有效的；③保养工作只要适用就是有效的。

4）应用逻辑决断图确定预防性维修工作类型

（1）逻辑决断图的分析流程。逻辑决断图的分析流程始于决断图的顶部，应根据对问题的回答为“是”或“否”来确定分析流程的方向。逻辑决断图一般应分为两层。

第一层确定故障影响：包括图 7-1 中问题 1 至问题 5。应根据故障模式和影响分析结果，确定各功能故障的影响类型，即将功能故障影响划分为明显的安全性、任务性、经济性影响和隐蔽的安全性、任务性、经济性影响。

安全性影响是指某功能故障或由该功能故障引起的二次损伤本身或与其他功能故障综合后的后果，会对装备的安全使用和/或环境产生直接的不利影响。

任务性影响是指某功能故障或由该功能故障引起的二次损伤本身或与其他功能故障综合后的后果，可能妨碍装备额定任务完成或造成的经济损失远大于维修费用。

经济性影响是指某功能故障不具有安全性影响和任务性影响，但会增加装备的使用费用，或增加人力、物力，或增加其他资源或维修费用而影响经济利益。

第二层选择预防性维修工作类型：包括图 7-1 中问题 A 至问题 F 或问题 A 至问题 E。考虑各功能故障的原因，选择每个以可靠性为中心的维修分析项目的预防性维修工作类型。对于具有明显功能故障的项目，可供选择的维修工作类型有：保养、操作人员监控、使用检查、功能检测、定时拆修、定时报废和综合工作。对于隐蔽功能故障的项目，可供选择的预防性维修工作类型有：保养、使用检查、功能检测、定时拆修、定时报废和综合工作。

在预防性维修工作类型的选择中，对于所有的故障影响类型，问题 A：“保养工作是适用和有效的吗？”的回答无论是什么，都应进入问题 B。对具有任务、经济性影响的故障在后续的问题回答中，一旦出现“是”的回答，即必须同时满足适用性和有效性条件，才可退出逻辑分析；对具有安全性影响的故障在回答完所有的问题后选择一种最有效的预防性维修工作类型或综合工作。

（2）暂定答案。在分析过程中，若因缺乏足够的信息而对逻辑决断图中的问题不能做出准确的回答时，应按表 7-1 给出一个暂定的回答。多数情况下，暂定答案可能导致选择较保守和/或耗资较大的预防性维修工作类型或更改设计；在根据暂定答案做出决策时，应非常慎重。一旦获得足够的信息，应及时重新选择适用的和有效的预防性维修工作类型。

表 7-1　暂定答案

逻辑问题	暂定答案	判断错误可能产生的不利影响
确定故障后果：		
RCMA 问题 1	否：认为故障是隐蔽的	不必要的维修或更改设计
RCMA 问题 2	是：认为故障直接影响安全	不必要的维修或更改设计
RCMA 问题 3	是：认为故障直接影响任务完成	不必要的维修或更改设计
RCMA 问题 4	是：认为故障有隐蔽的安全性影响	不必要的维修或更改设计
RCMA 问题 5	是：认为故障有隐蔽的任务性影响	不必要的维修或更改设计
确定维修工作类型：		
RCMA 问题 A	是：认为需做保养工作	不必要的维修
RCMA 问题 B	否	继续分析选择较保守的工作
RCMA 问题 C	否	继续分析选择较保守的工作
RCMA 问题 D	否	继续分析选择较保守的工作
RCMA 问题 E	否：安全性影响、任务性影响	继续分析选择较保守的工作
	是：经济性影响	不必要的维修
RCMA 问题 F	否：需要更改设计	不必要的更改设计

注：RCMA 为“以可靠性为中心的维修分析”的简称。

（3）对无预防性维修工作决断的处理。若分析后，没有找到适用的和有效的预防性维修工作类型以预防项目故障的发生，则：①对有安全性影响的项目必须更改设计。②对有任务性影响的项目必要时应更改设计。若项目有多种功能，一个故障即使不影响其全部功能或影响的程度不同，也应当按项目的全部功能和任务要求考虑更改设计问题。③对只有经济性影响的项目应从经济角度权衡是否需要更改设计。若不更改项目设计，则对该项目采取故障后修复策略；更改设计后，应重新分析确定是否需要进行预防性维修。

4. 预防性维修工作间隔期的确定

1）确定预防性维修工作间隔期所需的信息

确定预防性维修工作间隔期应根据下列信息：①项目的使用条件；②项目的

故障模式及故障规律等方面的信息；③承制方的测试与技术分析数据；④承制方对维修的建议；⑤订购方对维修的要求；⑥同型或类似项目的使用或维修经验。

2）预防性维修工作间隔期的确定原则

预防性维修工作间隔期应根据项目功能故障的后果（包括引起多重故障的后果）及其故障规律确定。不同的预防性维修工作类型，其间隔期的确定原则不同，具体如下。

（1）使用检查间隔期的确定原则：按确定的使用检查间隔期维修，应将多重故障发生概率降到可接受水平。

（2）功能检测间隔期的确定原则：①功能检测的间隔期一般应小于从潜在故障发生的初始点到功能故障发生时的间隔时间，即 P-F 间隔期；②对于从新品到潜在故障发生的初始时间点的间隔时间远大于 P-F 间隔期的项目，功能检测的间隔期应分为首检期和重复间隔期，首检期一般应小于从新品到潜在故障开始出现时的间隔时间；③确定的功能检测间隔期必须具有可操作性。

（3）定时拆修或定时报废间隔期的确定原则：定时拆修或定时报废工作间隔期应满足有效性要求，一般应不大于项目耗损期。

（4）对于只有经济性故障后果的项目，其维修工作间隔期的确定应满足经济有效性要求。

3）预防性维修工作间隔期探索

装备投入使用后，应进行预防性维修工作间隔期探索，即通过分析使用与维修数据、研制过程中的有关信息，确定项目可靠性与使用时间的关系，调整项目预防性维修工作类型及其间隔期。

预防性维修工作间隔期探索可通过抽样考察规定数量的项目进行。调整项目的预防性维修工作类型和间隔期时，应特别重视下列信息：①所分析项目的设计、研制试验结果和以前的使用经验；②类似项目抽样的结果；③项目抽样的结果。

7.3　结构以可靠性为中心的维修分析

7.3.1　维修分析的目的

确定结构项目的预防性维修要求，主要是检查等级和检查间隔期并提出维修级别的建议。

7.3.2　维修分析的适用对象

适用于不宜按系统和设备分析的大型装备的结构项目（结构组件、结构零件和结构细节），即用于承受动力、压（拉）力或操纵载荷的项目[17]。

7.3.3 维修分析所需的信息

根据分析进程需要，尽可能收集下列信息：①结构项目的类型、材料和主要受力情况；②内、外部防腐蚀状况；③每个重要结构项目的编码、名称、位置、图形、初步估计的故障后果等；④已有的静力试验、疲劳试验、耐久性试验或损伤容限试验等试验结果；⑤其他经分析确定了耐久性或损伤容限的结构项目的疲劳检查计划；⑥类似结构的信息。

7.3.4 维修分析的步骤与方法

1. 确定重要结构项目

按故障后果将结构项目划分为重要结构项目和非重要结构项目。凡其损伤会使装备结构削弱到对安全或任务产生有害影响的结构组件、结构零件或结构细节应划为重要结构项目，其余为非重要结构项目。对重要结构项目需要通过评级确定检查要求；对非重要结构项目不需要评级，只需按以往经验或承制方建议确定适当的检查。

2. 进行故障模式的影响分析

按《故障模式、影响及危害性分析指南》（GJB/Z 1391—2006）对每个重要结构项目进行故障模式和影响分析，分析时应考虑其所有的功能及其可能的故障模式[18-22]。

3. 应用逻辑决断图确定结构的预防性维修要求

1）决断时应考虑的因素

结构项目的逻辑决断应考虑下列因素。

（1）材料的特性，特别是复合材料和其他新材料。

（2）损伤的种类，分为疲劳损伤、环境损伤和偶然损伤三类。

（3）该重要结构项目对每种损伤的敏感性和探测及时性。

（4）该重要结构项目的故障模式和影响分析结果，包括：①损伤对安全或任务的影响程度；②多部位丛生的疲劳损伤；③由结构项目的功能故障与系统和设备产品的相互作用引起的对装备使用特性的影响。

（5）检查等级：分为一般目视检查、详细目视检查、无损检测三级。其中一般目视检查是指对明显损伤的目视检查，详细目视检查是对细微损伤的细致目视检查，可能需要适当的辅助检查工具。

（6）影响检查工作有效性的因素：①重要结构项目的位置及可达性；②可检损伤尺寸及损伤扩展速率；③所检查的装备数和装备的使用时间；④首检期和检

查间隔期，首检期是从结构项目投入使用或储存到应做首次检查的时间，检查间隔期是首次检查后重复进行检查的间隔时间。

2）决断过程

应用逻辑决断图确定各结构项目的预防性维修要求的分析流程见图 7-2，其中重要结构项目的评级按照重要结构的评级原则要求进行，检查要求的确定按检查要求原则进行。决断过程应依次回答图 7-2 中的问题 D1 至 D6 和作业流程 P1 至 P6，其中：①D1，把结构项目分为重要结构项目和非重要结构项目。②P1，对于非重要结构项目，依据下列两点确定合适的检查工作，类似项目以往的经验，采

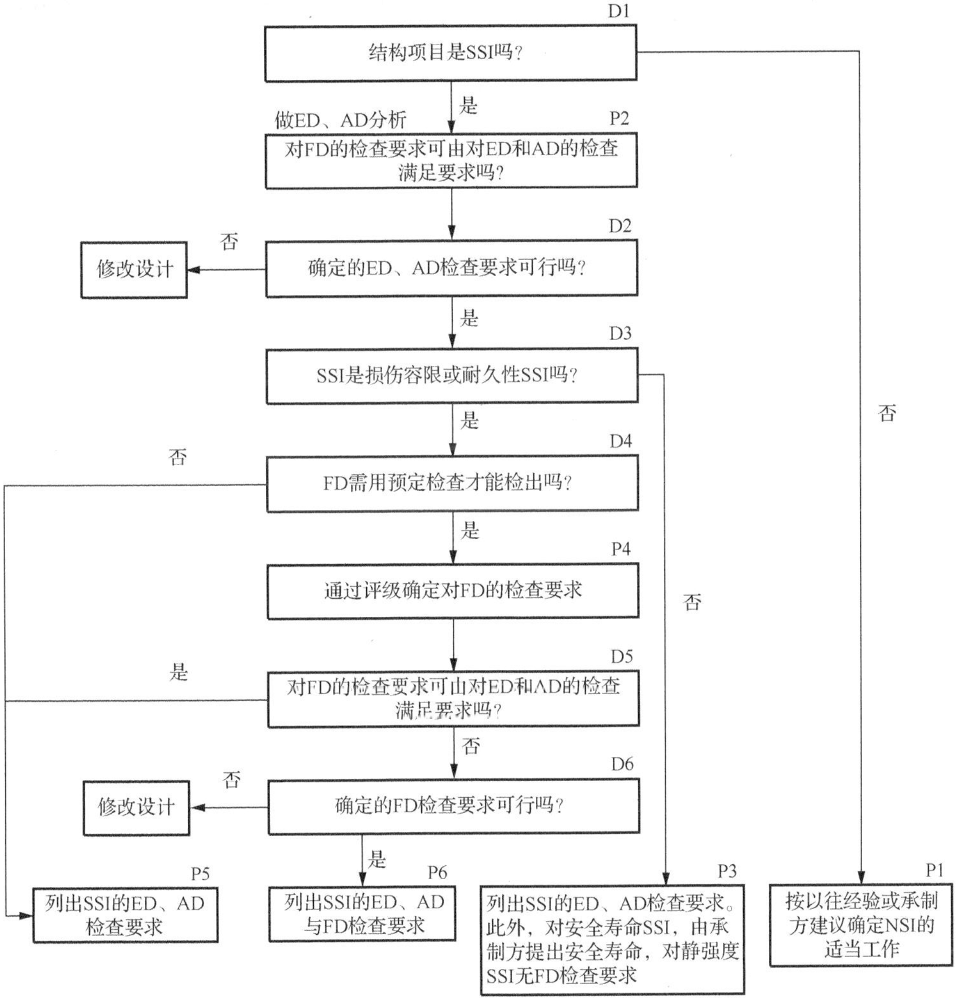

图 7-2　结构以可靠性为中心的维修分析逻辑决断图

注：SSI——重要结构项目；NSI——非重要结构项目；ED——环境损伤；AD——偶然损伤；FD——疲劳损伤。

用新材料或新技术时按承制方的建议。③P2，对于重要结构项目，分别对环境损伤和偶然损伤进行评级，并按评级结果选择下列各项要求，检查等级，首检期，检查间隔期，预防性维修工作间隔期探索计划。④D2，评审所确定的重要结构项目的环境损伤和偶然损伤的检查要求是否可行，若不可行，应修改该项目的设计。⑤D3，把各重要结构项目分为损伤容限或耐久性项目、安全寿命项目、静强度项目。⑥P3，列出安全寿命重要结构项目或静强度重要结构项目的环境损伤和偶然损伤检查要求。此外，对安全寿命重要结构项目，由承制方提出安全寿命；对静强度重要结构项目，不需要考虑疲劳损伤检查要求。⑦D4，对损伤容限或耐久性重要结构项目进行分析，确定其疲劳损伤是否需要预定检查才能发现，若不需要，则只需列出环境损伤和偶然损伤的检查要求，不必另定疲劳损伤的检查要求。⑧P4，对每个损伤容限或耐久性重要结构项目的疲劳损伤进行评级，并按评级结果选择下列各项要求，检查等级，首检期，检查间隔期，维修间隔期探索计划。⑨D5，分析疲劳损伤的检查要求是否可由环境损伤或偶然损伤的检查要求来满足，若是，则只需列出环境损伤和偶然损伤的检查要求，不必另定疲劳损伤的检查要求。⑩P5，列出该重要结构项目的环境损伤和偶然损伤的检查要求。⑪D6，评审所确定的疲劳损伤检查要求是否可行，若不可行，应修改该项目设计。⑫P6，列出该重要结构项目的各种损伤检查要求。

4. 重要结构项目的评级

1）重要结构项目的评级原则

应评定每个重要结构项目对某种损伤的敏感性和探测及时性的级号。级号应反映损伤对结构项目的影响程度，以确定相应检查要求。订购方和承制方可协商选用表 7-12～表 7-21 中所推荐的评级法或其他评级方法。所用的评级方法应保证装备总体的各种结构损伤超出规定之前就能被及时检查出来。同一结构区域内各重要结构项目的环境损伤和偶然损伤的评级，一般宜成组地进行。按照它们之间在损伤敏感性和探测及时性的相对差别，确定相应的级号。

2）疲劳损伤的评级应考虑的因素

疲劳损伤的评级应考虑下列几点。

（1）相应于项目规定剩余强度的临界损伤尺寸。

（2）各级检查能够以所确定概率检出的损伤尺寸，它与下列因素有关：①使用经验；②照明条件；③项目可达性和与相邻结构项目的距离；④表面的清洁程度和涂层；⑤部分裂纹长度被结构或密封胶遮盖的程度；⑥检查时的结构承载状态。

（3）裂纹扩展速率。

（4）适用的检查等级、检查方法、检查方位、首检期和检查间隔期。

（5）热蠕变与疲劳的相互作用。

（6）装备总数和使用情况。

3）环境损伤评级应考虑的因素

应分一般损伤和应力腐蚀两类评定损伤敏感性和探测及时性。其中，一般损伤应包括金属的腐蚀和非金属的退化。各类环境损伤评级应分别考虑下列因素：①一般损伤的敏感性按下列因素评定，材料类型，环境类型，表面防护状况；②应力腐蚀的敏感性按下列因素评定，材料类型，表面防护状况；③一般损伤的探测及时性按下列因素评定，暴露于有害环境的可能性，检查时损伤的可见性；④应力腐蚀的探测及时性按下列因素评定，制造中形成内应力的程度，检查时损伤的可见性。

4）偶然损伤评级应考虑的因素

应考虑损伤的敏感性和探测及时性。

（1）损伤敏感性应按下列因素评定：①损伤可能性与重要结构项目的位置和可能的损伤频度有关；②损伤后的剩余强度，通常按可能损伤尺寸与临界损伤尺寸的相对值评定。

（2）损伤探测及时性按损伤扩展敏感性和检查时可见性评定，前者与重要结构项目所承受的载荷大小有关。

战伤、发动机破裂掉块、严重碰撞等引起的大尺寸偶然损伤容易发现，评定中不需考虑。

5. 确定检查要求

1）确定检查要求的原则

结构检查应按重要结构项目对各种损伤的评级结果确定相应的检查要求，包括所需的检查等级、首检期和检查间隔期。各项检查工作的首检期和检查间隔期应与预定的装备预防性维修工作间隔期相一致，不可行时再考虑其他实用的间隔期。

2）疲劳损伤检查要求

在初始的预防性维修大纲中，一般不包括疲劳损伤检查要求，但应在装备投入使用后的规定时期内确定，并及时补充进预防性维修大纲。疲劳损伤检查要求一般应包括以下几点。

（1）不同的结构项目应有不同的检查要求：①静强度结构项目不必做疲劳损伤检查；②安全寿命重要结构项目由设计确定安全寿命，不必另定疲劳损伤检查要求，但对进行了损伤容限设计的安全寿命重要结构项目，则要按损伤容限重要结构项目确定其疲劳损伤检查要求；③对损伤容限或耐久性重要结构项目应确定其疲劳损伤检查要求。若设计已确定有疲劳损伤检查要求，则不必另行确定。有些项目在疲劳损伤后尚有足够的剩余强度，且该损伤在装备的日常维护中很容易被发现，或者可由不危害安全的故障显示出来，也不必确定预定的疲劳损伤检查要求。

（2）几种检查方式的适用范围：①对重要结构项目疲劳损伤的详细目视检查和无损检测，可在领先使用的装备上进行，发现问题后再对装备总体做普查；②对于特定的、无法目视的或有过问题的重要结构项目，可用无损检测；③对于其余重要结构项目可用详细目视检查；④疲劳损伤的一般目视检查要求，应尽量与环境损伤和偶然损伤的检查要求相结合。

（3）详细目视检查和无损检测的检查期确定原则如下。①首检期：重要结构项目在该期限内出现可检疲劳裂纹的概率小于规定值，对损伤容限或耐久性重要结构项目来说，该期限由设计和试验确定，对进行了损伤容限设计的安全寿命重要结构项目，其首检期为其原定的安全寿命期；②检查间隔期：根据在重要结构项目使用或试验中获得的疲劳裂纹扩展寿命确定。

3）环境损伤检查要求

由于相当一部分的环境损伤是随机的，故其检查在装备的整个使用寿命期内都要进行。

（1）首检期。各级检查的首检期按订购方和承制方对类似结构的经验协商确定：①随机性损伤的首检期与检查间隔期相同；②对于与使用时间有关的损伤的一般目视检查的首检期可与检查间隔期相同；③对于与使用时间有关的损伤的详细目视检查和无损检测的首检期，可由维修间隔期探索来确定，即通过对使用与试验数据的分析，系统地评价结构项目退化与使用时间增长之间的关系，以确定或调整检查期。

（2）检查间隔期。检查间隔期按订购方和承制方对类似结构的经验协商确定：①一般情况下，检查间隔期应与预定的装备预防性维修工作间隔期相一致；②对于与使用时间有关的损伤，详细目视检查和无损检测检查间隔期也可用维修间隔期探索来确定。

4）偶然损伤检查要求

由于偶然损伤是随机的，故其检查在装备的整个使用寿命期内都要进行。各级检查的首检期与检查间隔期相同，按订购方和承制方对类似结构的经验协商确定，通常与预定的装备预防性维修工作间隔期相一致。

6. 提出维修级别的建议

维修级别应根据 GJB 2961—97 的规定进行确定，除特殊需要外一般应将检查工作确定为耗费最低的维修级别。经分析后，应提出进行各项目检查工作的维修级别的建议。

7. 维修间隔期探索

应通过领先使用计划进行，不同损伤，领先使用计划的目的和内容也应不同。

（1）疲劳损伤领先使用计划的目的在于提高疲劳损伤的检出概率。其内容包括领先使用装备的条件、数量、要做检查的重要结构项目、首检期和检查间隔期。领先使用装备的使用时间应达到规定的结构首检期，其数量应按所要求的装备总体疲劳损伤的检出概率确定。领先使用检查应检查与装备总体疲劳损伤的概率有关的下列因素[23-26]：①所检查的装备数；②检查等级、方法及其首检期和检查间隔期；③每台装备的使用时间或使用次数；④领先使用装备的使用环境。

（2）环境损伤领先使用计划的目的在于确定最佳的详细目视检查或无损检测期限。其内容包括领先使用装备的条件、数量、初定的首检期与检查间隔期，以及检查期限的调整幅度。领先使用装备是使用时间超过某一数值的装备，其数量按所要求的装备总体环境损伤检出概率确定。领先使用检查应检查与装备总体疲劳损伤的概率有关的因素。对于未定为领先使用的装备，在领先使用装备发现问题前不必进行这类环境损伤的详细目视检查或无损检测。只要可行，应在同一装备上进行疲劳损伤和环境损伤的领先使用。

7.4　以可靠性为中心的维修分析结果的组合

7.4.1　维修分析结果组合的目的

把分析确定的各项预防性维修工作按间隔时间进行组合，形成以可靠性为中心的维修分析的最终输出，如装备的预防性维修大纲或其他所需的形式等[27-29]。

7.4.2　维修分析结果组合的原则

维修工作的组合应遵循下列原则：①应考虑现行的维修制度；②应综合考虑维修工作间隔期的相似性、完成维修工作所需时间的一致性、进行维修所需人员和技能水平的协调性等问题；③具有安全性后果和任务性后果的预防性维修工作组合，组合后的装备维修间隔期应小于预定的间隔期；④具有经济性后果的预防性维修工作组合，组合时应重点考虑维修资源耗费较高的预防性维修工作的间隔期；⑤当某个或某些产品（项目）的维修间隔期过于分散，以致影响装备整体维修间隔期的组合或组合后将导致较大的资源消耗时，应建议对产品（项目）改进设计以降低其预防性维修频率，减少资源消耗。

7.4.3 维修分析结果组合的基本步骤

以可靠性为中心的维修分析结果的组合步骤一般应包含：①以现行的维修制度和维修工作量大、费用较高的预防性维修工作为基础，确定预定的装备维修间隔期；②根据组合原则要求，将系统和设备以可靠性为中心的维修分析、结构以可靠性为中心的维修分析及区域检查分析确定的各项预防性维修工作，按间隔期与相邻的预定间隔期进行组合；③将组合后的预防性维修工作及其间隔期填入相应的汇总表中；④列出每个间隔期上的各项预防性维修工作，并进一步落实成各种维修文件；⑤在装备投入使用后，应根据预防性维修工作间隔期探索的结果，及时调整项目预防性维修工作类型及其间隔期[30,31]。

7.5 分析应用与实例

例 7-1 某舰载飞机系统和设备以可靠性为中心的维修分析。

说明：本示例根据 GJB 2961—97 规定的系统和设备以可靠性为中心的维修分析过程进行分析；本示例以某舰载飞机弹射起飞分系统为例说明系统和设备以可靠性为中心的维修分析。

弹射起飞分系统是起落架系统的一个分系统，它提供飞机弹射起飞操纵的功能，其故障对飞机安全及任务都有严重影响，所以将该系统作为分析对象。该分系统由一个发射杆作动筒、一个座舱控制选择阀、回收弹簧和一个拉杆套筒等部件组成。发射杆用可转动接头连接在前起落架的前部，在滑行时可以伸缩，弹射起飞后，发射杆自动收回。在主仪表上有一个发射杆警告灯，发射杆控制开关位于“伸出”时亮。选择阀位于杆伸出位置，发射杆不上升，由重力锁住起落架，否则发射杆控制开关在“收回”位置，发射杆作动筒不上升并锁住。弹射起飞系统的附件有一个拉杆和一个弹射伸缩杆，拉杆套筒固定在前起落架轴梁上，在弹射起飞前降下拉住飞机的拉杆。该系统的分解框图见图 7-3。

弹射起飞分系统的承制方提出了发射杆组件的润滑要求，润滑间隔期为 28 天。

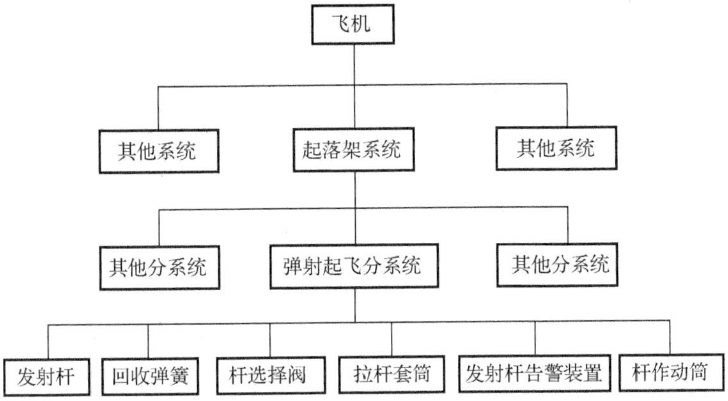

图 7-3　弹射起飞分系统分解框图

分析步骤如下。

（1）收集产品（项目）有关信息。收集的信息应填入产品（项目）概况记录表，如表 7-2 所示。

表 7-2　产品（项目）概况记录例样

<table>
<tr><td colspan="2">产品（项目）概况、记录表</td><td colspan="4">分类（选择一个）
系统和设备以可靠性为中心的维修分析项目 √
结构以可靠性为中心的维修分析项目（重要结构项目）
非重要产品（项目）</td><td colspan="2">第　页　　共　页</td></tr>
<tr><td>修订号：</td><td colspan="2">装备型号：</td><td colspan="2">系统或分系统名称：起落架</td><td colspan="3">制订单位、人员签名：　日期：</td></tr>
<tr><td colspan="3">工作单元编码：</td><td colspan="2">参考图号：215-24060-7</td><td colspan="3">审查单位、人员签名：　日期：</td></tr>
<tr><td colspan="3">产品（项目）层次：</td><td colspan="2">系统或分系统件号：</td><td colspan="3">批准单位、人员签名：　日期：</td></tr>
<tr><td>产品（项目）编码</td><td>产品（项目）名称</td><td>产品（项目）件号</td><td>产品（项目）工作单元编号</td><td>区域</td><td colspan="2">功能说明</td><td>备注</td></tr>
<tr><td>13700</td><td>弹射起飞分系统</td><td></td><td></td><td></td><td colspan="2">弹射起飞分系统提供飞机弹射起飞操纵的功能，由一个发射杆，一个发射杆作动筒，一个座舱控制选择阀，回收弹簧和一个拉杆筒等附件组成</td><td></td></tr>
</table>

（2）以可靠性为中心的维修分析项目的确定。经分析确定弹射起飞分系统为以可靠性为中心的维修分析项目。

（3）进行故障模式及影响分析。该分系统有 6 个功能：①将拉杆载荷传送到前起落架；②伸出发射杆；③收回发射杆；④将弹簧载荷传送到前起落架；⑤用弹射滑阀调准前起落架；⑥对空勤组指示发射杆在伸出位置。

以①、②、③三种功能为例进行分析，将分析结果填入 FMEA 记录，如表 7-3 所示。其中，“备注”栏填入平均故障间隔时间（次数）MTBF。

表 7-3　故障模式和影响分析记录例样

故障模式和影响分析　　　　第　页　　共　页

修订号：　装备型号：　系统或分系统名称：起落架　制订单位、人员签名：　日期：

工作单元编码：　参考图号：215-24060-7　审查单位、人员签名：　日期：

项目层次：　区域号：　批准单位、人员签名：　日期：

项目编码	项目名称	功能及编码		故障模式及编码		故障原因编码		任务阶段	故障影响			故障探测方法	严酷度分类	是否在最少设备清单上	备注
									局部影响	对上一层的影响	最终影响				
13700	弹射起飞分系统	1	将拉杆载荷传送到前起落架	A	发射时或发射后不能固定拉杆	1	固定弹簧损坏或弹力不够	弹射起飞	弹簧不能向套筒中的拉杆施加压力	发射时或发射后拉杆不能固定在套筒中	可能引起人员伤亡	无	I		MTBF =5160 次
		2	伸出发射架	A	不能伸出发射杆	1	作动筒内部故障	弹射起飞	作动筒卡死	发射杆不能伸出	任务中断	弹射人员和机舱台警灯	II		MTBF =1732 次
						2	作动筒漏液		无足够的工作液压	同 2A1	同 2A1				MTBF =4447 次
						3	发射杆选择阀内部故障	弹射起飞	不能向作动筒连续提供液压力	同 2A1	同 2A1	同 2A1	II		MTBF =1591 次
						4	发射杆选择阀漏液		不能向作动筒提供足够的液压力	同 2A1	同 2A1	同 2A1	II		MTBF =4269 次
				B	间歇运行	1	连接杆选择阀的电外部故障或腐蚀		同 2A1	同 2A1	同 2A1	同 2A1	II		

续表

故障模式和影响分析			第　页　　共　页
修订号：	装备型号：	系统或分系统名称：起落架	制订单位、人员签名：　　日期：
工作单元编码：		参考图号：215-24060-7	审查单位、人员签名：　　日期：
项目层次：		区域号：	批准单位、人员签名：　　日期：

项目编码	项目名称	功能及编码		故障模式及编码		故障原因编码		任务阶段	故障影响			故障探测方法	严酷度分类	是否在最少设备清单上	备注
									局部影响	对上一层的影响	最终影响				
13700	弹射起飞分系统	3	收回发射杆	A	不能用液压控制收回发射杆	1	作动筒内部故障		作动筒卡死	回收弹簧收回发射杆	无	无	Ⅳ		MTBF =1732 次
						2	作动筒漏液		无足够的工作液压	同 3A1	无	无	Ⅳ		MTBF =4447 次
						3	发射杆选择阀内部故障		不能中断作动筒的液压力	同 3A1	无	无	Ⅳ		MTBF =1591 次
						4	发射杆选择阀漏液		不能向作动筒提供足够的液压力	同 3A1	无	无	Ⅳ		MTBF =4269 次
				B	不能收回发射杆	1	回收弹簧破裂或耗损		弹簧不能向套筒中的拉杆施力	发射杆不能回收	任务终止	弹射人员和机舱台警灯	Ⅱ		MTBF =2785 次
				C	间歇工作	1	电连接杆选择阀故障或腐蚀		同 3A3	同 3A1	同 3A1	无	Ⅳ		MTBF =10843h

（4）以可靠性为中心的维修分析逻辑决断。应用逻辑决断图对上述分析的各种故障原因进行以可靠性为中心的维修分析决断，分析结果分别填入表 7-4、表 7-5、表 7-6、表 7-7、表 7-8 和表 7-9。

（5）预防性维修工作有效性的确定。在进行以可靠性为中心的维修逻辑决断的过程中，需要确定预防性维修工作的有效性，针对各故障原因的预防性维修工作有效性判断过程如下：该系统要求，影响安全的项目故障可接受概率为 $P_{ac1}=10^{-8}$，影响任务能力的项目故障可接受概率为 $P_{ac2}=10^{-4}$。

① 故障原因 1A1。功能检测工作有效性的确定。若项目已发生潜在故障，一次功能检测能检出故障的概率为 0.9，则项目由潜在故障发展到功能故障期间（设为 1200 次弹射）做 n 次检查，根据国军标要求 $P(t,T)\leqslant 10^{-8}$，可根据工程判断或利用相应的数学模型求解出最佳检测间隔期，结果为 150 次弹射，即每经过 150 次弹射进行一次检测可保证故障概率小于 10^{-8}，故该预防性维修工作是有效的。

② 故障原因 2A1、3A1。故障时间服从 $\mu=2140,\sigma=50$ 的正态分布，项目工作至 1950fh 的故障概率 P_f 为

$$P_f=\Phi\left(\frac{1950-2014}{50}\right)=7.2\times10^{-5}<P_{ac2}=10^{-4}$$

所以按照 1950fh 定时拆修是有效的。

③ 故障原因 2A2、2A4。类似故障原因 1A1，一次检查出故障的概率为 0.9，从潜在故障发展到功能故障的时间为 250fh，当满足 $P(t,T)\leqslant 10^{-4}$ 可根据工程判断或利用相应的数学模型求解出最佳功能检测间隔期，结果为 62.5fh，即每经过 62.5fh 进行一次检测可保证故障概率小于 10^{-4}，该预防性维修工作是有效的。

④ 故障原因 2B1、3C10。类似故障原因 2A2，功能检测间隔期为 62.5fh。

⑤ 故障原因 3B1。类似故障原因 2A2，检查间隔期为 437 次弹射。

⑥ 故障原因 3A2、3A4。类似故障原因 2A2，功能检测间隔期为 62.5fh。

⑦ 故障原因 2A3、3A3。经分析后确定无适用的和有效的预防性维修工作，最后权衡确定不更改设计，不做预防性维修。

表 7-4　系统和设备分析记录例样

系统或设备分析																								第　页　　共　页				
修订号：		装备型号：						系统或分系统名称：																制订单位、人员签名：　日期：				
工作单元编码：								参考图号：																审查单位、人员签名：　日期：				
项目层次：								系统或分系统件号：																批准单位、人员签名：　日期：				
项目编码	项目名称	故障原因编码	逻辑决断回答（Y 或 N）																					维修工作				
			故障影响					安全性影响						任务性影响						经济性影响								
			1	2	3	4	5	A	B	C	D	E	F	A	B	C	D	E	F	A	B	C	D	E	编号	说明	维修间隔期	维修级别
13700	弹射起飞系统	1A1	N			Y		N	N	Y	N	N	Y												1	目视检查和测试拉杆套筒弹簧，确定是否有足够的弹性	150 次	1
		2A1	Y	N	Y										Y	N	N	Y							1	对所有连接处加润滑液	28 天	1
																									2	更换作动筒，送高层次维修站修理	1950fh	1
13700	弹射起飞系统	2A2	Y	N	Y			N	N	Y	N	N	Y	N	N	Y									1	目视检查由于密封处裂纹、擦伤或耗损引起的作动筒漏液	62.5fh	1
		2A3	Y	N	Y										N	N	N	N	N							不做预防性维修工作		1
		2A4	Y	N	Y										N	N	Y									目视检查由于连接处裂纹、擦伤损伤或耗损引起的杆选择阀漏液	62.5fh	1
		2B1	Y	N	Y										N	N	Y									目视检查杆选择阀的电连接处的腐蚀、耗损和破裂情况	100fh	1

续表

系统或设备分析																									第　页　　共　页			
修订号：			装备型号：					系统或分系统名称：												制订单位、人员签名：							日期：	
工作单元编码：								参考图号：												审查单位、人员签名：							日期：	
项目层次：								系统或分系统件号：												批准单位、人员签名：							日期：	
项目编码	项目名称	故障原因编码	逻辑决断回答（Y 或 N）																						维修工作			
			故障影响					安全性影响						任务性影响						经济性影响								
			1	2	3	4	5	A	B	C	D	E	F	A	B	C	D	E	F	A	B	C	D	E	编号	说明	维修间隔期	维修级别
13700	弹射起飞系统	3A1	N			N	N						Y							N	N	N	Y		1	拆下作动筒，送高层次维修基地修理	1950fh	1
		3A2	N			N	N													N	N	Y			1	目视检查发射杆轴瓦、保险销和凸轮耗损情况不做预防维修工作	62.5fh	1
		3A3	N			N	N													N	N	N	N	N	1	维修工作同 2A2		1
		3A4	N			N	N													N	N	Y			1	润滑油耗损特性的轴瓦、保险销和凸轮	28d	1
		3B1	Y	N	Y									Y	N	Y									1	目视检查发射杆回收弹簧的损伤	62.5fh	1
		3C1	N		N	N													N	N	Y				1	维修工作同 2B1	100fh	1

表 7-5　确定故障后果和保养工作分析记录例样

项目编码	故障原因编码	故障影响确定										故障后	可能的保养工作			工作是否适用和有效
		问题 1		问题 2		问题 3		问题 4		问题 5			工作说明	维修间隔期	维修级别	
		Y/N	判据	Y/N	判据	Y/N	判据	Y/N	判据	Y/N	判据					
13700	1A1	N	空勤组不能觉察到拉杆与套筒分离					Y				隐蔽安全	无			N

续表

项目编码	故障原因编码	故障影响确定										故障后	可能的保养工作			工作是否适用和有效
		问题 1		问题 2		问题 3		问题 4		问题 5			工作说明	维修间隔期	维修级别	
		Y/N	判据	Y/N	判据	Y/N	判据	Y/N	判据	Y/N	判据					
13700	2A1	Y	空勤组能觉察到发射杆不正确的动作且发射杆告警灯不显示	N	不影响安全	Y	发射杆不能伸出，任务中断					任务	润滑所有有耗损特征的连接处	28d	1	Y
	2A2	Y	同 2A1	N	同 2A1	Y	同 2A1					任务	无	—	—	N
	2A3	Y	同 2A1	N	同 2A1	Y	同 2A1					任务	无	—	—	N
	2A4	Y	同 2A1	N	同 2A1	Y	同 2A1					任务	无	—	—	N
	2B1	Y	同 2A1	N	同 2A1	Y	同 2A1					任务	无	—	—	N
	3A1	Y	发射杆将由回收弹簧收回，无故障指示					N	发射杆将由回收弹簧收回，不影响安全	N	发射杆将由回收弹簧收回，不影响任务	隐蔽经济	同 2A1	—	—	Y
	3A2	N	同 3A1					N	同 3A1	N	同 3A1	隐蔽经济	无	—	—	N
	3A3	N	同 3A1					N	同 3A1	N	同 3A1	隐蔽经济	无	—	—	N
	3A4	N	同 3A1					N	同 3A1	N	同 3A1	隐蔽经济	无	—	—	N
	3B1	Y	发射杆告警灯将警告空勤组发射杆没有回收	N	在造成损伤或安全影响前中止任务	Y	需中止任务					任务	润滑有耗损特性的轴瓦、保险销和凸轮	28d	1	Y
	3C1	Y	同 3B1	N								经济	无		—	N

表 7-6　使用检查分析记录例样

项目编码	故障原因编码	故障后果	维修工作适用性	维修工作说明	维修间隔期	维修级别	维修工作有效性			维修工作是否适用和有效
							安全/任务		经济	
			探测产品故障的方法				故障的概率	故障的可接受水平	有无经济效果	
13700	1A1	隐蔽安全	目视检查	目视检查弹簧的故障	50 次弹射	1	9.64×10^{-3}	1.0×10^{-3}	—	否

续表

项目编码	故障原因编码	故障后果	维修工作适用性：探测产品故障的方法	维修工作说明	维修间隔期	维修级别	维修工作有效性：安全/任务：故障的概率	安全/任务：故障的可接受水平	经济：有无经济效果	维修工作是否适用和有效
13700	3A1	隐蔽经济	运行作动筒观察	检查作动筒的故障	50 次弹射	1	—	—	否	否
	3A2	隐蔽经济	运行作动筒观察	检查作动筒的故障	50 次弹射	1	—	—	否	否
	3A3	隐蔽经济	运行发射杆选择阀观察	选择阀的故障	50 次弹射	1	—	—	否	否
	3A4	隐蔽经济	运行发射选择阀	检查选择阀的故障	50 次弹射	1	—	—	否	否

表 7-7　操作人员监控或功能检测分析记录例样

项目编码	故障原因编码	故障后果	维修工作适用性：探测项目抗故障能力下降的方法	维修工作适用性：可探测的潜在故障状态	维修工作适用性：潜在故障至功能故障的时间	维修工作适用性：是否为操作人员的正常职责	维修工作说明	维修间隔期	维修级别	维修工作有效性：安全/任务：故障的概率	安全/任务：故障的可接受水平	经济：有无经济效果	维修工作是否适用和有效
13700	1A1	隐蔽安全	目视检查	弹簧的拉伸	1200 次弹射	否	目视检查和测试拉杆套筒弹簧的弹性	150 次	外场	1.0×10^{-8}	1.0×10^{-8}	—	是
	2A1	任务	无	—	—	—	—	—	—	—	—	—	否
	2A2	任务	目视检查	漏液	250fh	否	目视检查由于密封处裂纹擦伤、损伤和耗损导致的杆选择阀漏液	62.5fh	外场	1.0×10^{-4}	1.0×10^{-4}	—	是

续表

项目编码	故障原因编码	故障后果	维修工作适用性				维修工作说明	维修间隔期	维修级别	维修工作有效性			维修工作是否适用和有效
			探测项目抗故障能力下降的方法	可探测的潜在故障状态	潜在故障至功能故障的时间	是否为操作人员的正常职责				安全/任务		经济	
										故障的概率	故障的可接受水平	有无经济效果	
13700	2A3	任务	无	—	—	—	—	—	—	—	—	—	否
	2A4	任务	目视检查	漏液	250fh	否	目视检查由连接处裂纹、擦伤、损伤和耗损导致的杆选择阀漏液	62.5fh	外场	1.0×10^{-4}	1.0×10^{-4}		是
	2B1	任务	目视检查	连接处耗损或腐蚀	400fh	否	目视检查检查杆选择阀电连接处的腐蚀、耗损和破裂	100fh	外场	1.0×10^{-4}	1.0×10^{-4}	—	是
	3A1	隐蔽经济	无	—	—	—	—	—	—	—	—	—	—
	3A2	隐蔽经济	目视检查	漏液	250fh	否	目视检查发射杆的轴瓦、保险销和凸轮的磨损	62.5fh	外场	—	—	是	是
	3A3	隐蔽经济	无	—	—	—	—	—	—	—	—	—	—
	3A4	隐蔽经济	目视检查	漏液	250fh	否	同故障原因 2A2 的维修工作	62.5fh	外场	—	—	是	是
	3B1	任务	目视检查	大于 2mm 的破裂	250fh	否	目视检查发射杆回收弹簧的耗损或擦伤	62.5fh	外场	1.0×10^{-4}	1.0×10^{-4}	—	是
	3C1	经济	目视检查	连接处耗损或腐蚀	400fh	否	同故障原因 2B1 的维修工作	100fh	外场	—	—	是	是

表 7-8　定时拆修或定时报废分析记录例样

项目编码	故障原因编码	故障后果	维修工作适用性			维修工作说明	维修间隔期	维修级别	维修工作有效性			维修工作是否适用和有效
									安全/任务		经济	
			项目的耗损期或寿命	项目工作至耗损期的残存比	能否将项目恢复到可接受水平				故障的概率	故障的可接受水平	有无经济效果	
13700	1A1	隐蔽安全	无	—	—	—	—	—	—	—	—	否
	2A1	任务	1950fh	85%	可修	拆换作动筒送修	1950fh	1	7.2×10^{-5}	1.0×10^{-4}		是
	2A3	任务	无数据	—	—	—	—	—	—	—	—	否
	3A1	隐蔽经济	1950fh	85%	可修	同故障原因 2A1 的维修工作	1950fh	1	—	—	是	是
	3A3	任务	无数据	—	—	—	—	—	—	—	—	否

表 7-9　综合工作分析记录例样

项目编码	故障原因编码	故障后果	维修工作适用性	维修工作说明	维修间隔期	维修级别	维修工作有效性			维修工作是否适用和有效
							安全/任务		经济	
			所有适用的维修工作				故障的概率	故障的可接受水平	有无经济效果	
13700	1A1	隐蔽任务	①使用检查；②功能检测	目视检查和测试拉杆套筒弹簧的弹性	150 次弹射	1	1.0×10^{-8}	1.0×10^{-8}	—	是
	2A3	任务	无	—	—	—	—	—	—	否

例 7-2　某型战斗机结构以可靠性为中心的维修分析。

说明：本示例按照 GJB 2961—97 正文规定的结构以可靠性为中心的维修分析方法进行分析。

领先使用装备损伤容限或耐久性重要结构项目疲劳损伤检查要求的确定。某型战斗机按损伤容限规范设计，其前机身隔框的腹板和连接件是一个内部重要结构项目，其断裂或过多的（12 个以上或相邻的 3 个以上）铆钉松动会使飞机严重损伤，影响任务的完成。该项目的平均裂纹形成寿命为 16000h，平均裂纹扩展寿命为 4000h。飞机的设计使用寿命为 8000h。项目的概况见表 7-10，故障模式和影响分析见表 7-11。检查期确定如下。

（1）首检期的确定。首先确定评级和检查期方法，该项目的平均裂纹形成寿命与飞机设计使用寿命之比等于 2，按表 7-12，FDR=4。再按表 7-13，首检期为飞机设计使用寿命的 1/2，即 4000h。检查工作有两项：一项为无损检测，用涡电流仪检查腹板和连接件的裂纹；另一项为详细目视检查，检查铆钉的松动情况。维修级别为基地级。

（2）检查间隔期的确定。检查间隔期为平均裂纹扩展寿命的 1/2，即 2000h。

（3）初始结构预防性维修大纲中重要结构项目环境损伤和偶然损伤检查要求的确定。

以某型飞机的平尾主抗扭盒（结构区编号 334）的外部上表面为例。该部分共有 7 个外部重要结构项目（表 7-15）。故障模式和影响分析略。首先确定这些重要结构项目的环境损伤和偶然损伤检查要求。7 个重要结构项目中，03 为后梁连接蒙皮，05 为前梁连接蒙皮，这两个重要结构项目承受的应力大，其余重要结构项目所受的应力较小。下面以 01 和 03 两个重要结构项目为例来评级。

重要结构项目 01 的评级。评级按照下列三项进行。①一般环境损伤评级。敏感性评定：环境影响类型为地面水、酸碱性灰尘等，表面防护有油漆层，按表 7-16，GDSR 为 2。探测及时性评定：因系外部项目，检查时可见性好，暴露于有害环境的可能性中等，按表 7-17，GDDR 为 3。所以 GDR=GDSR+GDDR=2+3=5。②应力腐蚀评级。敏感性评定：材料对应力腐蚀不敏感，表面防护有油漆层，按表 7-18，SCSR 为 3。探测及时性评定：可见性好，组件简单但难加工，按表 7-19，SCDR 为 3。所以 SCR=SCSR+SCDR=3+3=6。③偶然损伤评级。敏感性评定：因所受的应力较小，损伤后的剩余强度中等，损伤可能性中等，按表 7-20，ADSR 为 2。探测及时性评定：可见性好，因所受应力较小，损伤扩展的敏感性中等，按表 7-21，ADDR 为 3。所以 ADR=ADSR+ ADDR=2+3=5。

重要结构项目 03 的评级。评级按照下列三项进行：①一般损伤评级，敏感性和探测及时性的评定同重要结构项目 01，GDR 为 5；②应力腐蚀评级，同重要结构项目 01，SCR 为 6；③偶然损伤评级，敏感性评定：因所受的应力大，故损伤后的剩余强度低；损伤可能性中等，按表 7-20，ADSR 为 1。探测及时性评定：可见性好，因所受应力较大，故扩展的敏感性大，按表 7-21，ADDR 为 2。所以 ADR=ADSR+ADDR=1+2=3。

其他重要结构项目的评定同上。七个重要结构项目的评级结果见表 7-22、表 7-23、表 7-24。该部分的检查要求可参照表 7-25。

重要结构项目 03 和 05 的最小级号为 3，宜以 C 检做详细目视检查。其余重要结构项目的最小级号均为 5，本可按 2C 检一般目视检查，但由于同一区域内的

03 和 05 要以 C 检做检查，故其余重要结构项目也以 C 检做一般目视检查。这里 C 检为 D 检的 1/4，为飞机设计使用寿命 1/16。检查不分首检期和检查间隔期。检查要求确定记录表见表 7-26。

表 7-10　产品（项目）概况记录例样

<table>
<tr><td colspan="2">产品（项目）概况记录表</td><td colspan="4">分类（选择一个）
系统和设备以可靠性为中心的维修分析项目 √
结构以可靠性为中心的维修分析项目（重要结构项目）
非重要产品（项目）</td><td colspan="2">第　页　　共　页</td></tr>
<tr><td>修订号：</td><td colspan="2">装备型号：××型战斗机</td><td colspan="2">系统或分系统名称：前机身</td><td colspan="3">制订单位、人员签名：　　日期：</td></tr>
<tr><td colspan="3">工作单元编码：113</td><td colspan="2">参考图号：</td><td colspan="3">审查单位、人员签名：　　日期：</td></tr>
<tr><td colspan="3">产品（项目）层次：3</td><td colspan="2">系统或分系统件号：</td><td colspan="3">批准单位、人员签名：　　日期：</td></tr>
<tr><td>产品（项目）编号</td><td>产品（项目）名称</td><td>产品（项目）件号</td><td>产品（项目）工作单元编码</td><td>区域</td><td>功能说明</td><td colspan="2">备　注</td></tr>
<tr><td>S1151</td><td>隔框腹板和连接件</td><td></td><td>113-2</td><td>162</td><td>提供剪切和增压载荷的再分布</td><td colspan="2">为损伤容限 SSI，其裂纹形成寿命为 1600h，其裂纹扩展寿命为 4000h</td></tr>
</table>

表 7-11　故障模式和影响分析记录例样

<table>
<tr><td colspan="13">故障模式和影响分析</td><td colspan="3">第　页　　共　页</td></tr>
<tr><td colspan="3">修订号：</td><td colspan="4">装备型号：××型战斗机</td><td colspan="4">系统或分系统名称：前机身</td><td colspan="5">制订单位、人员签名：　日期：</td></tr>
<tr><td colspan="7">工作单元编码：113</td><td colspan="4">参考图号：</td><td colspan="5">审查单位、人员签名：　日期：</td></tr>
<tr><td colspan="7">产品（项目）层次：3</td><td colspan="4">系统或分系统件号：</td><td colspan="5">批准单位、人员签名：　日期：</td></tr>
<tr><td rowspan="2">项目编码</td><td rowspan="2">项目名称</td><td colspan="2" rowspan="2">功能及编码</td><td colspan="2" rowspan="2">故障模式及编码</td><td colspan="2" rowspan="2">故障原因编码</td><td rowspan="2">任务阶段</td><td colspan="3">故障影响</td><td rowspan="2">故障探测的方法</td><td rowspan="2">严酷度分类</td><td rowspan="2">是否在最少设备清单上</td><td rowspan="2">备注</td></tr>
<tr><td>局部影响</td><td>对上一层的影响</td><td>最终影响</td></tr>
<tr><td rowspan="2">S1151</td><td rowspan="2">隔框腹板和连接件</td><td rowspan="2">1</td><td rowspan="2">提供剪切和增压载荷的再分布</td><td rowspan="2">A</td><td rowspan="2">不能再分布剪切和增压载荷</td><td>1</td><td>隔框腹板和连接件裂纹</td><td>所有</td><td>降低剩余强度</td><td>降低前机身结构完整性</td><td>飞机严重损伤</td><td>空勤组可发现座舱压力波动</td><td>II</td><td>是</td><td></td></tr>
<tr><td>2</td><td>铆钉松动</td><td>所有</td><td>①降低剩余强度；②增大腐蚀</td><td>降低前机身结构完整性</td><td>飞机严重损伤</td><td>空勤组可发现座舱压力波动</td><td>II</td><td>是</td><td></td></tr>
</table>

表 7-12 疲劳损伤级号（FDR）的评定

FDR	1	2	3	4
n	$n<1.0$	$1.0\leqslant n<1.5$	$1.5\leqslant n<2.0$	$n\geqslant 2.0$

表 7-13 领先使用装备首检期的确定

FDR	首检期
1	SSI 平均裂纹形成寿命的 1/4
2	装备设计使用寿命的 1/4
3	装备设计使用寿命的 3/8
4	装备设计使用寿命的 1/2

表 7-14 重要结构项目（SSI）疲劳损伤检查要求确定记录例样

<table>
<tr><td colspan="11">疲劳损伤检查要求的确定</td><td colspan="7">第 页 共 页</td></tr>
<tr><td colspan="2">修订号：</td><td colspan="4">装备型号：××型战斗机</td><td colspan="5">系统或分系统名称：前机身</td><td colspan="7">制订单位、人员签名： 日期：</td></tr>
<tr><td colspan="6">工作单元编码：113-21</td><td colspan="5">参考图号：</td><td colspan="7">审查单位、人员签名： 日期：</td></tr>
<tr><td colspan="6">产品（项目）层次：3</td><td colspan="5">区域号：162</td><td colspan="7">批准单位、人员签名： 日期：</td></tr>
<tr><td rowspan="2">项目编码</td><td rowspan="2">项目名称</td><td colspan="2">SSI 类别</td><td colspan="2">内部或外部项目</td><td rowspan="2">SSI 的平均裂纹形成寿命 h N_i</td><td rowspan="2">装备设计使用寿命 h L</td><td rowspan="2">$n=\frac{N_i}{L}$</td><td rowspan="2">疲劳损伤级号 FDR</td><td rowspan="2">SSI 的裂纹扩展寿命 N_p</td><td colspan="3">维修工作</td><td rowspan="2">首检期 h</td><td rowspan="2">检查间隔期 h</td><td rowspan="2">安全寿命 h</td><td rowspan="2">维修级别</td></tr>
<tr><td>安全寿命</td><td>损伤容限或耐久性</td><td>内部</td><td>外部</td><td>编号</td><td>种类</td><td>说明</td></tr>
<tr><td rowspan="2">S1151</td><td rowspan="2">FS326.50 隔框腹板和连接件</td><td rowspan="2"></td><td rowspan="2">√</td><td rowspan="2">√</td><td rowspan="2"></td><td rowspan="2">16000</td><td rowspan="2">8000</td><td rowspan="2">2</td><td rowspan="2">4</td><td rowspan="2">4000</td><td>1</td><td>NDT</td><td>用涡电流仪检查裂纹</td><td>4000</td><td>2000</td><td></td><td>3</td></tr>
<tr><td>2</td><td>DV</td><td>检查铆钉松动情况</td><td>4000</td><td>3000</td><td></td><td>3</td></tr>
</table>

注：维修工作种类的代码：详细目视检查——DV；无损检测——NDT。

表 7-15　产品（项目）概况记录例样

产品（项目）概况记录表	分类（选择一个） 系统和设备以可靠性为中心的维修分析项目 结构以可靠性为中心的维修分析项目 （重要结构项目）√ 非重要产品（项目）		第　页　　共　页
修订号：	装备型号：××型运输机	系统或分系统名称：尾翼	制订单位、人员签名：　　日期：
工作单元编码：		参考图号：215-24060-7	审查单位、人员签名：　　日期：
产品（项目）层次：		系统或分系统件号：	批准单位、人员签名：　　日期：

产品（项目）编号	产品（项目）名称	产品（项目）件号	产品（项目）工作单元编码	区域	功能说明	备　注
01	加强壁板	206-1	334			①该组项目为平尾主抗扭盒的外部上表面；②均为损伤容限重要结构项目
02	加强壁板	206-2	334			
03	翼展蒙皮拼接板	206-3	334			
04	翼展蒙皮拼接板	206-4	334			
05	翼展蒙皮拼接板	206-5	334			
10	抗剪角撑的翼肋处蒙皮	206-6	334			
11	抗剪角撑的翼肋处蒙皮	206-7	334			

表 7-16　一般环境损伤敏感级号（GDSR）的评定

表面防护	环境类型		
	排污、电解液、海水、盐湖（严酷）	舱内凝结水、地面水、酸碱性灰尘（中等）	其他类型
无（差）	0	1	2
阳极化、油漆层（中）	1	2	3
镀层、严密覆盖层（好）	2	3	4

表 7-17　一般环境损伤探测及时性级号（GDDR）的评定

预定检查时可见性	暴露于有害环境的可能性		
	大	中	小
差	0	1	2
中	1	2	3
好	2	3	4

表 7-18　应力腐蚀敏感性级号（SCSR）的评定

表面防护	材料敏感性		
	大	中	小
无（差）	0	1	2
阳极化、油漆层（中）	1	2	3
镀层、严密覆盖层（好）	2	3	4

表 7-19　应力腐蚀探测及时性级号（SCDR）的评定

预定检查时可见性	环境类型		
	复杂组件且难加工（大）	复杂组件，易加工；简单组件，难加工（中）	简单组件易加工（小）
无（差）	0	1	2
阳极化、油漆层（中）	1	2	3
镀层、严密覆盖层（好）	2	3	4

注：应力腐蚀级号最小为 0，最大为 8。

表 7-20　偶然损伤敏感性性级号（ADSR）的评定

损伤后剩余强度	损伤可能性		
	大	中	小
小	0	1	2
中	1	2	3
大	2	3	4

表 7-21　偶然损伤探测及时性级号（ADDR）的评定

预定检查时可见性	损伤扩展敏感性		
	大	中	小
差	0	1	2
中	1	2	3
好	2	3	4

表 7-22　结构重要项目（SSI）一般环境损伤的评级记录例样

一般环境损伤的评级			第　页　共　页
修订号：	装备型号：××型运输机	系统或分系统名称：尾翼	制订单位、人员签名：　日期：
工作单元编码：206-1，2，3，4，5，6，7		参考图号：	审查单位、人员签名：　日期：
产品（项目）层次：5		区域号：334	批准单位、人员签名：　日期：

项目编码	项目名称	内部或外部项目-内部	内部或外部项目-外部	SSI 的材料	环境类型-严酷	环境类型-中等	环境类型-其他	表面防护-差	表面防护-中	表面防护-好	敏感性级号 GDSR	损伤可能性-大	损伤可能性-中	损伤可能性-小	检查可见性-差	检查可见性-中	检查可见性-好	探测及时性级号 GDDR	一般环境损伤级号 GDDR	GDR 因材料的修正值	修正后 GDR
01			√	硬铝					√		2		√				√	3	5		
02			√	硬铝					√		2		√				√	3	5		
04			√	硬铝					√		2		√				√	3	5		
10			√	硬铝					√		2		√				√	3	5		
11			√	硬铝					√		2		√				√	3	5		
03			√	硬铝					√		2		√				√	3	5		
05			√	硬铝					√		2		√				√	3	5		

表 7-23　重要结构项目（SSI）应力腐蚀评级记录例样

应力腐蚀的评级			第　页　共　页
修订号：	装备型号：××型运输机	系统或分系统名称：尾翼	制订单位、人员签名：　日期：
工作单元编码：206-1，2，3，4，5，6，7		参考图号：	审查单位、人员签名：　日期：
产品（项目）层次：5		区域号：334	批准单位、人员签名：　日期：

项目编码	项目名称	内部或外部项目-内部	内部或外部项目-外部	SSI 的材料	材料敏感性-大	材料敏感性-中	材料敏感性-小	表面防护-差	表面防护-中	表面防护-好	敏感性级号 SCSR	内应力可能性-大	内应力可能性-中	内应力可能性-小	检查可见性-差	检查可见性-中	检查可见性-好	探测及时性级号 SCDR	应力腐蚀级号 SCR
01			√	硬铝			√		√		2		√				√	3	6
02			√	硬铝			√		√		2		√				√	3	6
04			√	硬铝			√		√		2		√				√	3	6
10			√	硬铝			√		√		2		√				√	3	6
11			√	硬铝			√		√		2		√				√	3	6
03			√	硬铝			√		√		2		√				√	3	6
05			√	硬铝			√		√		2		√				√	3	6

表 7-24　重要结构项目（SSI）偶然损伤的评级记录例样

偶然损伤的评级			第　　页　　共　　页
修订号：	装备型号：XX 型运输机	系统或分系统名称：尾翼	制订单位、人员签名：　　日期：
工作单元编码：206-1, 2, 3, 4, 5, 6, 7		参考图号：	审查单位、人员签名：　　日期：
项目层次：5		区域号：334	批准单位、人员签名：　　日期：

项目编码	项目名称	内部或外部项目		SSI的材料	损伤可能性			损伤后剩余强度			敏感级号ADSR	损伤扩展性			检查可见性			探测及时性级号ADDR	偶然损伤级号ADR
		内部	外部		大	中	小	差	中	好		大	中	小	差	中	好		
01			√	硬铝	√			√		2		√				√			
02			√	硬铝	√			√		2		√				√			
04			√	硬铝	√			√		2		√				√	3		5
10			√	硬铝	√			√		2		√				√			
11			√	硬铝	√			√		2		√				√			
03			√	硬铝	√		√	√		1	√	√				√	2		3
05			√	硬铝	√		√	√		1	√	√				√			

表 7-25　环境损伤和偶然损伤要求的确定

EDR/ADR	一般目视检查		详细目视检查		无损检测
	外部项目	内部项目	外部项目	内部项目	
1			2A	2A	D
2			5A	5A	D
3	C	C	C	C	D
4	2C	2C		2C 或 D	
5	2C	D			
6	2C	D 轮检 5%～10%			
7	2C	D 轮检 5%～10%			

注：A、C> D 字母为定期检查的类别，D 检即为大修。此例中：D=4C=40A=1/4 设计使用寿命。

表 7-26　重要结构项目（SSI）环境损伤和偶然损伤检查要求确定记录例样

环境损伤和偶然损伤检查要求的确定									第 页　共 页						
修订号：		装备型号：XX 型运输机			系统或分系统名称：尾翼				制订单位、人员签名：　日期：						
工作单元编码：206-1，2，3，4，5，6，7					参考图号：				审查单位、人员签名：　日期：						
项目层次：5					区域号：334				批准单位、人员签名：　日期：						
项目编码	项目名称	内部或外部项目		SSI的材料	一般环境损伤级号 GDR	应力腐蚀级号 SCR	环境损伤级号 EDR	偶然损伤级号 ADR	EDR 和 ADR 中较小的级号	检查工作			重复检查间隔期	重复检查间隔期	维修级别
		内部	外部							编号	种类	说明			
01			√	硬铝	5	6	5	5		1	GV		C	C	1
02			√	硬铝	5	6	5	5		1	GV		C	C	1
04			√	硬铝	5	6	5	5		1	GV		C	C	1
10			√	硬铝	5	6	5	5	5	1	GV		C	C	1
11			√	硬铝	5	6	5	5		1	GV		C	C	1
03			√	硬铝	5	6	5	3		1	GV		C	C	1
05			√	硬铝	5	6	5	3		1	GV		C	C	1

注：检查工作类型的代码，一般目视——GV。

例 7-3　军械装备以可靠性为中心的维修分析。

说明：在现役军械装备上实施以可靠性为中心的维修分析时，做了如下剪裁：利用了简化的 FMEA 记录表（表 7-27），使用了只有四类故障后果的逻辑决断图（图 7-4）。

之所以做如上剪裁是考虑到：现役装备已有使用保障数据可以参考，不需要进行详细的故障模式及影响分析；军械装备的隐蔽故障多，具有严重的后果，故不再区分安全性、任务性与经济性后果，在决断图中把隐蔽故障后果作为单独的一个分支进行处理，可以大大简化分析过程。本示例以某型火炮反后坐装置的驻退机为例说明其分析过程。

表 7-27　军械装备故障模式和影响分析记录表

RCM-FMEA 信息记录表	分系统：	编号：	制表人：	日期：	第　页
	项　目：	编号：	审查人：	日期：	共　页

功能（F）		功能故障模式（FM）		故障原因（FC）		故障过程及影响描述
（填写功能编码）	（填写功能名称）	（填写功能故障模式编码）	（填写功能故障模式）	（填写故障原因编码）	（填写故障原因）	（填写故障过程及影响，填写内容尽量详细）

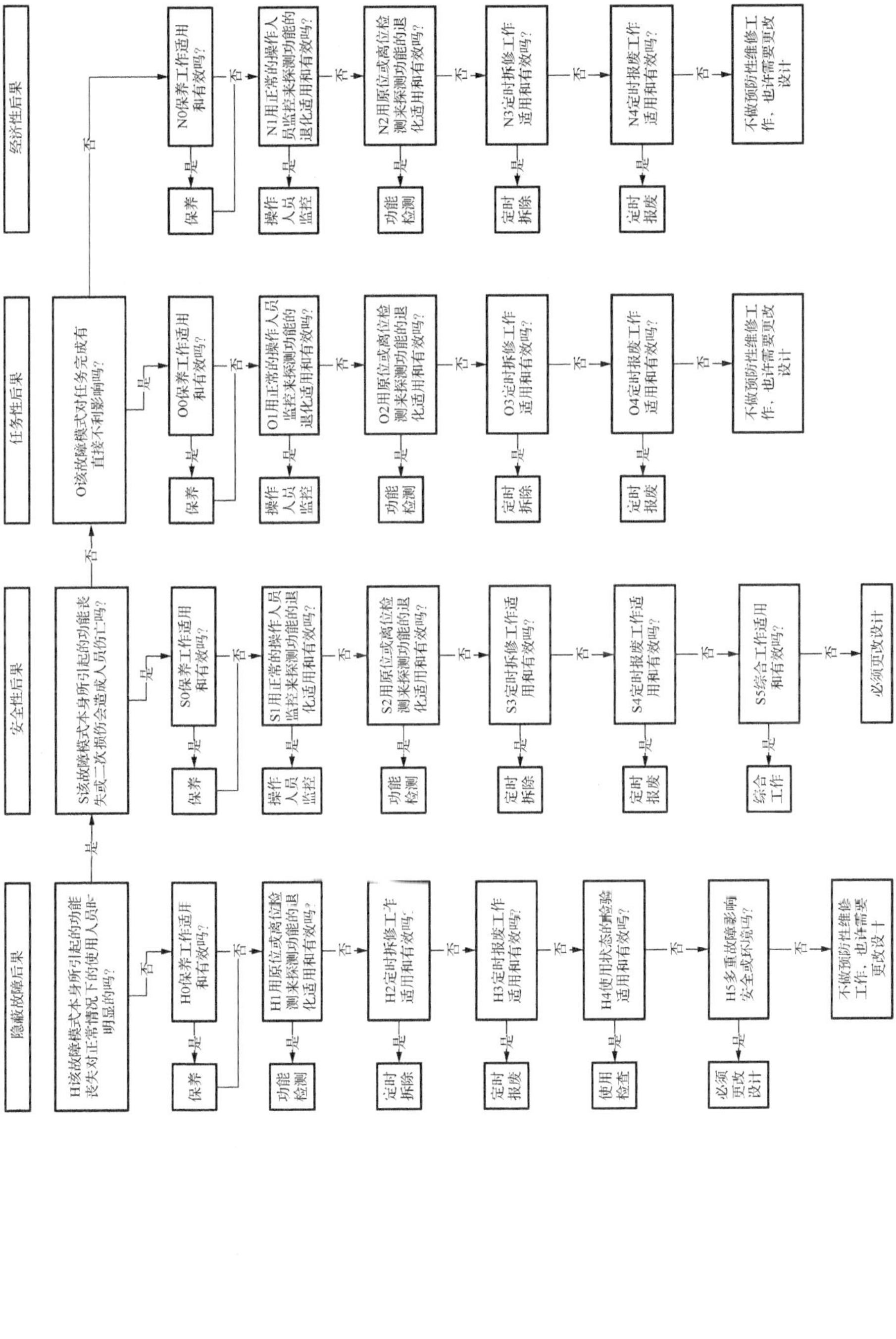

图 7-4　军械装备以可靠性为中心的维修分析逻辑决断图

反后坐装置是现代火炮的重要组成部分。一般由驻退机和复进机组成，发射时消耗和吸收火炮后坐部分的后坐动能，以减少炮架的受力；保持火炮发射时的稳定性，并使后坐部分在一定的距离上停止；后坐终止后，使后坐部分平稳地复进到原位；保持炮身在任何仰角时都不会下滑。为检测射击时后坐部分的后坐长度，火炮上设计有后坐量指示尺。通过检测火炮射击时的后坐量，监测反后坐装置的功能。

某型榴弹炮驻退机为带液量调节器的液体节制杆式驻退机，其结构主要由驻退机本体、液量调节器活门装置和液量调节器构成。液量调节器和驻退机本体通过活门装置和导管连液量调节器活门装置和液量调节器构成。液量调节器和驻退机本体通过活门装置和导管连接。活门装置在后坐部分复进到位时打开，后座11～13mm即关闭，保证驻退机正常工作。驻退机本体由驻退筒、驻退杆、节制杆和后盖组成，内装 X 升符合质量要求的驻退液。驻退机本体在射击时产生后坐液压阻力和复进液压阻力；液量调节器在连续射击时调节复进机内的液量。

分析步骤如下。

（1）填写产品（项目）概况记录表（表7-28）。

表7-28　产品（项目）概况记录例样

<table>
<tr><td colspan="3">产品（项目）概况记录表</td><td colspan="3">分类（选择一个）
系统和设备以可靠性为中心的维修分析项目 √
结构以可靠性为中心的维修分析项目（重要结构项目）
非重要产品（项目）</td><td colspan="2">第　页　　共　页</td></tr>
<tr><td>修订号：</td><td colspan="2">装备型号：</td><td colspan="3">系统或分系统名称：驻退机</td><td colspan="2">制订单位、人员签名：日期：</td></tr>
<tr><td colspan="3">工作单元编码：</td><td colspan="3">参考图号：08</td><td colspan="2">审查单位、人员签名：日期：</td></tr>
<tr><td colspan="3">产品（项目）层次：</td><td colspan="3">系统或分系统件号：</td><td colspan="2">批准单位、人员签名：日期：</td></tr>
<tr><td>产品（项目）编码</td><td>产品（项目）名称</td><td>产品（项目）件号</td><td>产品（项目）工作单元编号</td><td>区域</td><td colspan="2">功能说明</td><td>备注</td></tr>
<tr><td>801</td><td>驻退机</td><td>8</td><td></td><td></td><td colspan="2">驻退机为带液量调节器的液体节制杆式驻退机，液量调节器和驻退机本体之间通过活门装置连接。射击时，驻退机提供后坐液压阻力，使后坐部分在后座一定距离后停止下来；复进时，提供复进液压阻力，保证平稳复进。连续射击时，驻退机内的驻退液膨胀，会影响驻退机的正常工作。液量调节器用于调节这一部分液体保证驻退机内的液量符合标准。活门装置在后坐部分复进到位时打开，后坐11～13mm即关闭，保证驻退机正常工作</td><td></td></tr>
</table>

（2）重要功能产品的确定。在例 7-3 中，自上而下建立火炮的结构图，其示意图见图 7-5。图中，驻退机本体、液量调节器活门装置和液量调节器是最低层次的重要功能产品。其他重要功能产品见表 7-29。

（3）以可靠性为中心的维修分析项目的确定。由于驻退机是可以从火炮上直接拆卸下来的产品，而且其下一层是最低层次的重要功能产品：驻退机本体、液量调节器活门装置和液量调节器。这里，可以将最低层次重要功能产品的上一层次产品——驻退机确定为以可靠性为中心的维修分析项目。这样一方面可以涵盖该项目所有的关键故障模式，不致遗漏，另一方面也可以避免后续分析工作的重复。表 7-29 为某型榴弹炮以可靠性为中心的维修分析中重要功能清单及所在层次。

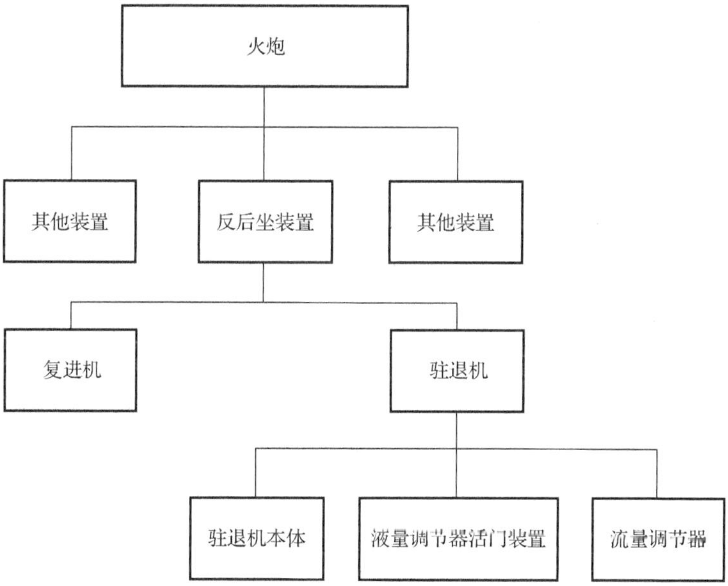

图 7-5　驻退机分解框图

表 7-29　某型火炮部分重要功能产品清单及所在层次

第一层	第二层	第三层	第四层
炮身*	身管		
	炮箍		
	炮口制退器		
	炮尾		

续表

第一层	第二层	第三层	第四层
炮闩	闭锁装置*	闩体	
		闩柄	
		曲臂	
		曲臂轴	
	发射装置	发射机*	
		复拨器*	
		击发机*	击针
			击针簧
			击针盖
			拨动子
			拨动子驻栓、推杆簧、推杆
炮闩	抽筒装置*	抽筒子	
		抽筒子压栓	
		抽筒子轴	
		抽筒子压栓簧	
	挡弹装置*	挡弹板	
		压筒	
		弹簧	
		挡弹板轴	
		挡弹板拨动轴	
		扭簧	
	保险装置*	保险器杠杆	
		保险器杠杆轴	
		压筒	
		弹簧	
	半自动装置*	开启机	
		关闭机	
反后坐装置	复进机*		
	后坐尺*		
	驻退机*	驻退机本体	
		液量调节器	
		液量调节器活门	
……	……	……	……

注：*表示以可靠性为中心的维修分析项目。

（4）进行故障模式及影响分析。驻退机有七个功能：①盛装 X 升符合质量要求的驻退液；②射击时提供适当的后坐液压阻力；③射击时提供适当的复进液压阻力；④复进到位时，活门打开；⑤后坐 11～13mm 时，活门关闭；⑥连续射击时，液量调节器容纳由于驻退液膨胀而多出的液体；⑦停止射击时，液量调节器将其内驻退液推回驻退机。

将分析结果填入 FMEA 记录，如表 7-30 所示。

表 7-30　故障模式和影响记录分析表例样

RCM-FMEA 信息记录表		分系统：反后坐装置		编号：	制表人：	日期： 第　页
		项　目：驻退机		编号：	审查人：	日期； 共　页
功能（F）		功能故障模式（FM）		故障原因（FC）		故障过程及影响描述
1	盛装 X 升符合质量要求的驻退液	A	液量少于标准	1	自然损耗	射击时驻退杆从筒内抽出带出驻退液，使液量减少。液量少于标准导致液压阻力减小，射击时会产生后坐过长和复进过猛的故障
				2	助退杆与紧塞器接触部位有锈坑	驻退杆与紧塞器接触部位有锈坑会损坏 O 形圈，射击时驻退杆表面带出驻退液，使液量减少。液量少于标准导致液压阻力减小，射击时会产生后坐过长和复进过猛的故障
				3	O 形圈（08-13）磨损	O 形圈（08-13）磨损会造成漏液。液量少于标准导致液压阻力减小，射击时会产生后坐过长和复进过猛的故障
				4	O 形圈（08-15）（08-13）老化	O 形圈（08-15）（08-13）老化，O 形圈自然老化均会造成漏液。液量少于标准将导致液压阻力减小，射击时会产生后坐过长和复进过猛的故障
		B	驻退液变质	1	自然蜕变	四号驻退液的保质期为 12 年，驻退液变质就不能提供应有的液压阻力，影响后坐动作
2	射击时提供适当的后坐液压阻力	A	提供的后坐液压阻力过小	1	活塞套（08-4）和驻退筒（08-1）的间隙过大	机械摩擦以及液体冲刷和液体中颗粒的冲击，造成活塞套（08-4）和驻退筒（08-1）的间隙过大，导致后坐阻力减小，后坐距离过长
				2	节制杆与节制环间隙增大	液体冲刷和液体中颗粒的冲击，驻退杆与节制环间隙过大，导致后坐阻力减小，后坐距离过长
3	射击时提供适当的复进液压阻力	A	提供的复进液压阻力过小	1	调速筒与驻退杆内壁间隙过大	液体冲刷和液体中颗粒的冲击以及机械摩擦，造成调速筒与驻退杆内壁间隙过大，导致复进阻力减小，复进过猛。炮身冲击摇架，甚至造成炮位变化
4	复进到位时活门打开	A	活门不能打开	1	活门不能打开	后坐部分推活动杆时，若阻力过大，会造成弯曲，影响活门的开启，进而影响火炮射击动作

续表

RCM-FMEA 信息记录表		分系统：反后坐装置		编号：		制表人：	日期：	第　页
		项　目：驻退机		编号：		审查人：	日期；	共　页
功能（F）		功能故障模式（FM）		故障原因（FC）		故障过程及影响描述		
5	后坐 11～13mm 时活门关闭	A	活门不能关闭	1	弹簧（08-67）疲乏	炮身后坐 9～11mm，活门在弹簧（08-67）作用下关闭，如弹簧疲乏，活门没有关闭，将会造成复进过猛的故障		
6	连续射击时，液量调节器容纳由于驻退液膨胀，而多出的液体	A	漏液	1	O 形圈（08-33）老化	O 形圈自然老化会造成漏液。驻退机内液量少于标准将导致液压阻力减小，射击时会产生后坐过长和复进过猛的故障		
				2	O 形圈（08-33）磨损	O 形圈磨损会造成漏液。驻退机内液量少于标准将导致液压阻力减小，射击时会产生后坐过长和复进过猛的故障		
7	停止射击时，液量调节器将其内驻退液推回驻退机	A	活塞移动困难	1	液量调节器内驻退液干涸成污垢	驻退液干涸成污垢后，会增大活塞移动阻力，增大驻退机和导管的压力，严重时，不能起调节作用		

（5）以可靠性为中心的维修逻辑决断。应用逻辑决断图对上述分析的各种故障原因进行以可靠性为中心的维修决断，分析结果分别填入表 7-31。根据决断可以生成故障特征记录表（表 7-32），故障特征记录表可以比较清晰地表示各个故障的特征以及相应预防性维修工作所需的人数及时间。在进行逻辑决断过程中需要根据一定的原则判断决策分支，确定预防性维修需求。

下面以故障原因 1A1、1A2、1A3、3A1、7A1 为例说明如何进行以可靠性为中心的维修决断。故障原因 1A1：火炮上设计有后坐量指示尺，可以指示后坐量，故障原因 1A1 引起的后坐过长故障对操作人员是明显的，故障影响操作人员安全。经判断故障原因 1A1 的后果为安全性后果，通过决断图（图 7-4）上安全性后果分支进行预防性维修需求判断。根据实践，在运行前检查并加注驻退液是可行的，保养工作适用；适时的加注驻退液可以使液量保持标准水平，保养工作有效。经判断保养工作适用且有效，决定采取保养工作，根据实际操作情况定为运行前保养。后坐量增大的潜在故障特征对于操作人员是明显的，具有明显的 P-F 间隔期，以上对操作人员监控工作适用；监控过程中如果发现后坐量加大，可以通过检查和恢复驻退机液量等方法将后坐量恢复到标准水平，根据工程判断操作人员监控工作有效。经判断操作人员监控工作适用且有效，决定采取操作人员监控工作。

故障原因 1A2：火炮上设计有后坐量指示尺，可以指示后坐量，故障原因 1A2 引起的后坐过长故障对操作人员是明显的，故障影响操作人员安全。经判断故障原因 1A2 的后果为安全性后果，通过决断图上安全性后果分支进行预防性维修需求判断。根据实践，进行人工后坐后对驻退杆与紧塞器接触部位进行擦拭保养是可行的，保养工作适用，通过定期的擦拭保养可以减缓驻退杆与紧塞器接触部位的锈蚀，避免 O 形圈的损坏，保养工作有效。经判断保养工作适用且有效，决定采取保养工作，根据使用情况，保养间隔期定为三个月。经分析后确定无其他适用且有效预防性维修工作，最后权衡确定不做其他预防性维修工作，不更改设计。

故障原因 1A3：火炮上设计有后坐量指示尺，可以指示后坐量，故障原因 1A2 引起的后坐过长故障对操作人员是明显的，故障影响操作人员安全。经判断故障原因 1A2 的后果为安全性后果，通过决断图 8-4 上安全性后果分支进行预防性维修需求判断。保养工作不能减缓 O 形圈磨损，保养工作无效，经判断不采取保养工作。O 形圈磨损不存在明显的潜在故障特征，通常 O 形圈的寿命为 2000 发，不可修复，定时报废工作适用；根据工程判断或所述模型 $P(t,T)\leqslant P_a$ 可判断工作有效性，结果为 1000 发，即每发射 1000 发后更换 O 形圈可以使故障风险降低到允许水平。经判断定时报废工作适用且有效，决定采取定时报废工作，报废间隔期定为 1000 发。

故障原因 3Al：故障原因 3A1 引起的复进过猛，冲击摇架甚至造成炮位变化的故障对于操作人员是明显的，故障不影响操作人员安全，影响正常射击任务的完成。经判断故障原因 3A1 的后果为任务性后果，通过决断图上任务性后果分支进行预防性维修需求判断。保养不能控制调速筒与驻退杆内壁间的间隙，保养工作无效，经判断不采取保养工作。调速筒与驻退杆内壁间的间隙大小可以通过维修人员测量得到，调速筒与驻退杆内壁间的间隙大于 *XX*mm 的潜在故障是明显的，通常当间隙大于 *XX*mm 后继续发射 1000 发左右会出现影响射击的功能故障，具有明显的 P-F 间隔期；根据工程判断所述模型 $A\,(t,T)\leqslant A_a$ 可判断工作有效性，结果为 500 发，即每 500 发进行功能检测可以使任务可靠度达到规定要求。经判断功能检测工作适用且有效，决定采取功能检测工作，检测间隔期定为 500 发。

故障原因 7A1：故障原因 7A1 引起后坐动作不正常的故障对于操作人员是明显的，故障不影响操作人员的安全，影响正常射击任务的完成。经判断故障原因 7A1 的后果为任务性后果，通过决断图上任务性后果分支进行预防性维修需求判断。实践中使用人员不对驻退机进行拆卸保养，保养工作不适用，经判断不采取保养工作。液量调节器内部污垢的堆积没有明显的潜在故障特征，根据实践，通常情况下由维修人员进行拆修保养可以使任务可靠度达到规定要求，定时拆修工作适用且有效，决定采取定时拆修工作，拆修间隔期定为 4 年。

（6）生成预防性维修需求表。根据分析结果生成预防性维修需求表，根据实际需要可以将预防性工作按照时间排序（表 7-33），也可按照项目排序（表 7-34）。

表 7-31　RCM 决断信息记录表例样

RCM 决断信息记录表			分系统：					编号：			制表人：				日期：				第　页	
			项　目：					编号：			审查人：				日期：				第　页	
FMEA 编码			后果评估			H0		H1	H2	H3	非主动对策			建议的工作	功能检测间隔期		定时拆修间隔期	定时报废间隔期	使用检查间隔期	维修级别
						0	1	2	3	S4										
F	FM	FC	H	S	O	O0	O1	2	3	4	H4	H5	S5		首检	重检				
						N0	N1	N2	N3	N4										
1	A	1	Y	N	Y	Y	Y							记录每一发弹的弹种、装药和后坐量。射击过程中后坐量接近最大后坐量时应停止射击，检查驻退机液量和漏液情况；情况紧急时允许大于最大后坐量，接近极限后坐量。但不允许大于极限后坐量，否则会发生拉坏反后坐装置，炮身飞出的事故						基层级
1	A	2	Y	N	Y	Y	N	N	N	N				修复驻退杆						基地级

续表

RCM 决断信息记录表			分系统：					编号：			制表人：				日期：				第　页	
			项　目：					编号：			审查人：				日期：				第　页	
1	A	3	Y	Y		N	N	N	N	Y				更换 O 形圈（08-13）O 射击时发现驻退杆表面漏液，即更换 O 形圈				1000 发		基层级
1	A	4	Y	Y		N	N	N	N	Y				更换 O 形圈（08-15）（08-13）。射击时发现驻退杆表面漏液，即更换 O 形圈				8 年		基层级
1	B	1	Y	N	Y	N	N	N	N	Y				更换四号驻退液				8 年		基层级
2	A	1	Y	Y		N	N	Y						检测活塞套（08-4）和驻退筒（08-1）内壁的间隙超过 *XX*mm 送大修	无	500 发				基层级
2	A	2	Y	Y		N	N	Y						检查节制（08-56）和节制环（08-8）间隙大于 *XX*mm 送大修	无	500 发				基层级

续表

RCM 决断信息记录表			分系统：					编号：			制表人：				日期：				第　页	
			项　目：					编号：			审查人：				日期：				第　页	
3	A	1	Y	N	Y	N	N	Y						检查调速筒与驻退杆内壁间隙大于 XXmm 送大修	无	500 发				基层级
4	A	1	Y	N	Y	N	N	N	N	N				矫正液量调节器活门活动杆						基层级
5	A	1	Y	N	Y	N	N	Y						检测活门装置弹簧（08-67）表面不允许锈蚀和变形，自由高度符合技术要求，否则更换	无	4 年				基层级
6	A	1	Y	N	Y	N	N	N	N	Y				更换液量调节器。形圈射击时发现液量调节器更换 O 形圈（08-33）				1000 发		基层级
6	A	2	Y	N	Y	N	N	N	N	Y				更换液量调节器 O 形圈射击时发现液量调节器更换 O 形圈（08-33）				8 年		基层级
7	A	1	Y	N	Y	N	N	N	Y					保养液量调节器			4 年			基层级

表 7-32　故障特征记录表例样

故障特征记录			分系统：反后坐装置		编号：	制表人：		日期：		第 页
			项　目：驻退机		编号：	审查人：		日期：		共 页

FMEA 编码			是否存在可鉴别工龄	平均寿命	潜在故障特征	潜在故障时间	P-F 间隔期	预防性维修人数	预防性维修时间
F	FM	C							
1	A	1			后坐量增大	200 发	100 发	1 人	0.1 小时
1	A	2	N						
1	A	3	Y	2000 发				2 人	1 小时
1	A	4	Y	8 年				2 人	2 小时
1	B	1	Y	12 年		8 年	4 年	2 人	2 小时
2	A	1			活塞套与驻退筒间隙增大	1000 发	1000 发	2 人	2 小时
2	A	2			节制环与节制杆间隙增大	1000 发	1000 年	1 人	2 小时
3	A	1			调速筒与驻退杆内壁间隙过大	1000 发	1000 发	2 人	4 小时
4	A	1	N						
5	A	1			液量调节器活门关闭缓慢	4 年	8 年	1 人	1 小时
6	A	1	Y	1000 发				2 人	2 小时
6	A	2	Y	8 年				2 人	2 小时
7	A	1	Y	4 年				2 人	2 小时

表 7-33　预防性维修需求表（按时间）

间隔期	项目	维修工作			实施级别
		序号	类型	内容	
运行前	驻退机	1	保养	检测驻退机液量应符合标准，否则应加注至标准	基层级
射击时		1	操作人员监控	记录每一发弹的弹种、装药和后坐量。射击过程中后坐量接近最大后坐量时应停止射击，检查驻退机液量和漏液情况；情况紧急时允许大于最大后坐量，接近极限后坐量。但不允许大于极限后坐量，否则会发生拉坏反后坐装置，炮身飞出的事故	基层级
500 发		1	功能检测	检查调速筒与驻退杆内壁间隙大于 *XX*mm 送大修	基层级
		2	功能检测	检查节制杆（08-56）和节制环（08-8）间隙大于 *XX*mm 送大修	基层级
		3	功能检测	检测活塞套（08-4）和驻退筒（08-1）内壁的间隙超过 *XX*mm 送大修	基层级
1000 发		1	定时报废	更换液量调节器 O 形圈（08-33）。射击时发现液量调节器漏液，即更换 O 形圈（08-33）	基层级
		2	定时报废	更换 O 形圈（08-13）。射击时发现驻退杆表面漏液，即更换 O 形圈	基层级
3 月		1	保养	人工后坐，擦拭驻退杆与紧塞器接触部位	
4 年		1	功能检测	检测活门装置弹簧（08-67）表面不允许锈蚀和变形，自由高度符合技术要求，否则更换	基层级
		2	定时拆修	保养液量调节器	基层级
8 年		1	定时报废	更换液量调节器 O 形圈（08-33）。射击时发现液量调节器漏液，即更换 O 形圈（08-33）	基层级
		2	定时报废	更换 O 形圈（08-15）（08-13）。射击时发现驻退杆表面漏液，即更换 O 形圈	基地级
8 年		1	定时报废	更换四号驻退液	基地级
无		1	修复性维修	矫正液量调节器活门活动杆	基层级
		2	修复性维修	修复驻退杆	基地级

表 7-34　预防性维修需求表（按项目）

序号	项目	维修级别				维修工作类型	维修间隔期			维修工作说明
		基层级		中继级	基地级					
		一级	二级				首检期	重检期	保养	
1	驻退机	√				操作人员监控				记录每一发弹的弹种、装药和后坐量。射击过程中后坐量接近最大后坐量时应停止射击，检查驻退机液量和漏液情况；情况紧急时允许大于最大后坐量，接近极限后坐量，但不允许大于极限后坐量，否则会发生拉坏反后坐装置，炮身飞出的事故
2	驻退机				√	修复性维修				修复驻退杆
3	驻退机		√			定时报废		1000 发		更换 O 形圈（08-13）。射击时发现驻退杆表面漏液，即更换 O 形圈
4	驻退机				√	定时报废		8 年		更换 O 形圈（08-15）（08-13）。射击时发现驻退杆表面漏液，即更换 O 形圈
5	驻退机				√	定时报废		8 年		更换四号驻退液
6	驻退机		√			功能检测		500 发		检测活塞套（08-4）和驻退筒（08-1）内壁的间隙超过 *XX*mm 送大修
7	驻退机		√			功能检测		500 发		检查节制杆（08-56）和节制环（08-8）间隙大于 *XX*mm 送大修
8	驻退机		√			功能检测		500 发		检查调速筒与驻退杆内壁间隙大于 *XX*mm 送大修
9	驻退机		√			定时报废		1000 发		更换液量调节器 O 形圈（08-33）。射击时发现液量调节器漏液，即更换 O 形圈（08-33）
10	驻退机				√	定时报废		8 年		更换液量调节器 O 形圈（08-33）。射击时发现液量调节器漏液，即更换 O 形圈（08-33）
11	驻退机		√			定时拆修		4 年		保养液量调节器
12	驻退机		√			修复性维修				矫正液量调节器活门活动杆
13	驻退机		√			功能检测		4 年		检测活门装置弹簧（08-67）表面不允许锈蚀和变形，自由高度符合技术要求，否则更换
14	驻退机	√				保养			运行前	检测驻退机液量应符合标准，否则应加注至标准
15	驻退机	√				保养			3 月	人工后坐，擦拭驻退杆与紧塞器接触部位

参 考 文 献

[1] 王少萍. 工程可靠性[M]. 北京: 北京航空航天大学出版社, 2000.

[2] 何水清, 王善. 结构可靠性分析与设计[M]. 北京: 国防工业出版社, 1993.

[3] 赵国藩, 金伟良, 贡金鑫. 结构可靠度理论[M]. 北京: 中国建筑工业出版社, 2000.

[4] 赵国藩, 曹居易, 张宽权. 工程结构可靠度[M]. 北京: 科学出版社, 2011.

[5] Faltinsen O M. 船舶与海洋工程环境载荷[M]. 杨建民, 肖龙飞, 葛春花, 译. 上海: 上海交通大学出版社, 2008.

[6] 安伟光, 蔡荫林, 陈卫东. 随机结构系统可靠性分析与优化设计[M]. 哈尔滨: 哈尔滨工程大学出版社, 2005.

[7] 韩凤磊, 姚竞争, 汪春辉. 大型船舶波浪诱导振动及疲劳强度分析[M]. 哈尔滨: 哈尔滨工程大学出版社, 2019.

[8] Elsayed E A. 可靠性工程(第 2 版)[M]. 杨舟, 译. 北京: 电子工业出版社, 2013.

[9] 赵东元, 樊虎, 任志久. 可靠性工程与应用[M]. 北京: 国防工业出版社, 2009.

[10] 宋笔锋, 张永苍. 结构体系失效概率计算方法与应用[M]. 北京: 国防工业出版社, 2011.

[11] 宋保维. 系统可靠性设计与分析[M]. 西安: 西北工业大学出版社, 2008.

[12] 梅启智, 廖炯生, 孙惠中. 系统可靠性工程基础[M]. 北京: 科学出版社, 1987.

[13] 王自力. 可靠性维修性保障性要求论证[M]. 北京: 国防工业出版社, 2011.

[14] 胡湘洪, 高军, 李劲. 可靠性试验[M]. 北京: 电子工业出版社, 2015.

[15] 金星, 洪延姬, 杜红梅. 共因失效系统的可靠性分析方法[M]. 北京: 国防工业出版社, 2008.

[16] 总装备部电子信息基础部. 装备以可靠性为中心的维修分析: GJB 1378A—2007[S]. 北京: 总装备部军标出版发行部, 2007.

[17] 中华人民共和国工业和信息化部. 可靠性试验 第 1 部分: 试验条件和统计检验原理: GB/T 5080. 1—2012[S]. 北京: 中国标准出版社, 2013.

[18] 中华人民共和国工业和信息化部. 可靠性试验 第 2 部分: 试验周期设计: GB/T 5080. 2—2012[S]. 北京: 中国标准出版社, 2013.

[19] Cross J R, Makeev A. Stochastic updating of probabilistic life models for rotorcraft dynamic components[J]. Journal of the American Helicopter Society, 2009, 54(1): 149-155.

[20] Modarres M, Kaminskiy M, Krivtsov V. Reliability Engineering and Risk Analysis: A Practical Guide[M]. Boca Raton: CRC Press, 2010.

[21] Peng W S, Li Y H. Reliability engineering design method based on generalized margin design theory[J]. IOP Conference Series: Materials Science and Engineering, 2021, 1043(2): 22-30.

[22] Cao R N, Sun Z L, Wang J, et al. An efficient and time-saving reliability analysis strategy for complex mechanical structure[J]. IEEE Access, 2020, 8: 171281-171291.

[23] Nikolaidis E, Kapania R K. System reliability and redundancy of marine structures: a review of the state of the art[J]. Journal of Ship Research, 2017, 34(1): 48-59.

[24] Yu Z L, Sun Z L, Wang J, et al. A new Kriging-based DoE strategy and its application to structural reliability analysis[J]. Advances in Mechanical Engineering, 2018, 10(3): 1-13.

[25] Rao M S, Naikan V N A. Review of simulation approaches in reliability and availability modeling[J]. International Journal of Performability Engineering, 2016, 12(4): 369-388.

[26] Barnard A. Reliability engineering: Value, waste, and costs[J]. INCOSE International Symposium, 2016, 26(1): 2041-2054.

[27] Cui Y L, He C M, Wang J W. New methods of reliability engineering[J]. Applied Mechanics and Materials, 2013, 2658(397-400): 842-845.

[28] Barnard A. Lean reliability engineering[J]. INCOSE International Symposium. 2014, 24(s1): 13-23.

[29] Vonta I, Ram M. Reliability Engineering: Theory and Applications[M]. Boca Raton: CRC Press, 2018.

[30] Sols A, Salado A. Integrating reliability in systems engineering management[J]. Engineering Management Journal, 2019, 31(3): 207-221.

[31] Ram M. Modeling and Simulation Based Analysis in Reliability Engineering[M]. Boca Raton: CRC Press, 2018.